高等学校计算机应用规划教材

U0342010

HTML5+CSS3 网页设计基础教程

石　磊　王维哲　主　编

李　娜　谢昆鹏　王鹏程　副主编

清华大学出版社

北　京

内 容 简 介

本书全面讲述了 HTML5+CSS3 网页设计基础知识体系。全书共分为 18 章，主要内容包括：Web 开发概述、HTML/XHTML/HTML5 发展历程、HTML5 文档的创建、HTML5 表单的使用、图形/图像的绘制、音频与视频的播放与控制、本地存储体系、离线应用开发、Web Workers 多线程处理、CSS3 选择器、文本及修饰、背景和边框处理、变形与动画、网页布局等，并且运用大量实例对各种关键技术进行深入浅出的分析。

本书内容丰富、结构合理、思路清晰、语言简练流畅、示例翔实。本书面向期望学习 HTML 和 CSS 的 Web 开发人员，适合作为高等院校相关专业的教材，也适合从事网页设计制作和网站建设的人员学习。

本书的电子课件、习题答案和实例源文件可以到 http://www.tupwk.com.cn/downpage 网站下载。

本书封面贴有清华大学出版社防伪标签，无标签者不得销售。

版权所有，侵权必究。侵权举报电话：010-62782989　13701121933

图书在版编目(CIP)数据

HTML5+CSS3 网页设计基础教程 / 石磊，王维哲　主编. —北京：清华大学出版社，2018
(高等学校计算机应用规划教材)
ISBN 978-302-49091-3

Ⅰ.①H… Ⅱ. ①石… ②王… Ⅲ. ①超文本标记语言－程序设计－高等学校－教材 ②网页制作工具－高等学校－教材 ③JAVA 语言－程序设计－高等学校－教材 Ⅳ. ①TP312 ②TP393.092

中国版本图书馆 CIP 数据核字(2017)第 300287 号

责任编辑：胡辰浩　李维杰
封面设计：孔祥峰
版式设计：思创景点
责任校对：牛艳敏
责任印制：刘海龙

出版发行：清华大学出版社
　　　　　网　　　址：http://www.tup.com.cn，http://www.wqbook.com
　　　　　地　　　址：北京清华大学学研大厦 A 座　　　　　　邮　　编：100084
　　　　　社 总 机：010-62770175　　　　　　　　　　　　　邮　　购：010-62786544
　　　　　投稿与读者服务：010-62776969，c-service@tup.tsinghua.edu.cn
　　　　　质 量 反 馈：010-62772015，zhiliang@tup.tsinghua.edu.cn
印 装 者：三河市金元印装有限公司
经　　销：全国新华书店
开　　本：185mm×260mm　　　　印　　张：23.5　　　字　　数：587 千字
版　　次：2018 年 1 月第 1 版　　　印　　次：2018 年 1 月第 1 次印刷
印　　数：1～3500
定　　价：58.00 元

产品编号：073574-01

前　　言

　　互联网技术日新月异。2011 年以前，HTML5 和 CSS3 看起来还遥不可及，如今对跨平台开发、离线 Web 应用的需求，使得 HTML5 取代 HTML4 技术从而成为 Web 前端主流技术，很多公司都已经开始运用 HTML5、CSS3 技术作为 Web 前端开发的主要工具，诸如 Chrome、Safari、Firefox 和 Opera 等主流浏览器已逐步完善对它们的支持。

　　从前端开发技术看，互联网发展经历了三个阶段：第一阶段是 Web 1.0 的内容为主的网络，主流技术是 HTML 和 CSS；第二阶段是 Web 2.0 的 Ajax 应用，热门技术是 JavaScript/DOM/异步数据请求；第三阶段是即将迎来的 HTML5+CSS3 技术，这两者相辅相成，使互联网又进入一个崭新的时代。

　　HTML5+CSS3 奠定了打造下一代 Web 应用的基础。HTML5 被设计为跨平台的技术，只需要一款主流浏览器即可运行，比如 PC 机上最新版本的 Apple Safari、Google Chrome、Mozilla Firefox、Opera、Microsoft Internet Explorer 等浏览器，都几乎完全支持 HTML5 的特性；iPhone、iPad 及 Android 等移动设备上的浏览器对 HTML5 的支持性也非常好。

　　本书系统地讲解 HTML5 和 CSS3 的基础理论和实际运用技术，书中辅以大量的实例进行讲解，其中着重讲解如何使用 HTML5+CSS3 进行 Web 应用和网页布局。全书注重实际操作，使读者在学习技术的同时，掌握 Web 开发和设计的精髓，提高综合应用能力。

本书特色

- 系统的基础知识

　　本书由浅入深地系统讲解 HTML5+CSS3 的基础知识及使用场景，从技术的产生原因、变迁，再到 HTML5 中的表现、使用场景、使用方法，循序渐进地进行介绍，并配合精选案例辅助读者加强对基础知识点的理解。

- 大量精选案例

　　本书为了向读者清晰地传达每一个知识点的含义，精选了大量案例，并且全书结合实际项目制作的需求来进行讲解，使读者能够真正做到学以致用。

- 深入剖析应用开发和布局

　　本书在介绍 CSS3 的时候，使用了相当大的篇幅重点介绍应用布局的方法和技巧，并配合经典布局案例来帮助读者理解项目中常用的布局技术，以做到活学活用。

　　本书从内容上可分为三部分，共 18 章，具体结构划分如下：

　　第一部分：HTML5 部分，包括第 1 章～第 10 章。这部分全面讲述 HTML5 和 CSS3 网页设计基础知识体系，主要内容包括：Web 开发概述、HTML/XHTML/HTML5 发展历程、HTML5 文档的创建、HTML5 表单的使用、图形/图像的绘制、音频和视频的播放与控制、本地存储体系概述与应用、离线应用程序开发、Web Workers 多线程处理、移动互联网中的地图定位等技术。

第二部分：CSS3 部分，包括第 11 章～第 17 章。这部分主要讲解 CSS3 的新特性和新用法，以实现在简单的代码中能够设计更加精彩的网页效果，主要内容包括：CSS3 概述，CSS 选择器，定义文本、字体与颜色，设计背景和边框，使用 2D 变形，设计动画，设计多栏布局、盒子布局和弹性盒布局等知识。

第三部分为第 18 章。第 18 章是综合实例，通过典型的企业网站建设流程和手机阅读器的开发，使读者能够熟悉实际项目的开发流程，掌握系统使用 HTML5+CSS3 技术来开发项目的方法。

本教程内容丰富、结构合理、思路清晰、语言简练流畅、示例翔实。每一章的引言部分概述该章的内容及学习目标。在每一章的正文中，结合所讲述的关键技术和难点，穿插了大量极富实用价值的示例。每一章末尾都安排了有针对性的思考题和练习题，思考题有助于读者巩固所学的基本概念，练习题有助于培养读者的实际动手能力、增强对基本概念的理解和实际应用能力。

本书面向期望学习 HTML 和 CSS 的 Web 开发人员，适合作为高等院校相关专业的教材，也适合从事网页设计制作和网站建设的人员学习。

除封面署名的作者外，参加本书编写的人员还有周爱萍、屈文斌、万鑫、张春辉、梅泉滔、杨永好、郑梦成、孙红胜、何玉华、李文静、冯波、马协隆、马金帅、张晓晗、张梦甜、李亮等。由于作者水平有限，本书难免有不足之处，欢迎广大读者批评指正。我们的信箱是 huchenhao@263.net，电话是 010-62796045。

本书的电子课件、习题答案和实例源文件可以到 http://www.tupwk.com.cn/downpage 网站下载。

作　者
2017 年 12 月

目　　录

第1章　Web开发新时代

　　HTML5 自 2010 年推出以来，受到各大浏览器厂商的支持和广大开发人员的喜爱。2010年，微软 IE9 预览版在 MIX10 大会上首次公开亮相，工程师在介绍时，从前端角度将 Web发展历程分为三个阶段：第一个阶段为 Web 1.0，主流技术是 HTML 和 CSS；第二阶段为Web 2.0，主流技术为 Ajax 应用，如 JavaScript/DOM/异步数据请求；第三阶段则是即将到来的 HTML5+CSS3 阶段。2014 年 10 月 29 日，万维网联盟宣布，经过几乎 8 年的艰辛努力，HTML5 标准规范终于最终制定完成并公开发布，这宣告 Web 开发正式进入第三个阶段。

本章学习目标：

- 了解什么是 HTML5，以及 HTML5 相比之前版本的 HTML 有哪些区别
- 了解世界各大知名浏览器目前的发展策略，以及为什么它们都不约而同地把支持 HTML5 当成目前的工作重点，就连微软也把全面支持 HTML5 作为 IE 浏览器的开发重点与主要宣传手段
- 了解为什么开发者今后可以大胆地使用 HTML5 进行 Web 网站与 Web 应用程序的开发，以及 HTML5 被正式推广以后，之前的 Web 网站与 Web 应用程序怎么办
- 了解 HTML5 到底可以解决哪些问题

1.1　HTML5 概述

　　2004 年成立的 Web 超文本应用技术工作组(Web Hypertext Application Technology Working Group, WHATWG)创立了 HTML5 规范，同时开始专门针对 Web 应用开发新的功能。2006 年，W3C 介入 HTML5 的开发，并于 2008 年发布 HTML5 的工作草案。2009 年，W3C停止对 XHTML2 的更新。2010 年，HTML5 开始用于解决实际问题。这时，各大浏览器厂商开始对旗下产品进行升级以支持 HTML5 的新功能，因此，HTML5 规范得到持续的完善。2014年 10 月 29 日，HTML5 规范终于最终制定完成并公开发布。

1.1.1　HTML5 的目标

　　HTML5 的目标是创建更简单的 Web 程序，书写出更简洁的 HTML 代码。例如，为了使Web 应用程序的开发变得更容易，提供了很多 API；为了使 HTML 变得更简洁，开发出了新的属性、新的元素，等等。总体来说，HTML5 为下一代 Web 平台提供了许许多多新的功能。

　　HTML5 提供了以下革命性的新功能：

　　首先，在 HTML5 之前，有很多功能必须使用 JavaScript 等脚本语言才能实现，譬如在登录页面中经常使用的让文本框获得光标焦点的功能。如果使用 HTML5，同样的功能只要使用元素的属性标签即可实现。这样的话，整个页面就变得非常清楚、直观且容易理解。因此，Web 设计者可以非常放心大胆地使用 HTML5 中这些新增的属性标签。由于 HTML5 中

提供了大量的这种可以替代脚本的属性标签,使得开发出来的界面语言也变得更加简洁易懂。

不但如此,HTML5 使页面结构变得清楚明了。之前使用的 div 标签也不再使用了,而是使用 HTML5 提供的更加语义化的结构标签。这样书写出来的界面结构显得非常清晰,各部位要展示什么内容也一目了然。

虽然 HTML5 宣称的立场是"非革命性的发展",但是它所带来的功能是让人渴望的,使用它进行设计也是简单的,因此深受 Web 设计者和 Web 开发者的欢迎。

1.1.2 HTML5 新特性

1. 兼容性

考虑到互联网上 HTML 文档已经存在二十多年了,因此支持所有现存 HTML 文档是非常重要的。HTML5 不是颠覆性的创新,它的核心理念就是要保持与过去技术的兼容和过渡。一旦浏览器不支持 HTML5 的某项功能,针对该功能的备选行为就会悄悄进行。

2. 合理性

HTML5 新增加的元素都是经过对现有网页和用户习惯进行跟踪、分析和概括而推出的。例如,Google 分析了上百万个页面,从中分析出 div 标签的通用 ID 名称,并且发现其重复量很大,如很多开发人员使用<div id="header">来标记页眉区域。为了解决实际问题,HTML5 直接添加了一个<header>标签。也就是说,HTML5 新增的很多元素、属性或功能都是根据现实互联网中已经存在的各种应用进行技术精炼,而不是在实验室中理想化地虚构新功能。

3. 效率

HTML5 规范是基于用户优先准则编写的,宗旨是"用户即上帝",这意味着在遇到无法解决的冲突时,HTML5 规范会把用户放在第一位,其次是页面作者,再次是实现者(或浏览器),接着是规范制定者(W3C/WHATWG),最后才考虑理论的纯粹性。因此,HTML5 的绝大部分功能是实用的,只是在有些情况下还不够完美。例如,下面的几种代码写法在 HTML5 中都能被识别:

```
id="prohtml5"
id=prohtml5
ID="prohtml5"
```

当然,上面几种写法比较混乱,不够严谨,但是从用户开发角度考虑,用户不在乎代码怎么写,根据个人习惯书写反而能提高代码编写效率。当然,我们并不提倡初学者一开始写代码就这样随意、不严谨。

4. 安全性

为保证安全,HTML5 规范引入了一种新的基于来源的安全模型,该模型不仅易用,而且各种不同 API 都可通用。这个安全模型不需要借助任何所谓聪明、有创意却不安全的 hack 就能跨域进行安全对话。

5. 分离

在清晰分离表现与内容方面,HTML5 迈出了很大一步。HTML5 在所有可能的地方都努力进行了分离,包括 HTML 和 CSS。实际上,HTML5 规范已经不支持旧版 HTML 的大部分表现功能了。

6. 简单

HTML5 要的就是简单,避免不必要的复杂性。为了尽可能简单,HTML5 做了以下改进:

- 以浏览器原生能力替代复杂的 JavaScript 代码。
- 简化的 DOCTYPE。
- 简化的字符集声明。
- 简单而强大的 HTML5 API。

7. 通用

通用访问的原则可以分成如下 3 个概念:

- 可访问性:出于对残疾人士的考虑,HTML5 与 WAI(Web Accessibility Initiative,Web 可访问性倡议)和 ARIA(Accessible Rich Internet Application,可访问的富 Internet 应用) 做到了紧密结合,WAI-ARIA 中以屏幕阅读器为基础的元素已经被添加到 HTML 中。
- 媒体中立:如果可能的话,HTML5 的功能在所有不同的设备和平台上应该都能正常 运行。
- 支持所有语种:例如,新的<body>元素支持在东亚地区页面排版中会用到的 Ruby 注释。

8. 无插件

在传统 Web 应用中,很多功能只能通过插件或复杂的 hack 来实现,但在 HTML5 中提 供了对这些功能的原生支持。插件方式存在很多问题:

- 插件安装可能失败。
- 插件可以被禁用或屏蔽(如 Flash 插件)。
- 插件自身会成为被攻击的对象。
- 插件不容易与 HTML 文档的其他部分集成,因为存在插件边界、剪裁和透明度问题。

以 HTML5 的 canvas 为例,以前在 HTML4 页面中较难画出对角线,而有了 canvas 元素 就可以轻易地实现了。基于 HTML5 的各类 API 的优秀设计,可以轻松地对它们进行组合应 用。例如,从 video 元素中抓取的帧可以显示在 canvas 中,用户单击 canvas 即可播放与该帧 对应的视频文件。

1.1.3　HTML5 深受欢迎的原因

1. 世界知名浏览器厂商对 HTML5 的支持

HTML5 被说成划时代也好,具有革命性也好,如果不被业界承认并且大范围地推广使用, 这些都没有意义。事实上,今后 HTML5 被正式、大规模地投入应用的可能性是相当高的。

通过对 Internet Explorer、Google、Firefox、Safari、Opera 等主流 Web 浏览器的发展策略 的调查,发现它们都在支持 HTML5 上采取了措施。

- 微软:2010 年 3 月 16 日,微软于美国拉斯维加斯举行的 MIX10 技术大会上宣布推 出 IE9 浏览器开发者预览版。微软称,IE9 完成开发后,会更多地支持 CSS3、SVG 和 HTML5 等互联网浏览通用标准。
- Google:2010 年 2 月 19 日,Google Gears 项目经理伊安·费特通过博客宣布,Google 将放弃对 Gear 浏览器插件项目的支持,以此重点开发 HTML5 项目。据费特表示,目前，在 Google 看来，Gears 面临的主要问题是，该应用与 HTML5 的诸多创新非常相似，而且 Google 一直在积极发展 HTML5 项目。因此，只要 Google 不断以加强新网络标准的应用功能为工作重点，那么为 Gears 增加新功能的意义就不大了。目前，多种浏览器将会越来越多地为 Gmail 以及其他服务提供更多脱机功能方面的支持，因此 Gears 面临的需求也在日益下降，这是 Google 做出上述调整的重要原因。

- 苹果：2010 年 6 月 7 日，苹果在开发者大会的会后发布了 Safari 5，这款浏览器支持 10 个以上的 HTML5 新技术，包括全屏幕播放、HTML5 视频、HTML5 地理位置、HTML5 切片元素、HTML5 的可拖动属性、HTML5 的形式验证、HTML5 的 Ruby、HTML5 的 Ajax 历史和 WebSocket 字幕。

- Opera：2010 年 5 月 5 日，Opera 软件公司首席技术官 Hakon Wium Lie 先生在访华之际，接受了中国软件资讯网等少数几家媒体的采访。号称"CSS 之父"的他认为，HTML5 和 CSS3 将是全球互联网发展的未来趋势，目前包括 Opera 在内的诸多浏览器厂商，纷纷在研发 HTML5 相关产品，Web 的未来属于 HTML5。

- Mozilla：2010 年 7 月，Mozilla 基金会发布了即将推出的 Firefox 4 浏览器的第一个早期测试版，并在该版本的 Firefox 浏览器中进行了大幅改进，包括新的 HTML5 语法分析器，以及支持更多 HTML5 形式的控制等。从官方文档来看，Firefox 4 对 HTML5 提供完全级别的支持。目前包括在线视频、在线音频等多种应用都已在该版本中实现。

以上证据表明，目前这些浏览器都纷纷朝着支持 HTML5、结合 HTML5 的方向在迈进，因此 HTML5 已经被广泛推行开来。

2. 时代的要求

现在的时代已经迫切地要求有一个统一的互联网通用标准。在 HTML5 发布之前的情况是，由于各大浏览器之间的不统一，光是修改 Web 浏览器之间的由于兼容性引起的 Bug 就浪费了大量时间。而 HTML5 的目标就是将 Web 带入一个成熟的应用平台，在 HTML5 平台上，视频、音频、图像、动画以及同电脑的交互都被标准化。

关于 Web 浏览器，网页标准计划小组设计并推出了 Acid3 测试，它是针对网页浏览器及设计软件之标准相容性的一项测试。它针对 Web 应用程序中使用的动态内容进行检查，测试焦点主要集中在 ECMAScript、DOM Level 3、Media Queries 和 data:URL 上。

Acid3 测试推出后，各大浏览器都认真接受了它的测试并希望能够获得比较高的分数。这个测试的设计者，正是 W3C 的开发及设计者，HTML5 的重要人物 Ian Hickson。Ian Hickson 是 WHATWG 开发团队的成员，负责 Web 标准的设计，现在是 W3C 的 HTML5 工作组的负责人之一。

Ian Hickson 设计 Acid3 测试的意图，是给声称"让开发者能够什么都不必担心，可以放心大胆地进行开发"的各大 Web 浏览器提供一个机会，让它们能够以此来证明自己是优秀的。针对 Acid3 的宣传是很重要的，要想扩大 Web 浏览器的市场份额，宣称遵从它所依赖的标准是最有效的宣传方法。

1.1.4 HTML5 的构成

HTML5 主要包括下面这些功能：Canvas(2D 和 3D)、Channel 消息传递、Cross-Document 消息传送、Geolocation、MathML、Microdata、Server-Send Events、Scalable Vector

Graphics(SVG)、WebSocket API 及协议、Web Origin Concept、Web Storage、Web SQL Database、Web Workers、XMLHttpRequest Level 2。

1.2　HTML5 设计原理

设计原理是 Web 发展背后的驱动力，也是通过 HTML5 反映出来的某种思维方式。软件就像所有技术一样，具有天然的独裁性。代码必然会反映作者的选择、偏见和期望。任何开放的标准，都应该追求以下几点：

- 简化最常见的任务，让不常见的任务不至于太麻烦。
- 只为 80% 设计。
- 给内容创建者最大的权利。
- 默认设置智能化。

1.2.1　HTML 的历史变迁

HTML 最早从 2.0 版开始，实际上并没有 HTML 1.0 版官方规范。HTML tags 文档可以算作 HTML 的第一个版本，但它却不是一个正式的版本。第一个正式版本 HTML 2.0 也不是出自 W3C 之手，而是由 IETF 制定的，从第三个版本开始，W3C 开始接手并负责后续版本的制定工作。

20 世纪 90 年代，HTML 有过几次快速发展。众所周知，那时构建网站是一项十分复杂的工程，浏览器大战曾令人头疼不已，市场竞争的结果就是各家浏览器里都塞满了各种专有的特性，都试图在专有特性上胜人一筹。当时的混乱不堪回首，HTML 还重不重要，或者它作为 Web 格式的前景如何，谁都说不清楚。

从 1997 年到 1999 年，HTML 的版本从 3.2 到 4.0，再到 4.01，经历了非常快的发展。问题是到了版本 4.01 的时候，W3C 的认识发生倒退，W3C 并没有停止开发这门语言，只不过他们对 HTML 不再感兴趣了。在 HTML 4.01 之后，W3C 提出了 XHTML 1.0 的概念。虽然听起来完全不同，但 XHTML 1.0 和 HTML 4.01 其实是一样的。唯一不同的是 XHTML 1.0 要求使用 XML 语法。

从规范本身的内容来看，本质是相同的，不同之处在于编码风格，因为浏览器读取符合 HTML 4.01、HTML 3.2 或 XHTML 1.0 规范的网页都没有问题。对于浏览器来说这些网页都是一样的，都会生成相同的 DOM 树，只不过用户更喜欢 XHTML 1.0，因为不少人认同它比较严格的编码风格。

到了 2000 年，Web 标准项目的活动开展得如火如荼，开发人员对浏览器里包含的那些乱七八糟的专有特性已经忍无可忍了。当时 CSS 有了长足的发展，而且与 XHTML 1.0 的结合也很紧密，CSS+HTML 1.0 可以算是最佳实践了。虽然 HTML 4.01 与 XHTML 1.0 没有本质上的区别，但是大部分开发人员接受了这种组合。专业的开发人员能做到元素全部小写，属性全部小写，属性值也全部添加引号。由于专业人员起到了模范带头作用，越来越多的人也都开始支持这种语法。

XHTML 1.0 之后是 XHTML 1.1，只是小数点后面的数字变成了 1，而且从词汇表的角度看，规范本身没有什么新内容，元素、属性也都相同，唯一的变化就是把文档标记为 XML

文档。而在使用 XHTML 1.0 的时候，还可以把文档标记为 HTML。

但是，这样做带来了很多问题。首先，把文档标记为 XML 后，IE 浏览器不能处理。当然，IE9 及其以上版本是可以处理的。作为全球领先的浏览器，IE 无法处理接收到的 XML 类型的文档，而规范又要求以 XML 类型来发送文档，这对于广大用户来说，是一件很痛苦的事。

所以说，XHTML 1.1 有点脱离实际，而用户不想把文档以 XML 格式发送给那些能够理解 XML 的浏览器，则是因为 XML 的错误处理模型。XML 的语法，无论是属性小写、元素小写，还是始终要给属性值加引号，这些都没有问题，但 XML 的错误处理模型确是这样的：如果解析器遇到错误，停止解析。如果把 XHTML 1.1 标记为 XML 文档类型，假设用 Firefox 打开这个文档，而文档中有一个符号没有正确编码，就算整个页面中只有这一处错误，浏览器也会崩溃，用户将看不到任何网页内容。根据 XML 规范，这样处理是正确的，对于 Firefox 而言，遇到错误就停止解析，并且不呈现其他任何内容，这是严格按照 XML 规范处理的。因为它不是 HTML，HTML 根本没有错误处理模型，但根据 XML 规范，这样做没错。这就是为什么人们不会把文档标记为 XML 的另一个原因。

接下来，新的版本是 XHTML 2，但是这个版本并没有完成。从理论的角度来说，XHTML 2 是一个非常好的规范。如果所有人都同意使用的话，也一定是非常好的格式，只不过它还不够实际。

首先，XHTML 2 仍然使用 XML 错误处理模型，用户必须保证以 XML 类型发送文档；其次，XHTML 2 中有意不再向后兼容已有的 HTML 版本，甚至曾经讨论废除 img 元素，这对于每天都在做 Web 开发的人员来说确实有点难以接受，理论上分析，使用 object 元素可能会更好。

因此，无论 XHTML 2 在理论上是多么完美的一种格式，却从未有机会付诸实践。之所以难以付诸实践，就是因为开发人员永远不会支持它，它向后不兼容。同样，浏览器厂商也不会支持它。

XHTML 1 和 XHTML 2 都使用 XML 错误处理模型，但这个错误处理模型太苛刻了，它不符合"接收时开放"这个法则，遇到错误就停止解析，这怎么能叫开放呢？

1.2.2　HTML5 开发动力

在 20 世纪末期，W3C 琢磨着改良 HTML 语言。在 2004 年 W3C 成员内部的一次研讨会上，Opera 公司的代表伊恩·希克森(Ian Hickson)提出了一个扩展和改进 HTML 的建议。他建议新的任务组可以跟 XHTML 2 并行，但是在已有 HTML 的基础上开展工作，目标是对 HTML 进行扩展。但是 W3C 投票表示反对，因为他们觉得 XHTML 2 才是未来的方向。然后，Opera、Apple 等浏览器厂商以及其他一些成员脱离了 W3C，成立了 WHATWG(Web Hypertext Applications Technology Working Group，Web 超文本应用技术工作组)，在 HTML 的基础上开展工作，向其中添加新东西。

WHATWG 的工作不久就初见成效，而 W3C 的 XHTML 2 并没有实质性进展。于是，W3C 于 2007 年组建了 HTML5 工作组，在 WHATWG 工作成果的基础上继续开展工作，由伊恩·希克森担任 W3C HTML5 规范的编辑，同时兼任 WHATWG 的编辑，以方便新工作组开展工作。

这就是我们今天看到的局面：一种格式，两个版本。WHATWG 的网站上有这个规范，而 W3C 的网站上也有一份。但是，这两份成果也是有区别的。W3C 最终要制定一个具体的规范，而 WHATWG 还在不断地迭代，将开发一项简单的 HTML 或 Web 技术作为工作的核心目标。

1.3　编写第一个 HTML5 页面

尽管主流浏览器的最新版本都对 HTML5 提供了很好的支持，但 HTML5 毕竟是全新的，因此在执行 HTML5 页面之前，必须先搭建支持 HTML5 的浏览器环境，并检查浏览器是否支持 HTML 标记。

1.3.1　搭建上机练习环境

目前，Microsoft 的 IE(IE9+)浏览器，以及 Mozlilla 的 Firefox 与 Google 的 Chrome 浏览器等都可以很好地支持 HTML5。本书的示例主要运行在 Chrome 浏览器上。

1.3.2　检测浏览器是否支持

安装相应的浏览器以后，为了能进一步了解浏览器支持 HTML5 新标签的情况，还可以在引入新的标签前，通过编写 JavaScript 代码来检测浏览器是否支持该标签。

浏览器在加载 Web 页面时会构造一个文本对象模型(Document Object Model，DOM)，然后通过该文本对象模型来表示页面中的各个 HTML 元素，这些元素被表示为不同的 DOM 对象。全部的 DOM 对象都共享一些公共或特殊属性，如 HTML5 的某些特性。如果在支持该属性的浏览器中打开页面，就可以很快检测出这些 DOM 对象是否支持这些特性。

下面以加入画布标记为例，说明如何检测浏览器对 canvas 标签的支持。

【例 1-1】　在 Dreamweaver 中新建一个 HTML 页面，保存为 index.html，代码如下：

```html
<!DOCTYPE html>
<html>
  <head>
    <meta charset="utf-8" />
    <title></title>
    <style type="text/css">
      #myCanvas {
        background: red;
        width: 200px;
        height: 100px;
      }
    </style>
  </head>
  <body>
    <canvas id="myCanvas">该浏览器不支持 HTML5 的画布标记！</canvas>
  </body>
</html>
```

在浏览器中执行页面文件 index.html，如果浏览器不支持 HTML5 的画布标记，将会显示"该浏览器不支持 HTML5 的画布标记！"；若支持，则显示图 1-1 所示效果。需要注意的是，虽然是同一个页面，但由于不同的浏览器对 HTML5 标记的支持情况也不同，因此显示的页面效果也各异。所以，在编写 HTML5 新标记时，有必要先检测浏览器是否支持该标记。

图 1-1　支持 HTML5 标记的浏览器的显示结果

1.3.3　使用 HTML5 编写简单的 Web 页面

与 HTML4 相比，HTML5 新增了很多新标签，整体页面结构也发生了很大变化。下面使用 HTML5 来编写一个 HTML 页面，保存为 index.html，在其中加入如下代码：

【例 1-2】　一个简单的 HTML5 页面。

```
<!DOCTYPE html>
<html>
<head>
    <meta charset="UTF-8">
    <title>第一个 HTML5 页面</title>
</head>
<body>
    <p>Hello,World</p>
</body>
</html>
```

该页面的运行效果如图 1-2 所示。

图 1-2　运行效果

通过短短几行代码就完成一个页面的开发，可见 HTML5 语法的简洁。下面逐句分析 HTML5 文档的组成。

第一行代码如下：

```
<!DOCTYPE html>
```

短短几个字符，甚至不包括版本号，就能告诉浏览器需要一个 doctype 来触发标准模式，简明扼要。接下来的代码：

```
<meta charset="UTF-8">
```

这行代码说明了文档的字符编码，保证浏览器正确解析文档。HTML5 不区分字母、标记结束符的大小写以及属性是否加引号，下面的代码是等效的：

```
<meta charset="utf-8">
<META charset="utf-8">
<meta charset=UTF-8>
```

在主体<body>中，可以省略主体标记，直接编写需要显示的内容，即去掉<body>和</body>标签：

```
<!DOCTYPE html>
<html>
  <head>
      <meta charset="UTF-8">
      <title>第一个 HTML5 页面</title>
  </head>
      <p>Hello,World</p>
</html>
```

虽然在编写代码时可以省略<html>、<head>和<body>标记，但浏览器总能进行解析。

考虑到代码的可读性和可维护性，编写代码时，应该尽量增加这些在 HTML5 中可选的元素，从而最大限度地实现页面代码的简洁和完整。

1.4　HTML5 页面的特征

上一节介绍了一个 HTML5 页面的创建过程。下面通过一个较为完整的页面来介绍 HTML5 的页面特征。

1.4.1　使用 HTML5 的结构化元素

通过研究 Web 页面发现，如果使用一些带有语义性的标记，可以加快浏览器解释页面中元素的速度，如早期的<samp>、<var>元素；HTML5 继承了这些元素，并根据用户使用最为频繁的类名和 ID 不断开发新的标记，因为这些标记能真正体现开发者真实意图所在。下面通过实例说明 HTML5 是如何使用这些全新的 HTML5 特征来结构化元素的。

【例 1-3】　本例将页面分成上、中、下 3 部分。上部用于显示导航；中部分为两个部分，左边设置菜单，右边显示文本内容；下部显示页面版权信息。

```
<!DOCTYPE html>
<html>
  <head>
      <meta charset="UTF-8">
      <title></title>
      <style type="text/css">
```

```
            #header,#siderLeft,#siderRight,#footer{
                    border:solid 1px #666;
                    padding: 10px;
                    margin: 6px;
            }
            #header {width: 500px;}
            #siderLeft {
                    float: left;
                    width: 60px;
                    height: 100px;
            }
            #siderRight{
                    float: left;
                    width: 400px;
                    height: 100px;
            }
            #footer{
                    clear: both;
                    width: 500px;
            }
        </style>
    </head>
    <body>
        <div id="header">导航</div>
        <div id="siderLeft">菜单</div>
        <div id="siderRight">内容</div>
        <div id="footer">底部</div>
    </body>
</html>
```

运行以上代码，效果如图 1-3 所示。

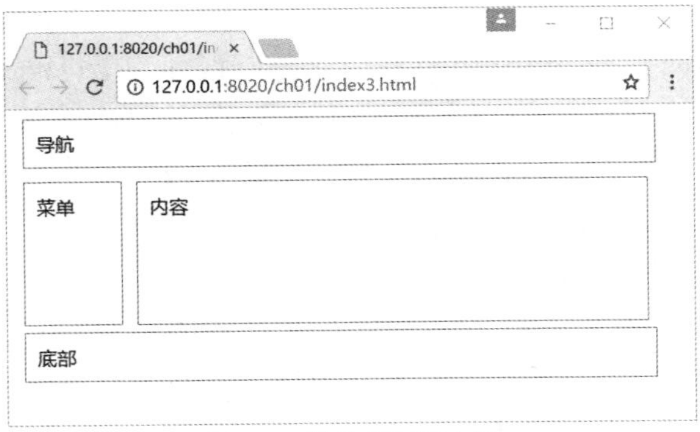

图 1-3　简单的网页布局

　　尽管上述代码没有任何错误，并且可以在 HTML5 环境中很好地运行，但该页面结构的很多部分对于浏览器来说都是未知的，这是因为浏览器是通过 ID 来定位元素的。因此，只要开发者不同，就允许元素的 ID 各异，这会造成浏览器不能很好地表明元素在页面中的位置，必然影响页面解析的速度。幸好 HTML5 中新增的元素可以很快地定位某个标记，明确地表示页面中的位置。将上述代码修改成 HTML5 支持的页面代码，如下所示，运行代码后，显示的效果相同：

```html
<!DOCTYPE html>
<html>
 <head>
        <meta charset="UTF-8">
        <title></title>
        <style type="text/css">
            header,nav,article,footer{
                border: solid 1px #666666;
                padding: 10px;
                margin: 6px;
            }
            header {width: 500px;}
            nav {
                float: left;
                width: 60px;
                height: 100px;
            }
            article {
                float: left;
                width: 400px;
                height: 100px;
            }
            footer {
                clear: both;
                width: 500px;
            }
        </style>
    </head>
    <body>
        <header>导航</header>
        <nav>菜单</nav>
        <article>内容</article>
        <footer>底部说明</footer>
    </body>
</html>
```

　　虽然两段代码不一样，但在 Chrome 浏览器中实现的页面效果相同。从上述两段代码来看，使用 HTML5 新增元素创建的页面代码更加简单和高效。

　　可以看出，使用<div id="header">等标记元素没有任何实现的意义，即浏览器不能根据标记的 ID 属性来推断这个标记的真正含义，因为 ID 号是可以变化的，不利于寻找。

　　而 HTML5 中的新增元素<header>可以明确告诉浏览器此处是页头，<nav>标记用于构建页面的导航，<article>标记用于构建页面内容的一部分，<footer>元素表明页面已到页脚或根元素部分，并且这些标记都可以重复使用，极大提高了开发者的工作效率。

　　此外，有些新增的 HTML5 元素还可以单独成为一个区域，如下所示：

```
<header>
    <article>
        <h1>内容 1</h1>
    </article>
</header>
<header>
    <article>
        <h2>内容 2</h2>
    </article>
</header>
```

　　在 HTML5 中，<article>可以创建一个新的节点，并且每个节点都可以有自己的单独元素，如<h1>和<h2>，这样不仅使内容区域各自分段、便于维护，而且代码简单，局部修改方便。

1.4.2　使用 CSS 美化 HTML5 文档

　　在支持 HTML5 新增元素的浏览器中，样式化各个新增元素变得十分简单，可以对任意一个元素应用 CSS，包括直接设置或引入 CSS 文件。需要说明的是，在默认情况下，CSS 默认元素的 display 属性值为 inline。因此，为了正确地显示设置的页面效果，需要将元素的 display 属性设置为 block。下面通过一个简单的示例说明这一点。

　　【例 1-4】　在页面中设置相关样式，显示一段文章的内容。

```
<head>
<meta charset="UTF-8">
<style type="text/css">
    article {display: block;}
    article header p {font-size: 13px;}
    article header h1 {font-size: 16px;}
    .p-date {font-size: 11px;}
</style>
</head>
<body>
    <article>
        <header>
            <h1><a>谷歌推出多项搜索功能 避谈</a></h1>
            <p class="p-date">日期：2017-04-02</p>
            <p>网易科技 4 月 2 日消息，据媒体报道，谷歌无人车研究有了新的进展……</p>
        </header>
    </article>
</body>
```

运行以上代码，效果如图 1-4 所示。

图 1-4　使用 CSS 美化 HTML5 页面

由于有些浏览器并不支持 HTML5 中新增的元素，如 IE8 或更早版本，其 CSS 只应用 IE 支持的那些元素；因此，为了能为新增的 HTML5 元素应用样式，可以在头部标记<head>中加入如下 JavaScript 代码，这样就可以应用样式了：

```
<script type="text/javascript">
    document.createElement('article');
    document.createElement('header');
</script>
```

考虑到各浏览器的兼容性不一样，可以对上述 JavaScript 代码进行优化，即使用条件语句包含该 JavaScript 代码，使浏览器只在不支持 HTML5 的情况下才执行这段脚本。

1.5　本章小结

本章是 HTML5 概述，从总体上向读者介绍 HTML5 的全貌。从总体上来说，HTML5 的出现与兴起并非偶然，这是业界专家与工程师们直面过去互联网技术的许多复杂问题，总结许多开发者在实际项目实践中经常遇到的问题、习惯性操作、解决方案的基础上，并根据当前技术发展的需要、设计原理等，基于 HTML 语言基础之上，制定出来的标准。本章首先对 HTML5 进行了概述，简单介绍了 HTML5 的目标、新特性、受欢迎的原因，以及 HTML5 文档的构成；其次，简单陈述了 HTML5 的设计原理；接着介绍了如何搭建编写和运行 HTML5 的环境，如何编写 HTML5 文档；最后介绍了 HTML5 页面的特征。希望通过本章的学习，读者能够对 HTML5 有一个总体的认识。

1.6　思考和练习

1. 了解一下 HTML 语言的历史变迁。
2. 简单描述 HTML5 的目标及特性。
3. 搭建上机练习环境，检测浏览器是否支持 HTML5。
4. 编写一个 HTML5 文档。

第2章 HTML、XHTML、HTML5

1993 年，HTML 首次以草案的形式发布，20 世纪 90 年代是 HTML 发展速度最快的时期，直到 1999 年的 4.01 版。在这个过程中，W3C 主要负责 HTML 规范的制定。HTML 4.01 发布之后，业界普遍认为 HTML 已经到了穷途末路，对 Web 标准的焦点也开始转移到了 XML 和 XHTML 上，HTML 被放在了次要的位置。XHTML 以 HTML 为基础，对 HTML 进行了大量的修改。本章将从总体上介绍 HTML5 与以往版本的不同，以及 HTML5 和 HTML4 之间的区别。

本章学习目标：

- 了解 HTML 语言的作用、结构和语法
- 了解 XHTML 和 XML 的关系，以及 XHTML 的语法特点
- 掌握 HTML5 的语法和元素
- 掌握 HTML5 中新增的以及废除的元素
- 掌握 HTML5 中新增的以及废除的属性
- 掌握 HTML5 中新增的全局属性
- 掌握 HTML5 中新增的事件

2.1 HTML 基础

HTML 是目前互联网上应用最为广泛的语言，也是构成网页文档的主要语言。HTML 文档是由 HTML 标签组成的描述性文本，HTML 标签可以标识文字、图形、动画、声音、视频、表格、链接等。

2.1.1 HTML 简介

1982 年，美国人蒂姆·伯纳斯·李为了方便世界各地的物理学家能够进行合作研究以及信息共享，创造了 HTML 语言。1990 年他又发明了世界上的第一个浏览器。1991 年 3 月，他把这个发明介绍给了一起在 CERN 公司工作的朋友，当时网页浏览器被 CERN 公司在世界各地的成员用来理清 CERN 庞大的电话簿。1993 年，NCSA 推出了 Mosaic 浏览器并迅速爆红，成为世界上第一个广泛应用的浏览器，推动着互联网迅速发展。随后的 5 年里，Netscape 和 Microsoft 两个软件巨头掀起了一场互联网浏览器大战。这场战争最后以 Microsoft 的 Internet Explorer 完胜告终，但它极大地推动了互联网的发展，把网络带到了千千万万普通用户面前。从 1993 年互联网工程工作小组(Internet Engineering Tast Force，IETF)工作草案发布，到 1999 年 W3C 发布 HTML 4.01 标准，HTML 共经历了 5 个版本。如今的 HTML 不仅成为 Web 上最主要的文档格式，而且在个人及商业应用中都发挥着极大的作用。

HTML 是 Hypertext Markup Language 的缩写，中文译为超文本标记语言。使用 HTML

标签编写的文档称为 HTML 文档，目前最新版本为 HTML 5.0，这是目前使用最广泛的版本。HTML 4.01 已逐步淘汰。

早期版本的 HTML 语言不适合构建标准化网页，因为它把结构和表现混淆在一起。例如，HTML 把不同类型的元素(如描述性元素 color 和结构性元素 div、table 等)以及元素属性放在一起，为以后的维护和管理埋下隐患。

XHTML 是 The Extensible HyperText Markup Language 的缩写，中文译为可扩展标记语言，实际上它是 HTML 语言的升级版本，目前遵循的是 W3C 于 2000 年 1 月推荐的 XHTML 1.0 标准。XHTML 和 HTML 在语法和标签使用方面差别不大。熟悉 HTML 语言，再稍加熟悉标准结构和规范，也就熟悉了 XHTML 语言。XHTML 具有如下特点：

- 用户可以扩展元素，从而扩展功能，但目前在 1.0 版本下，用户只能够使用固定的预定义元素，这些元素基本上与 HTML 4.01 版本元素相同，但删除了部分描述性的元素。
- 能够与 HTML 很好地沟通，可以兼容当前不同的网页浏览器，实现 XHTML 页面的正确浏览。

2.1.2　HTML 结构

HTML 文档一般都应包含两个部分：头部区域和主体区域。HTML 文档的基本结构由 3 个标签负责组织：\<html\>、\<head\>和\<body\>。其中\<html\>标签标识 HTML 文档，\<head\>标签标识头部区域，而\<body\>标签标识主体区域。一个完整的 HTML 文档的基本结构如下：

```
<html> <!-- 语法开始 -->
 <head>
     <!-- 头部信息，如<title>标签定义网页的标题 -->
 </head>
 <body>
     <!-- 主体信息，包含网页显示的内容 -->
 </body>
</html> <!-- 语法结束 -->
```

可以看到，每个标签都是成对组成的，第一个标签(如\<html\>)表示标识的开始位置，而第二个标签(如\</html\>)表示标识的结束位置。\<html\>标签中包含\<head\>和\<body\>标签，而\<head\>和\<body\>标签则是并列排列的。

如果把上面的字符代码放置在文本文件中，然后另存为 test.html，就可以在浏览器中浏览了。当然，由于这个简单的 HTML 文档还没有包含任何可显示的信息，因此在浏览器中是看不到任何内容的。

2.1.3　HTML 语法

编写 HTML 文档时，必须遵循 HTML 语法规范。HTML 文档实际上就是一个文本文件，它由标签和信息混合组成，当然这些标签和信息必须遵循一定的组合规则，否则浏览器是无法解析的。

HTML 语言的规范条文不多，也很容易理解。从逻辑上分析，这些标签包含的内容就表示一类对象，也可以称为网页元素。从形式上分析，这些网页元素通过标签进行分隔，然后表达一定的语义。很多时候，把网页标签和网页元素混为一谈，而实际上，网页文档就是由元素和标签组成的容器。

- 所有标签都包含在 "<" 和 ">" 起止标识符中，构成一个标签，如<style>、<head>、<body>和<div>等。
- 在 HTML 文档中，绝大多数元素都有起始标签和结束标签，在起始标签和结束标签之间包含的是元素主体。例如，<body>和</body>之间包含的就是网页内容的主体。
- 起始标签包含元素的名称以及可选属性，也就是说，元素的名称和属性都必须包含在起始标签中。结束标签以反斜杠开始，然后附加元素名称。例如：

```
<tag>元素主体</tag>
```

- 元素的属性包含属性名称和属性值两部分，中间通过等号进行连接，多个属性之间通过空格进行分隔。属性和元素名称之间也通过空格进行分隔。例如：

```
<tag a1="v1" a2="v2" a3="v3" ... an="vn">元素主体</tag>
```

- 少数元素的属性也可能不包含属性值，仅包含属性名称。例如：

```
<tag a1 a2 a3 ... an>元素主体</tag>
```

- 一般属性值应该包含在引号内，虽然不加引号浏览器也能解析，但是读者应该养成良好的习惯。
- 属性是可选的，元素包含多少个属性也是不确定的，这主要根据元素而定。不同的元素会包含不同的属性。HTML 为所有元素定义了公共属性，如 title、id、class 和 style 等。

虽然大部分标签都成对出现，但是也有少数标签不是成对出现的，这些孤立的标签都被称为空标签。空标签仅包含起始标签，没有结束标签。例如：

```
<tag>
```

同样，空标签也可以包含很多属性，用来标识特殊效果或功能，例如：

```
<tag a1="v1" a2="v2"...an="v2">
```

- 标签可以相互嵌套，形成文档结构。嵌套必须匹配，不能交错嵌套，例如<div><span></div></span>就是不合法的，而<div><span></span></div>或<span><div></div></span>是合法的。
- HTML 文档的所有信息都必须包含在<html>标签中，所有元素的元信息都应该包含在<head>子标签中，而 HTML 传递信息和网页显示内容则应包含在<body>子标签中。

对于 HTML 文档来说，除了必须符合基本的语法规范外，还必须保证文档结构信息的完整性。完整的文档结构如下：

```
<!DOCTYPE html pubHTML PUBLIC "-//W3C//DTD HTML 4.01//EN" "http://www.w3.org/TR/html4/strict.dtd">
<html xmlns="http://wwww1.org/1999/xhtml">
  <head>
    <meta http-equiv="content-type" content="text/html; charset=UTF-8" />
    <title>文档标题</title>
  </head>
  <body></body>
</html>
```

HTML 文档应主要包括如下内容：

- 必须在首行定义文档的类型，过渡型文档可省略。

- <html>标签应该为文档名字设置空间，过渡型文档可省略。
- 必须定义文档的字符编码，一般使用<meta>标签在头部定义，常用字符编码包括中文简体(gb2312)、中文繁体(big5)和通用字符编码(utf-8)。
- 应该设置文档的标题，可以使用<title>标签在头部定义。

HTML 文档的扩展名为.html 或.html，保存时必须正确使用扩展名，否则浏览器无法正确解析。如果要在 HTML 文档中增加注释性文本，可以添加在 "<!--" 和 "-->" 标识符之间，例如：

```
<!--单行注释 -->
```

2.2 XHTML 基础

XHTML 语言是在 HTML 语言基础上发展而来的，但是为了兼容数以万计的现存网页和不同浏览器，XHTML 文档与 HTML 文档没有太大区别，只是添加了 XML 语言的基本规范和要求。

2.2.1 XHTML 结构

下面是 Dreamweaver 自动生成的一个标准 XHTML 页面模板文件，包含以下代码：

```
<!DOCTYPE html PUBLIC "-//W3C//DTD XHTML 1.0 Transitional//EN" "http://www.w3.org/TR/xhtml1/DTD/xhtml1-transitional.dtd">
<html xmlns="http://www.w3.org/1999/xhtml" >
<head>
        <meta content="text/html; charset=utf-8" http-equiv="Content-Type" />
        <title>无标题文档</title>
</head>
<body>
</body>
</html>
```

XHTML 代码不排斥 HTML 规则，在结构上也基本相似，但如果仔细比较，它们有两点不同。

1. 定义文档类型

在 XHTML 文档的第一行新增了<!DOCTYPE>元素，该元素用来定义文档类型。DOCTYPE 是 document type(文档类型)的英文简写，用于设置 XHTML 文档的版本。使用时应注意该元素的名称和属性必须大写。

DTD(如 xhtml1-transitional.dtd)表示文档类型定义，里面包含文档的规则，网页浏览器会根据预定义的 DTD 来解析页面元素，并把这些元素所组织的页面显示出来。要建立符合网页标准的文档，DOCTYPE 声明是必不可少的关键组成部分，除非所编写的 XHTML 确定了一个正确的 DOCTYPE，否则页面内的元素和 CSS 不能正确生效。

2. 声明命名空间

在 XHTML 文档的根元素中必须使用 xmlns 属性声明文档的命名空间。xmlns 是 XHTML NameSpace 的英文缩写，中文译为命名空间。命名空间是收集元素类型和属性名字的一个详细 DTD，它允许通过一个 URL 地址指向来识别命名空间。

XHTML 是 HTML 向 XML 过渡的标识语言，它需要符合 XML 规则，因此也需要定义命名空间。又因为 XHTML 1.0 还不允许用户自定义元素，因此它的命名空间都相同，就是 http://www.w3.org/1999/xhtml，这也是每个 XHTML 文档的 xmlns 值都相同的原因。

2.2.2　XHTML 语法

XHTML 是根据 XML 语法简化而来的，因此它遵循 XML 文档规范。同时 XHTML 又大量继承 HTML 语言的语法规范，因此与 HTML 语言非常相似，不过它对代码的要求更加严谨。遵循以下这些要求，对于培养良好的 XHTML 代码书写习惯是非常重要的：

- 在文档的开头必须定义文档类型。
- 在根元素中应声明命名空间，即设置 xmlns 属性。
- 所有标签都必须是闭合的。在 HTML 中，用户可能习惯书写独立的标签，如<p>、<li>，而不习惯写对应的</p>和</li>来关闭它们，但在 XHTML 中这是不合法的。XHTML 要求有严谨的结构，所有标签都必须关闭。如果是单独不成对的标签，应在标签的最后加一个"/"来关闭它，如
。
- 所有元素和属性都必须小写。这与 HTML 不同，XHTML 对大小写是敏感的，<title>和<TITLE>表示不同的标签。
- 所有的属性必须用引号括起来。在 HTML 中，可以不给属性值加引号，但是在 XHTML 中必须加引号，如<table height="80"></table>。特殊情况下，可以在属性值里使用双引号或单引号。
- 所有标签都必须合理嵌套。这是因为 XHTML 要求有严谨的结构，所以所有的嵌套都必须按顺序进行。
- 所有属性都必须被赋值，没有值的属性就用自身来赋值。例如，错误写法：

```
<td nowrap>
```

正确写法：

```
<td nowrap="nowrap">
```

所有特殊符号都用编码表示，例如，小于号(<)不是元素的一部分，必须被编码为"<"；大于号(>)也不是元素的一部分，必须被编码为">"。

不要在注释内容中使用"--"，它只能出现在 XHTML 注释的开头和结束，也就是说，在内容中它们不再生效。例如：

错误写法：

```
<!—注释----------注释-->
```

正确写法：

```
<!—注释————————注释-->
```

- XHTML 规范废除了 name 属性，而使用 id 属性作为统一的名称。在 IE 4.0 及以下版本中应保留 name 属性，使用时可以同时使用 id 和 name 属性。

2.2.3　XHTML 类型

从上面的介绍可知，一个 XHTML 文档有 3 个主要部分：DOCTYPE、head、body。DOCTYPE 是 Document Type 的英文简写，表示文档类型。在 XHTML 文档中，文档类型声明总是位于首行，例如：

```
<!DOCTYPE html PUBLIC "-//W3C//DTD XHTML 1.0 Strict//EN" "http://www.w3.org/TR/xhtml1/DTD/
xhtml1-strict.dtd">
```

XHTML 文档类型有 3 种：STRICT(严格类型)、TRANSITIONAL(过渡类型)和 FRAMESET(框架类型)。上面的为严格类型，另外两种分别如下：

```
<!DOCTYPE html PUBLIC "-//W3C//DTD XHTML 1.0 Transitional//EN" "http://www.w3.org/TR/xhtml1/
DTD/xhtml1-transitional.dtd">
```

```
<!DOCTYPE html PUBLIC "-//W3C//DTD XHTML 1.0 Frameset//EN" "http://www.w3.org/TR/xhtml1/
DTD/xhtml1-frameset.dtd">
```

这 3 种文档类型的区别如下：

- 严格型文档对文档中的代码要求比较严格，不允许使用任何表现层的标签和属性。在严格型文档中，诸如 center、font、strike、s、u、iframe、isindex、dir、menu、basefont、applet 等元素和 align、language、background、bgcolor、border、height、hspace、name、noshade、nowrap、target、text、link、vlink、alink、vspace、width 等属性将不被支持。
- 过渡型文档对标签和属性的语法要求不是很严格，允许在页面中使用 HTML 4.01 的标签。
- 框架型文档专门针对框架页面所使用的 DTD，当页面中含有框架元素时，就应该采用这种 DTD。

2.2.4　DTD 解析

在 XHTML 文档中，只有使用正确的 DOCTYPE(文档类型)，HTML 文档的结构和样式才能被正常解析和呈现。

DTD 是一套关于标签的语法规则。DTD 文件是一个 ASCII 文本文件，后缀名为.dtd。利用 DOCTYPE 声明中的 URL 可以访问指定类型的 DTD 详细信息。例如，在 XHTML 1.0 中，过渡型 DTD 的 URL 为 http://www.w3.org/TR/XHTML1/DTD/xhtml1-transitional.dtd，该文档内容如下：

```
<!--
        Extensible HTML version 1.0 Transitional DTD
        This is the same as HTML4 Transitional except for
        changes due to the differences between XML and SGML.
        Namespace = http://www.w3.org/1999/xhtml
        For further information, see: http://www.w3.org/TR/xhtml1
        Copyright (c) 1998-2002 W3C (MIT, INRIA, Keio),
        All Rights Reserved.
        This DTD module is identified by the PUBLIC and SYSTEM identifiers:
        PUBLIC "-//W3C//DTD XHTML 1.0 Transitional//EN"
        SYSTEM "http://www.w3.org/TR/xhtml1/DTD/xhtml1-transitional.dtd"
        $Revision: 1.2 $
        $Date: 2002/08/01 18:37:55 $
-->
<!--================ Character mnemonic entities =================-->
<!ENTITY % HTMLlat1 PUBLIC
        "-//W3C//ENTITIES Latin 1 for XHTML//EN"
        "xhtml-lat1.ent">
```

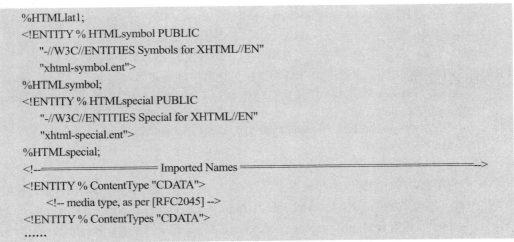

```
%HTMLlat1;
<!ENTITY % HTMLsymbol PUBLIC
    "-//W3C//ENTITIES Symbols for XHTML//EN"
    "xhtml-symbol.ent">
%HTMLsymbol;
<!ENTITY % HTMLspecial PUBLIC
    "-//W3C//ENTITIES Special for XHTML//EN"
    "xhtml-special.ent">
%HTMLspecial;
<!================= Imported Names ================>
<!ENTITY % ContentType "CDATA">
    <!-- media type, as per [RFC2045] -->
<!ENTITY % ContentTypes "CDATA">
……
```

文档类型不同，对应的 DTD 也不同。DTD 文档包含元素的定义规则，元素之间关系的定义规则，元素可使用的属性、实体或符号规则。这些规则用于标识 Web 文档的内容。此外还包括一些其他规则，它们规定哪些标签能出现在其他标签中。

如果页面中没有显示声明 DOCTYPE，那么不同的浏览器就会自动采用各自默认的 DOCTYPE 规则来解析文档中的各种标签和 CSS 样式。

DOCTYPE 声明语句的结构含义如图 2-1 所示。

图 2-1　DOCTYPE 结构图

- 顶级元素：指定 DTD 中声明的顶级元素的类型，这与声明的 SGML 文档类型相对应。HTML 文档默认的顶级元素为 html。
- 可用性：指定是可公开访问的对象 PUBLIC 还是系统资源 SYSTEM。默认为 PUBLIC，SYSTEM 系统资源包括本地文件和 URL。
- 注册：指定组织是否由国际标准化组织 ISO 注册。+表示组织名称已注册，默认选项。-表示组织名称未注册。W3C 是未注册 ISO 的组织，因此显示为-符号。
- 组织：指定在 DOCTYPE 声明中引用的 DTD 的创建和维护团体或组织的名称。XHTML 语言规范的创建和维护组织为 W3C。
- 类型：指定公开文本的类，即引用的对象类型。
- 标签：指定公开文本的描述，即对引用的公开文本的唯一描述性名称，后面可附带版本号。
- 定义：指定文档类型的定义。
- 语言：指定公开文本的语言。
- URL：指定所引用对象的位置。

由此可见，DOCTYPE 声明语句的写法严格遵循一定的规则，只有这样，浏览器才能够调用对应的文档类型的规则集来解释文档中的标签。

2.2.5　命名空间

在 XHTML 文档中，还有一句常见的代码：

```
<html xmlns="http://www.w3.org/1999/xhtml" >
```

xmlns 是 XHTML Namespace 的英文缩写，中文译为命名空间。该属性声明 html 顶级元素的命名空间，用来定义该顶级元素及其包含的各级子元素的唯一性。由于 XML 语言允许用户自定义标签，因此使用命名空间可以避免自己定义的标签和别人定义的标签发生冲突。比如，如果两个人定义了一模一样的文档，若文件头部没有 xmlns 命名空间加以区分，就会发生冲突；如果在文档头部加上不同的命名空间，文档就不会冲突。通俗地讲，命名空间就是给文档做一个标签，标明该文档属于哪个网站。对于 HTML 文档来说，由于它的元素是固定的，不允许用户进行定义，因此指定的命名空间永远是 http://www.w1.org/1999/xhtml。

2.3　HTML5 基础

HTML5 在 HTML4 的基础上进行了大量修改，下面对 HTML5 的语法和元素进行介绍。

2.3.1　HTML5 语法

1. 内容类型

HTML5 的文件扩展名仍然是.html 或.htm，内容类型仍然为 text/html。

2. 文档类型声明

HTML5 的文档类型声明为<!DOCTYPE html>，摈弃了 HTML4 中一长串的 PUBLIC 声明。使用这个声明会触发浏览器以标准兼容模式显示页面。网页有多种显示模式：怪异模式、近标准模式和标准模式。其中标准模式也称为非怪异模式。浏览器会根据 DOCTYPE 来识别应该使用哪种显示模式，以及使用什么规则来验证页面。

3. 字符编码

在 HTML4 中，使用<meta>元素指定文件中的字符编码，例如：

```
<meta http-equiv="content-type" content="text/html; charset=UTF-8" />
```

在 HTML5 中，使用 charset 属性来指定文件中的字符编码，例如：

```
<meta charset="utf-8">
```

目前这两种方法都可以使用，但是在一个文档中只能使用一种形式，不能两种形式混合使用。

4. 版本兼容

HTML5 力图兼容旧版本的语法，主要体现在以下几个方面：

(1) 可以省略标签的元素

HTML 元素的标签分为 3 种类型：不允许写结束标签、可以省略结束标签、开始标签和结束标签全部可以省略。不允许写结束标签的元素是指不允许使用开始标签与结束标签将元素括起来的形式，只允许使用<元素/>的形式进行书写，例如
。可以省略全部标签的元素是指元素可以完全省略，但实际上，元素是隐式存在的。

这几种类型所包含的标签如下：

不允许写结束标签的元素有 area、base、br、col、command、endbed、hr、img、input、keygen、link、meta、param、source、track 和 wbr。

可以省略结束标签的元素有 li、dt、dd、p、rt、rp、optgroup、option、colgroup、thead、tbody、tfoot、tr、td 和 th。

可以省略全部标签的元素有 html、head、body、colgroup 和 tbody。

(2) 具有布尔值的属性

对于具有布尔值的属性，如 disabled 和 readonly 等，若只写属性名，表示属性值为 true；如果想要将属性值设置为 false，可以不使用该属性。例如：

```
<!--只写属性，不写属性值，代表属性值为 true-->
<input type="checkbox" checked>
<!--不写属性，代表属性为 false-->
<input type="checkbox">
<!-- 属性值=属性名，代表属性为 true -->
<input type="checkbox" checked="checked">
<!-- 属性值=空字符串，代表属性为 true -->
<input type="checkbox" checked="">
```

(3) 省略引号

当属性值不包括空字符串、<、>、=、单引号、双引号等字符时，属性值两边的引号可以省略。例如：<input type=text>是合法的。

2.3.2　HTML5 元素

在 HTML5 中引入的新的标记元素被分成七大类，如表 2-1 所示。

表 2-1　HTML5 新增的标签类型

标签类型	说明
内嵌	在文档中添加其他类型的内容，如 audio、video、canvas 和 iframe 等
流	在文档和应用的 body 中使用的元素，如 form、h1 和 small 等
标题	段落标题，如 h1、h2 和 hgroup 等
交互	与用户交互的内容，如音频和视频的控件、button 和 textarea 等
元数据	通常出现在页面的 head 中，设置页面其他部分的表现和行为，如 script、style 和 title 等
短语	文本和文本标记元素，如 mark、kbd、sub 和 sup 等

1. 新增的结构标记

HTML5 定义了一组新的语义标记来描述元素的内容，也就是对过去经常使用的语义标记进行简化，例如<div id="header"></div>被简化成<header>。这样的元素如表 2-2 所示。

表 2-2　HTML5 新增的结构标记

元素名称	说明
header	标记头部区域的内容(用于整个页面和页面中的一块区域)
footer	标记脚部区域的内容(用于整个页面或页面中的一块区域)
section	Web 页面中的一块区域

(续表)

元素名称	说明
article	独立的文章内容
aside	相关内容或引文
nav	导航类辅助内容

【例 2-1】　使用结构元素设计一个网页。

```
<!DOCTYPE html>
<html>
<head>
<meta charset="utf-8" >
<title>HTML5 结构元素</title>
<link rel="stylesheet" href="css/demo01.css">
</head>
<body>
<header>
    <h1>网页标题</h1>
    <h2>次级标题</h2>
    <h4>提示信息</h4>
</header>
<div id="container">
    <nav>
        <h3>导航</h3>
        <a href="#">链接 1</a> <a href="#">链接 2</a> <a href="#">链接 3</a> </nav>
    <section>
        <article>
            <header>
                <h1>文章标题</h1>
            </header>
            <p>文章内容......</p>
            <footer>
                <h2>文章注脚</h2>
            </footer>
        </article>
    </section>
    <aside>
        <h3>相关内容</h3>
        <p>相关辅助信息或者服务......</p>
    </aside>
    <footer>
        <h2>页脚</h2>
    </footer>
</div>
</body>
</html>
```

运行以上代码，效果如图 2-2 所示。

图 2-2　网页效果

2. 新增的功能标记

　　所谓功能标记，是指可以用在页面中以完成某种页面显示行为的标记。HTML5 中新增的功能标记及说明如表 2-3 所示。

表 2-3　HTML5 新增的功能标记

元素名称	说明
hgroup	用于对整个页面或页面中一个内容区块的标题进行组合
figure	表示一段独立的流内容，一般表示文档主体流内容中的一个独立单元。使用 figcaption 可以为 figure 元素组添加标题
video	定义视频，比如电影片段或其他视频流
audio	定义音频，比如音乐或其他音频流
embed	用来插入各种多媒体，格式可以是 MIDI、WAV、AIFF、AU、MP3 等
mark	用来呈现需要突出显示和高亮显示的文字
time	表示日期或时间，也可以同时表示两者
canvas	表示图形，如图表、图像等。元素本身没有行为，仅提供一块画布，把一个绘图 API 呈现给 JavaScript，以使用脚本把内容绘制到画布上
output	表示不同类型的输出
source	为媒介元素(如 video、audio 等)定义资源
menu	菜单列表，使用 li 元素列举每一个菜单项
ruby	ruby 注释
rt	表示字符的解释或发音
rp	在 ruby 注释中使用，以定义不支持 ruby 元素的浏览器所显示的内容
wbr	软换行。在浏览器窗口或父级元素的宽度足够时不换行，而宽度不够时主动换行
command	命令按钮，如单选按钮、复选框或按钮
details	表示细节信息，可以和 summary 元素配合使用
datalist	表示可选数据列表，和 input 元素配合使用，可以制作输入值的下拉列表
datagrid	表示可选数据列表，以树型列表的形式显示
keygen	表示生成密钥
progress	表示运行中的进程
email	表示必须输入 e-mail 地址的文本输入框
url	表示必须输入 URL 地址的文本输入框

(续表)

元素名称	说明
number	表示必须输入数值地址的文本输入框
range	表示必须输入一定范围数值的文本输入框
Date Pickers	选取日期和时间的新型输入文本框

3. 废除的元素

HTML5 中废除了 HTML4 中的一些元素，主要包括：能用 CSS 替代的元素、不再使用 frame 框架、只有部分浏览器支持的元素。

(1) 能用 CSS 替代的元素

HTML4 中的一些表现文本效果的元素，如 basefont、big、center、font、s、strike、tt 和 u 这些元素，HTML5 将它们放在了 CSS 样式表中，因此将这些元素废除了。其中，font 元素允许由"所见即所得"的编辑器插入，s、strike 元素可以由 del 元素替代，tt 元素可以由 CSS 的 font-family 属性替代。

(2) 不再使用 frame 框架

对于 frameset、frame、noframes 元素，由于 frame 框架对网页可用性存在负面影响，因此 HTML5 不再支持 frame，只支持 iframe。

(3) 只有部分浏览器支持的元素

对于只有部分浏览器支持的元素，如 applet、bgsound、blink 和 marquee，只被 IE 所支持，因此 HTML5 将它们废除。其他被废除的元素还有：

- 使用 ruby 元素替代 rb 元素。
- 使用 abbr 元素替代 acronym 元素。
- 使用 ul 元素替代 dir 元素。
- 使用 form 元素与 input 元素相结合的方式替代 isindex 元素。
- 使用 pre 元素替代 listing 元素。
- 使用 code 元素替代 xmp 元素。
- 使用 GUIDS 替代 nextid 元素。
- 使用 text/plain 的 MIME 类型替代 plaintext 元素。

2.4　新增和废除的属性

HTML5 除了新增和废除一些元素标记外，还新增和废除了过去 HTML4 中的一些元素属性。

2.4.1　新增的属性

HTML5 新增的属性主要体现为表单属性、链接属性以及其他属性。

1. 增加的表单属性

HTML5 新增的表单属性及功能如表 2-4 所示。

表 2-4　HTML5 新增的表单属性

属性名称	说明
autofocus	input、select、textarea 和 button 元素拥有，以指定属性的方式让元素在画面打开时自动获得焦点
placeholder	input、textarea 元素拥有，提示用户可以输入的内容
form	input、output、select、textarea、button 与 fieldset 元素拥有，声明这些控件属于哪个表单，然后放置在页面上的任何位置而不是表单之内
required	表示必填项
autocomplete、min、max、multiple、pattern、step	为 input 元素新增的属性。datalist 元素和 autocomplete 属性配合使用。multiple 允许在上传文件时一次上传多个文件
formaction formenctype formmethod formnovalidate formtarget	input 和 button 元素拥有，重载 form 元素的 action、enctype、method、novalidate、target 属性
novalidate	取消提交时进行的有关检查，表单可以被无条件提交

2. 增加的链接属性

HTML5 新增的链接属性及功能如表 2-5 所示。

表 2-5　HTML5 新增的链接属性

属性名称	说明
media	规定目标 URL 是为哪种类型的媒介和设备进行优化的，只能在 href 属性存在时使用
hreflang rel	为 area 元素增加的属性，以保持和 a、link 元素保持一致
sizes	为 link 元素增加的属性，可以和 icon 元素结合使用，指定关联图标的大小
target	为 base 元素增加的属性，目的是和 a 元素保持一致

3. 增加的其他属性

除了以上介绍的属性外，HTML5 还增加了一些其他属性，如表 2-6 所示。

表 2-6　HTML5 新增的其他属性

属性名称	说明
reversed	为 ol 元素增加的属性，用于指定列表倒序显示
charset	为 meta 元素增加的属性
type label	为 menu 元素增加的属性，label 属性为菜单定义可见的标注，type 属性让菜单能以上下文菜单、工具条和列表菜单的形式出现
scoped	为 style 元素增加的属性，规定样式的作用范围
async	为 script 元素增加的属性，定义脚本是否异步执行
manifest	为 html 元素增加的属性，开发离线 Web 应用程序时，与 API 结合使用，定义一个 URL，在这个 URL 上描述文档的缓存信息
sandbox seamless srcdoc	为 iframe 元素增加的属性，用来提高页面安全性，防止不信任的 Web 页面执行某些操作

2.4.2 废除的属性

HTML5 废除了 HTML4 中过时的属性，而采用其他属性或方案进行替代，如表 2-7 所示。

表 2-7 HTML5 中废除的属性

HTML4 属性	适应元素	HTML5 替代方案
rev	link、a	rel
charset	link、a	在被链接的资源中使用 HTTP content-type 头元素
shape、coords	a	使用 area 元素代替 a 元素
longdesc	img、iframe	使用 a 元素链接到较长描述
target	link	多余属性，被省略
nohref	area	多余属性，被省略
profile	head	多余属性，被省略
version	html	多余属性，被省略
name	img	id
scheme	meta	只为某个表单域使用 scheme
archive、classid、codebase、codetype、declare、standby	object	使用 data 与 type 属性类调用插件。需要使用这些属性来设置参数时，使用 param 属性
valuetype、type	param	使用 name 和 value 属性，不声明值的 MIME 类型
axis、abbr	td、th	使用以明确、简洁的文字开头，后跟详述文字的形式。可以对更详细的内容使用 title 属性，以使单元格的内容变得简短
scope	td	在被链接的资源中使用 HTTP content-type 头元素
align	caption、input、legend、div、h1、h2、h3、h4、h5、h6、p	使用 CSS 样式表替代
alink、link、text、vlink、background、bgcolor	body	使用 CSS 样式表替代
align、bgcolor、border、cellpadding、cellspacing、frame、rules、width	table	使用 CSS 样式表替代
align、char、charoff、height、nowrap、valign	tbody、thead、tfoot	使用 CSS 样式表替代
align、bgcolor、char、charoff、height、nowrap、vaign、width	td、th	使用 CSS 样式表替代
align、char、charoff、valign	tr	使用 CSS 样式表替代
align、char、charoff、valign、width	col、colgroup	使用 CSS 样式表替代
align、border、hspace、vspace	object	使用 CSS 样式表替代
clear	br	使用 CSS 样式表替代
compact、type	ol、ul、li	使用 CSS 样式表替代
compact	dl、menu	使用 CSS 样式表替代
width	pre	使用 CSS 样式表替代
align、noshade、size、width	hr	使用 CSS 样式表替代

（续表）

HTML4 属性	适应元素	HTML5 替代方案
align、frameborder、scrolling、marginheight、marginwidth	iframe	使用 CSS 样式表替代
align、hspace、vspace	img	使用 CSS 样式表替代
autosubmit	menu	

2.5　全局属性

在 HTML5 中，增加了全局属性的概念，即可以对任何元素都使用的属性。这些属性如表 2-8 所示。

表 2-8　HTML5 中新增的全局属性

属性名	说明
contentEditable	允许用户在线编辑元素中的内容
designMode	指定整个页面是否可编辑，当页面可编辑时，页面中任何支持 contentEditable 属性的元素都变成可编辑状态
hidden	通知浏览器不渲染该元素，使得该元素不可见
spellcheck	对用户输入的文本内容进行拼写检查和语法检查
tabindex	当不断按 Tab 键让窗口或页面中的控件获得焦点时，每一个控件的 tabindex 属性表示该控件第几个被访问到

下面将对这些全局属性进行详细介绍。

2.5.1　contentEditable 属性

contentEditable 属性的主要功能是允许用户在线编辑元素中的内容。contentEditable 是一个布尔值属性，可以被指定为 true 或 false。此外，该属性还可能处于隐藏的 inherit 状态。contentEditable 属性值为 true 时，元素被指定为允许编辑；属性值为 false 时，元素被指定为不可编辑；未指定 true 和 false 时，由 inherit 状态决定，如果元素的父元素是可编辑的，则该元素就是可编辑的。

【例 2-2】 为列表元素添加 contentEditable 属性，使得该元素变成可编辑状态。

```
<head>
    <meta charset="UTF-8">
    <title>contentEditable 属性</title>
</head>
<body>
    <h1>可编辑列表</h1>
    <ul contenteditable="true">
        <li>选项 1</li>
        <li>选项 2</li>
        <li>选项 3</li>
    </ul>
```

运行以上程序，结果如图 2-3 所示。

图 2-3 可编辑列表

在编辑完元素中的内容后，如果想要保存这些内容，只能把元素的 innerHTML 发送到服务器端进行保存。因为改变元素的内容后，元素的 innerHTML 内容也随之改变，目前还没有特别的 API 能用来保存编辑后元素的内容。

2.5.2　designMode 属性

designMode 属性用来指定整个页面是否可编辑，当页面可编辑时，页面中任何支持 contentEditable 属性的元素都变成可编辑状态。designMode 属性只能在 JavaScript 脚本中编辑和修改。该属性有两个值：on 和 off。属性值被指定为 on 时，页面可编辑；被指定为 off 时，页面不可编辑。使用 JavaScript 脚本指定 designMode 属性的示例如下：

```
document.designMode="on"
```

针对 designMode 属性，各浏览器的支持情况也不相同，因此，在使用过程中要注意测试。

2.5.3　hidden 属性

在 HTML5 中，所有元素都允许使用 hidden 属性。hidden 属性类似于 input 元素中的 hidden 元素，功能是通知浏览器是否渲染该元素。但是元素中的内容仍由浏览器创建。也就是说，页面装载后，允许使用 JavaScript 脚本把 hidden 属性取消，取消后该元素变为可见状态，同时元素中的内容也显示出来。hidden 是一个布尔值属性，当设为 true 时，元素处于不可见状态；当设为 false 时，元素处于可见状态。

2.5.4　spellcheck 属性

spellcheck 属性是 HTML5 针对 input(type=text)和 textarea 元素提供的一个拼写和语法检查属性。该属性取值 true 或 false，书写时需要注意，必须明确声明属性值为 true 或 false。

需要注意的是，如果元素的 readonly 或 disabled 属性设为 true，则不执行拼写检查。

2.5.5　tabindex 属性

tabindex 是开发中的一个基本概念，当不断按 Tab 键让窗口或页面中的控件获得焦点，并对窗口或页面中的所有控件进行遍历时，每一个控件的 tabindex 属性表示该控件第几个被访问到。

2.6　新增的事件

HTML5 中对页面、表单、键盘元素新增了许多事件，如表 2-9 所示。

表 2-9　HTML5 中对页面、表单、键盘元素新增的各种事件

元素对象	事件	触发时机
window 对象 body 对象	beforeprint	即将开始打印之前触发
	afterprint	打印结束后触发
	resize	浏览器窗口大小发生改变时触发
	error	页面加载出错时触发
	offline	页面变为离线状态时触发
	online	页面变为在线状态时触发
	pageshow	页面加载时触发，类似于 load 事件，区别在于 load 事件在页面第一次加载时触发，而 pageshow 事件在每一次加载时触发，即从网页缓存中读取页面时只触发 pageshow 事件，不触发 load 事件
	beforeunload	当前页面被关闭时触发，该事件通知浏览器显示一个用于询问用户是否确实离开本页面的确认窗口，可以设置确认窗口中的提示文字
	hashchange	页面 URL 地址字符串中的哈希部分发生改变时触发
任何元素	mousewheel	当鼠标指针悬停在元素上并滚动鼠标滚轮时触发
任何容器元素	scroll	当元素滚动条被滚动时触发
input 元素 textarea 元素	input	当用户修改文本框中的内容时触发，input 事件与 change 事件的区别为：input 事件在元素尚未失去焦点时已触发，change 事件只在元素失去焦点时触发
表单元素	reset	当用户按下表单元素中 type 类型为 reset 的 input 元素，或者在 JavaScript 脚本代码中执行表单对象的 reset 方法时触发

2.7　本章小结

本章从语法上对 HTML、XHTML、HTML5 进行了深入介绍，从而方便读者对 HTML 语言体系的语法有一个深入的了解。本章首先介绍了 HTML 语言的基础知识，分别从 HTML 语言本身及其结构和语法进行介绍；然后介绍了 HTML 和 XML 发生碰撞结合的产物——XHTML 的结构、语法、类型、DTD 和命名空间等内容；最后详细介绍了 HTML5 的语法，HTML5 新增和废除的属性，HTML5 新增的全局属性和事件等内容。通过本章的学习，希望读者能熟悉 HTML 语言的语法结构，能够熟练写出一份完整的 HTML5 文档。

2.8　思考和练习

1. 简述 HTML 的语法。
2. 简述 XHTML 的语法。
3. 简述 HTML5 的语法。
4. 简述 HTML5 新增和废除的属性。
5. HTML5 新增了哪些全局属性和事件？

第3章 创建HTML5文档

为了增强 Web 的实用性，HTML5 引入了许多新技术，对传统 HTML 文档进行了大幅修改，使得文档结构更加清晰明了、易读，降低了学习难度，这样既方便浏览者访问，也提高了 Web 开发的速度。本章将详细介绍 HTML5 中新增的主体元素、语义元素，并通过这两大类元素设计一个综合性强的网页。

本章学习目标:

- 熟悉 HTML5 文档结构，并能用记事本直接创建一个 HTML5 文档
- 了解 HTML5 元素的分类，包括结构性元素、级块性元素、行内语义性元素和交互性元素
- 掌握 HTML5 新增的主体元素，诸如 article、section、nav、aside、pubdate 等
- 掌握 HTML5 新增的语义元素，诸如 header、hgroup、footer、address 等

3.1 认识 HTML5 文档结构

为了帮助读者更好地对 HTML5 网页有一个简单的理解与认识，下面给出 HTML5 文档的结构代码，并进行详细注释。

```html
<!DOCTYPE html>
<!-- 声明文档结构类型 -->
<html lang="zh-cn">
<!-- 声明文档语言区域 -->
<head>
<!-- 文档的头部区域 -->
<meta charset="UTF-8">
<!-- 文档头部区域中元数据区的字符集定义，utf-8 表示国际通用的字符集编码格式 -->
<title>文档标题</title>
<!-- 文档头部的标题。title 内容对于 SEO 来说极为重要 -->
<meta name="description" content="文档描述信息">
<!-- 文档头部区域的元数据区关于文档描述的定义-->
<meta name="author" content="文档作者">
<!-- 文档头部区域的元数据区关于开发人员姓名的定义-->
<meta name="copyright" content="版权信息">
<!-- 文档头部区域的元数据区关于版权的定义-->
<link rel="shortcut icon" href="favicon.ico">
<!-- 文档头部区域的兼容性写法-->
<link rel="apple-touch-icon" href="custom_ico.png">
<!-- 文档头部区域的 apple 设备图标的引用-->
<meta name="viewport" content="width=device-width,user-scalable=no">
<!-- 文档头部区域对于不同接口设备的特殊声明。宽=设备宽，用户不能自行缩放-->
```

```
<link rel="stylesheet" href="main.css">
<!-- 文档头部区域的样式引用-->
<script src="script.js"></script>
<!-- 文档头部区域的 JavaScript 脚本文件调用-->
</head>
<body>
  <header>HTML5 文档的头部区域</header>
  <nav>HTML5 文档的导航区域</nav>
  <section>HTML5 文档的主要内容区域
        <aside>HTML5 文档的主要内容区域的侧边导航或菜单区</aside>
        <article>HTML5 文档的主要内容区域的内容区
            <section>以下是 section 和 article 嵌套
                <aside></aside>
                <article>
                    <header>
                        HTML5 文档的嵌套区域，可以对某个 article 区域进行头部和脚部的
定义，这样做可以有非常清晰和严谨的文档目录结构关系
                    </header>
                    <footer></footer>
                </article>
            </section>
        </article>
  </section>
  <footer>HTML5 文档的脚部区域</footer>
</body>
</html>
```

事实上，对于最简单的 HTML5 文档结构，需要的内容只有一行代码：

```
<!DOCTYPE html>
```

HTML5 文档以<!DOCTYPE>开头，这是文档类型声明，并且必须位于 HTML5 文档的第一行，用来告诉浏览器或任何其他分析程序它们所查看的文档类型。

html 标签是 HTML5 文档的根标签，紧跟在<!DOCTYPE html>下面。html 标签支持 HTML5 全局属性和 manifest 属性。manifest 属性主要在创建 HTML5 离线应用的时候用到。

head 标签是所有头部元素的容器。位于<head>内部的元素可以包含脚本、样式表、元信息等。head 标签支持 HTML5 全局属性。

meta 标签位于文档的头部，不包含任何内容。meta 标签的属性定义了与文档相关联的名称/值对。该标签提供页面的元信息，如针对搜索引擎和更新频度的描述和关键词。

<meta charset="UTF-8">定义了文档的字符编码是 utf-8。这里，charset 是 meta 标签的属性，而 utf-8 是该属性的值。HTML5 中的很多标签都有属性，从而扩展标签的功能。

title 标签位于<head>标签内，定义了文档的标题。title 标签定义浏览器工具栏中的标题、提供页面被添加到收藏夹时的标题以及显示在搜索引擎结果中的页面标题。所以 title 标签非常重要，在写 HTML5 文档的时候一定要记得写这个标签。title 标签支持 HTML5 全局属性。

body 标签定义文档的主题和所有内容，如文本、超链接、图像、表格和列表等都包含在 body 标签中。

3.2 HTML5 元素分类

HTML5 新增了 27 个元素，废弃了 16 个元素。根据现有的标准规范，下面把 HTML5 元素分为结构性元素、级块性元素、行内语义性元素和交互性元素 4 大类。

1. 结构性元素

结构性元素主要负责 Web 上下文结构的定义，确保 HTML 文档的完整性，这类元素如表 3-1 所示。

表 3-1　结构性元素

元素	描述
section	在 Web 页面应用中，section 元素也可以用于区域的章节表述
header	页面主体的头部，注意与 head 元素相区别。head 元素不可见，而 header 往往包含在 body 中
footer	页面的底部，即页脚。通常用于标出网站的一些相关信息，例如"关于我们"、法律声明、邮件信息和管理入口等
nav	专门用于菜单导航、链接导航的元素，是 navigator 的缩写
article	用于表示一篇文章的主题内容，一般为文字集中显示的区域

2. 级块性元素

级块性元素主要用于 Web 页面区域的划分，确保内容得到有效分隔，这类元素如表 3-2 所示。

表 3-2　级块性元素

元素	描述
aside	用来表示注记、贴士、侧栏、摘要、插入的引用等，作为补充主体的内容。从简单页面的显示上看，就是侧边栏，可以在左边，也可以在右边
figure	是对多个元素进行组合并展示的元素，通常和 figcaption 配合使用
code	表示一段代码块
dialog	用来表示人与人之间的对话。dialog 元素还包括 dt 和 dd 这两个组合元素，它们常常同时使用。dt 用来表示说话者，dd 表示说话内容

3. 行内语义性元素

行内语义性元素主要完成对 Web 页面具体内容的引用和表述，是丰富内容展示的基础，这类元素如表 3-3 所示。

表 3-3　行内语义性元素

元素	描述
meter	表示特定范围内的数值，可用于工资、数量、百分比等
time	表示时间值
progress	用来表示进度条，可通过对其 max、min、step 等属性进行控制，完成对进度的表示和监视
video	视频元素，用于支持和实现视频文件的直接播放，支持缓冲预加载和多种视频媒体格式，如 MPEG-4、OggV 和 WebMail 等
audio	音频元素，用于支持和实现音频(音频流)文件的直接播放，支持缓冲预加载和多种音频媒体格式

4. 交互性元素

交互性元素主要用于功能性的内容表达，会有一定的内容和数据的关联，是各种事件的基础，这类元素如表 3-4 所示。

表 3-4　交互性元素

元素	描述
details	表示一段具体的内容，内容默认可能不显示，需要通过某种手段(如单击与 legend 交互)才会显示出来
datagrid	用来控制客户端数据与显示，可以由动态脚本及时更新
menu	主要用于交互菜单
command	用来处理命令按钮

3.3　构建主体内容

在 HTML5 中，为了使文档的结构更加清晰、明确，追加了几个与页眉、页脚、内容区块等文档结构相关联的结构元素。需要说明的是，本节所讲的内容区块是指将 HTML 页面按逻辑进行分割后的单位。例如，对于书籍来说，章、节都可以称为内容区块；对于博客网站来说，导航菜单、文章正文、文章的评论等每一部分都可称为内容区块。

本节主要讲解 HTML5 在页面的主体结构方面新增的结构元素。

3.3.1　标识文章：article 元素

<article> 标签是 HTML5 新增的元素。article 元素代表文档、页面或应用程序中独立的、完整的、可以独自被外部引用的内容。它可以是论坛帖子、报纸文章、博客条目、用户评论或独立的插件，或是其他任何独立的内容。

除了内容部分，article 元素通常有自己的标题(一般放在 header 元素里面)，有时还有脚注。下面以一篇博客文章为例来介绍 article 元素的使用。

【例 3-1】　article 元素使用示例。

```
<article>
<header>
        <h1>苹果</h1>
        <p>发表日期：<time pubdate="pubdate">2017/05/01</time></p>
</header>
<p><b>苹果</b>，植物类水果，多次花果......("苹果"文章正文)</p>
<footer>
        <p><small>著作权归***公司所有。</small></p>
</footer>
</article>
```

这个示例是一篇描述苹果的博客文章，由于文章具有独立性，因此用 article 元素来组织。在 article 元素中，使用 header 元素来显示文章的标题，其中用 h1 标签罗列标题，然后用 p 元素显示发表日期。标题 header 的下方是用 p 元素组织的文章的大量内容。文章的末尾是用 footer 元素嵌入文章的脚注。从这个示例来看，article 元素主要用于表示逻辑上相对独立、完整的内容。

article 元素也可以嵌套使用。在嵌套使用时，内层的内容原则上需要与外层的内容有关

系，即联系比较紧密，嵌套的内外层描述的均是独立的事物。例如，一篇博客文章的评论，
就可以使用嵌套 article 元素的方式表示。

【例 3-2】　通过嵌套 article 元素来为博客添加评论内容。

```
<article>
  <header>
      <h1>article 元素使用方法</h1>
      <p>发表日期：<time pubdate="pubdate">2017/05/10</time></p>
  </header>
  <p>此标签里显示的是 article 整个文章的主要内容，下面的 section 元素里是对该文章的评论</p>
  <section>
      <h2>评论</h2>
      <article>
          <header>
              <h3>发表者：maizi</h3>
              <p><time pubdate datetime="2016-6-14">1 小时前</time></p>
          </header>
          <p>这篇文章很不错啊，顶一下！</p>
      </article>
      <article>
          <header>
              <h3>发表者：小妮</h3>
              <p><time pubdate datetime="2017-6-14T:21-26:00">1 小时前</time></p>
          </header>
          <p>这篇文章很不错啊，对 article 的解释很详细</p>
      </article>
  </section>
</article>
```

这个示例相比上一个示例的内容更加完整，添加了读者的评论内容，整体内容比较独立、
完整，因此对其使用 article 元素。这里把文章标题放在 header 元素中，把文章正文放在 header
元素后面的 p 元素中，然后用 section 元素对正文与评论部分进行区分(下一节介绍 section 元
素，它是一个分块元素，用来对页面中的内容进行分块)。在 section 元素中嵌入评论内容，
评论中每个人的评论又是比较独立、完整的内容，因此每一条评论使用一个 article 元素来组
织。在评论的 article 元素中，又可以包括评论标题与评论内容，分别放在 header 元素和 p 元
素中(示例中的 time 元素和 pubdate 属性，将在本章结尾处介绍)。

另外，article 元素还能用来表示插件。下面是一段允许全屏显示的代码，作用就是让这
个插件看上去像完全内嵌在网页里面一样。

【例 3-3】　使用 article 元素来表示插件。

```
<article>
      <h1>允许全屏代码</h1>
      <object>
          <param name="allowFullScreen" value="true" />
          <embed src="#" width="600" height="340"></embed>
      </object>
</article>
```

3.3.2　给内容分块：section 元素

　　section 元素主要用来对网站或应用程序中页面上的内容进行分块。section 元素通常由标题和内容组成。但 section 元素并不是容器元素，所以不能用 CSS 来渲染。当一个容器需要直接定义样式或通过脚本控制行为时，一般使用 div 元素。

　　以下是一段使用 section 元素的代码：

```
<section>
  <h1>PRC</h1>
  <p>The People's Republic of China was born in 1949...</p>
</section>
```

　　这是典型的 section 元素的结构，由标题和内容组成。如果一段内容没有标题，不建议使用 section 元素来表示。

　　section 元素的作用就是对页面上的内容进行分块，或者说对文章进行分段；而 article 元素则是表示"有着自己完整的、独立的内容"，需要将这两个元素区分清楚。

　　下面来看一个结合使用 article 元素和 section 元素的示例，以便更加清晰地区分这两个元素的功能。

　　【例 3-4】　一个嵌套了多个 section 元素的 article 元素。

```
<article>
            <h1>WWF and WWF's Panda symbol</h1>
            <section>
                <h2>WWF</h2>
                <p>
                    The World Wide Fund for Nature (WWF) is an international organization
working on issues regarding the conservation, research and restoration of the environment, formerly named the
World Wildlife Fund. WWF was founded in 1961.
                </p>
            </section>
            <section>
                <h2>WWF's Panda symbol</h2>
                <p>
                    The Panda has become the symbol of WWF. The well-known panda logo of
WWF originated from a panda named Chi Chi that was transferred from the Beijing Zoo to the London Zoo in
the same year of the establishment of WWF.
                </p>
            </section>
</article>
```

　　这个示例中的文章是独立、完整的内容，因此外层用 article 元素来表示。article 元素中又包括一个 h1 标题和两个 section 元素，每一个 section 元素的内容都由标题和内容组成。从内容上来说，这是有关 WWF 及其熊猫标识的一篇文章，文章中分别阐述了 WWF 及其熊猫标识，这两块内容组合起来正是标题所要描述说明的，逻辑清晰明确，因此用 article 元素来表示这篇文章，而文章内使用 section 元素来按逻辑划分区块。

　　另外，section 元素也可以包含多个 article 元素，以下就是一个包括多个 article 元素的 section 元素的代码清单。

　　【例 3-5】　在 section 元素中嵌套多个 article 元素。

```
<section>
        <h1>哺乳动物</h1>
        <p>脊椎动物亚门的一纲，通称兽类。</p>
        <article>
                <h2>原兽亚纲</h2>
                <p>原兽亚纲(Prototheria)是哺乳纲动物的其中一个亚纲，现存只有 1 目(单孔目)2
科 3 属 3 种，只分布在大洋洲地区。</p>
        </article>
        <article>
                <h2>异兽亚纲</h2>
                <p>多瘤齿兽目为异兽亚纲(Allotheria)中仅有的一类哺乳动物〔见哺乳纲(化石)〕。</p>
        </article>
        <article>
                <h2>后兽亚纲</h2>
                <p>哺乳纲的一个亚纲，又称有袋亚纲。在进化上为界于卵生的单孔类和高等的
有胎盘类之间的哺乳动物。其特点是：胎生，但大多数无真正的胎盘，母兽具有特殊的育儿袋。</p>
        </article>
</section>
```

这个示例是一篇文章中的一段，因此没有使用 article 元素。但是，这一段可以分为几块独立的内容，因此嵌入了几个独立的 article 元素。

看到这里，也许有的读者糊涂了，这两个元素怎么可以混淆使用呢？事实上，在 HTML5 中，article 元素可以看成一种特殊种类的 section 元素，它比 section 元素更强调独立性。section 元素强调分段或分块，而 article 元素强调独立性。具体来说，如果一块内容相对来说比较独立、完整，那么应使用 article 元素；但是如果将一块内容分成几段，那么应使用 section 元素进行分段。

最后需要说明的是，在使用 section 元素时，需要注意以下几点：

- section 元素用于对网站或应用程序中页面上的内容进行分块，section 元素的作用是对页面上的内容进行分块，或者说对文章进行分段。
- section 元素通常由内容及标题组成。通常不推荐为那些没有标题的内容使用 section 元素。
- section 元素并非普通的容器元素；当内容需要被直接定义样式或通过脚本定义行为时，推荐使用 div 而非 section 元素；也就是说，不要将 section 元素用作设置样式的页面容器，那是 div 元素要做的工作。
- 如果 article、nav、aside 元素都符合条件，那么不要用 section 元素定义。
- section 元素中的内容可以单独存储到数据库中或输出到 Word 文档中。

3.3.3　设计导航信息：nav 元素

nav 元素是一个可以用来作为页面导航的链接组，其中的导航元素链接到其他页面或当前页面的其他部分。

一般情况下，只需要将主要的、基本的链接组放进 nav 元素即可。例如，在页脚中通常会有一组链接，其中放着服务条款、首页和版权声明等，这时使用 nav 元素来组织并不适合，使用 footer 元素最为恰当。

　　一个页面可以拥有多个 nav 元素，作为页面整体或不同部分的导航。一般来说，nav 元素适用于以下场景：传统导航条、侧边栏导航条、页内导航、翻页操作。

　　nav 元素在以前版本 HTML 的布局中作为导航条相关常用命名来使用。例如，下面是一个使用 nav 元素作为导航的例子。

　　【例 3-6】 使用 nav 元素做简单导航。

```
<nav>
<a href="/html/">HTML</a> |
<a href="/css/">CSS</a> |
<a href="/js/">JavaScript</a> |
<a href="/jquery/">jQuery</a>
</nav>
```

　　上述代码创建了一个导航条，其中包含 4 个用于导航的超链接，即"HTML"、"CSS"、"JavaScript"、"jQuery"。该导航可用于全局导航，也可以放在某个段落中作为区域导航。

　　由于 nav 元素是与导航相关的，因此一般用于网站导航布局。可以像使用 div 标签、span 标签一样来使用<nav>标签，可以添加 id 或 class 属性。nav 与 div 标签不同的是，nav 只在导航相关地方使用，所以在 HTML 网页布局中可能就在导航条处使用，或在与导航条相关的地方布局使用。

　　接下来看一个使用 nav 元素的示例，其中，一个页面由若干部分组成，每部分都带有链接，但只将最主要的链接放入 nav 元素，如以下代码所示。

　　【例 3-7】 使用 nav 元素设计页面导航。

```
<html>
<head>
    <meta charset="UTF-8">
    <title></title>
</head>
<body>
    <nav>
        <ul>
            <li><a href="#">主页</a></li>
            <li><a href="#">开发文档</a></li>
        </ul>
    </nav>
    <article>
    <header>
        <h1>Java 与 C++的历史/h1>
        <nav>
            <ul>
                <li><a href="#">Java 的历史</a></li>
                <li><a href="#">C++的历史</a></li>
            </ul>
        </nav>
    </header>
    <section>
        <h1>Java 历史</h1>
        <p>....</p>
```

```
            </section>
            <section>
                <h1>C++历史</h1>
                <p>....</p>
            </section>
            <footer>
                <a href="#">删除</a>
                <a href="#">修改</a>
            </footer>
        </article>
        <footer>
            <p><small>版权声明：</small></p>
        </footer>
    </body>
</html>
```

运行以上代码，效果如图 3-1 所示。

综上可知，使用 nav 元素时需要注意：

- 并不是所有的链接都必须使用 nav 元素，它只用来将一些热门的链接放入导航栏。例如，footer 元素就常用来在页面底部包含一个不常用到，且没必要加入 nav 元素的链接列表。

- 一个网页也可能含有多个 nav 元素。例如，一个是网站内的导航列表，另一个是本页面内的导航列表。

- 对于屏幕阅读有障碍的人，可以使用 nav 元素来确定是否忽略初始内容。

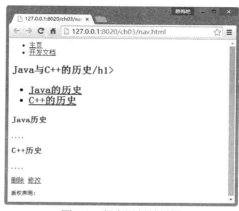

图 3-1　程序运行效果图

3.3.4　设计辅助信息：aside 元素

aside 元素表示跟这个页面的其他内容关联性不强或者没有关联的内容，一般是一些附属信息。aside 元素通常用来在侧边栏显示一些定义，比如目录、索引、术语表等；也可以用来显示相关的广告宣传、作者介绍、Web 应用、相关链接、当前页内容简介等。但不要使用 aside 元素标记括号中的文字，因为这种类型的文本被认为是主内容的一部分。

aside 元素有以下两种使用情景：

- aside 元素作为内容的附属信息部分呈现，这种情况下，aside 元素被放在 article 元素中，内容是和当前文章有关的参考资料和名词解释等。

- aside 元素作为页面或站点全局的附属信息部分呈现，在 article 元素之外使用。最典型的形式是侧边栏，其中的内容可以是友情链接，博客中的其他文章列表、广告单元等。

【例 3-8】　下面是一个完整的 aside 元素的使用示例。

```
<body>
    <header>
        <h1>HTML5 从入门到精通</h1>
    </header>
```

```
<article>
    <h1>语法</h1>
    <p>文章的正文。。。。</p>
    <aside>
        <h1>名词解释</h1>
        <p>语法：这是重要的前端语言</p>
    </aside>
</article>
<aside>
    <nav>
        <h2>评论</h2>
        <ul>
            <li><a href="#">2017-06-01</a></li>
            <li><a href="#">某某：学习</a></li>
        </ul>
    </nav>
</aside>
<time datetime="2017-06-01">2017-06-01</time>
<time datetime="2017-06-01T20:00">2017-06-01</time>
<time datetime="2017-06-01T20:00Z">2017-06-01</time>
<time datetime="2017-06-01T20:00+09:00">2017-06-01</time>
</body>
```

执行以上代码，运行效果如图 3-2 所示。在以上代码中，第一个 aside 元素被放置在一个 article 元素内部，因此引擎将该 aside 元素的内容理解成是和 article 元素的内容相关联的；而第二个 aside 元素是评论信息，是文章的附属信息，因此独立于 article 元素之外存在。

图 3-2　程序运行效果

3.3.5　设计微格式：time 元素

微格式是一种利用 HTML 的 class 属性来对网页添加附加信息的方法。附加信息包括新闻事件的发生日期和时间、个人电话号码、企业邮箱等。

微格式并不是 HTML5 之后才有的，但以前使用的时候，日期和时间在机器编码上出现了一些问题，编码过程中会产生歧义。HTML5 新增的 time 元素，能够无歧义、明确地对机器的日期和时间进行编码，且更易读。time 元素代表 24 小时中的某个时刻或某个日期，表示时刻时允许带时差。它可以定义很多种格式，例如：

```
<time datetime="1989-11-13">1989 年 11 月 13 日</time>
<time datetime="1989-11-13">11 月 13 日</time>
<time datetime="1989-11-13">我的生日</time>
<time datetime="1989-11-13T20:00">我生日的晚上 8 点</time>
<time datetime="1989-11-13T20:00z">我生日的晚上 8 点</time>
<time datetime="1989-11-13T20:00+09:00">我生日的晚上 8 点的美国时间</time>
```

编码时，计算机读到的部分是 datetime 属性的值，而元素的开始标记与结束标记之间的内容显示在网页上；datetime 属性值中日期与时间之间要用 T 分隔，T 表示时间；在时间后面加上 Z，表示给机器编码时使用 UTC 标准时间；上面最后一种格式加上了时差，表示向机器编码另一地区时间，如果是本地时间，则不需要添加时差。

3.3.6　添加发布日期：pubdate 属性

pubdate 属性是可选的、布尔属性。它可以用到 time 元素上，表示文章或整个网页的发布日期。比如：

```
<time datetime="2017-05-11" pubdate>2017 年 05 月 11 日</time>
```

需要注意的是，time 元素不能直接代表发布日期，只有增加了 pubdate 属性才能代表发布日期。

为什么直接用 time 元素表示日期和时间时无法代表发布日期呢？看看下面的代码：

```
<article>
    <header>
        <h1>端午 8260 万人次出游　人均消费近 2 千元　较去年翻番</h1>
        <p>发布日期<time datetime="2017-05-31 07:30:00" pubdate>2017-05-31 07:30:00</time></p>
        <p>关于<time datetime="017-06-01 07:30:00">5 月 31 日</time>的不实报道更正</p>
    </header>
    <p>5 月 30 日，国家旅游局发布的《2017 年端午节假日旅游市场总结》(以下简称《2017 端午总结》)显示，2017 年端午假日期间，全国共计接待游客 8260 万人次，实现旅游收入 337 亿元。记者综合端午节数据发现，今年端午节出境游持续火热，其中，"一带一路"沿线游备受青睐；国内游市场亦迎来高峰，亲子游成为新亮点；在消费方面，今年人均消费近 2000 元，较去年翻番。</p>
    <footer>
        <p>http://china.huanqiu.com/article/2017-05/10771187.html?from=bdwz</p>
    </footer>
</article>
```

在这个例子中，有两个 time 元素，分别定义了两个日期：更正日期和发布日期。由于都使用了 time 元素，因此需要使用 pubdate 属性来表示哪一个 time 元素代表发布日期。

3.4　添加语义模块

除了以上几个表示主体内容的结构元素之外，HTML5 还新增了一些表示逻辑结构和附加信息的非主体结构元素。本节主要介绍几个重要的非主体结构元素。

3.4.1　添加标题块：header 元素

header 元素是一种具有引导和导航作用的结构元素，通常用来放置整个页面或页面内的内容区块的标题，也可以包含其他内容，如数据表格、搜索表单或相关的 logo 图片。因此，整个页面的标题都应该放在页面的开头。例如：

```
<header><h1>页面标题</h1></header>
```

一个页面内可以包括多个 header 元素。

【例 3-9】 一个包括多个 header 元素的网页。

```
<body>
    <header>
        <h1>网页标题</h1>
    </header>
    <article>
        <header>
            <h1>文章标题</h1>
        </header>
        <p>文章正文</p>
    </article>
</body>
```

在 HTML5 中，一个 header 元素通常包括至少一个标题元素，即元素 h1~h6。也可以包括后面将要讨论的 hgroup 元素，以及其他元素，如 nav 元素。

【例 3-10】 下面是一个网页的头部区域的代码，整个头部内容都放在 header 元素中。

```
<!DOCTYPE html>
<html>
<head>
    <meta charset="UTF-8">
    <title></title>
</head>
<body>
    <hgroup>
        <h1>百度新闻</h1>
        <a href="#">网页</a><a href="#">新闻</a><a href="#">贴吧</a>
    </hgroup>
    <nav>
        <ul>
            <li>首页</li>
            <li>百家号</li>
            <li>国内</li>
            <li>国际</li>
        </ul>
    </nav>
</body>
</html>
```

3.4.2 给标题分组：hgroup 元素

hgroup 元素可以对标题或子标题进行分组，通常与 h1~h6 元素组合使用，一个内容块中的标题及子标题可以通过 hgroup 元素组成一组。但是，如果文章只有一个主标题，则不需要 hgroup 元素。

【例3-11】　使用 hgroup 元素对主标题、副标题和标题说明进行分组。

```
<!DOCTYPE html>
<html>
 <head>
        <meta charset="UTF-8">
        <title>hgroup</title>
 </head>
 <body>
        <article>
            <header>
                <hgroup>
                    <h1>小朋友的"大朋友"</h1>
                    <h2>民族精神为中国梦塑心聚能　砥砺奋进的五年</h2>
                    <h3>纪录片</h3>
                </hgroup>
                <p>
                    <time datetime="2017-05-31 19:42:42">发布时间：2017-05-31 19:42:42</time>
                </p>
            </header>
            <p>操场上、教室里、少年宫的活动中……都留下了这位"大朋友"和孩子们的美好
回忆。</p>
        </article>
 </body>
</html>
```

3.4.3　添加脚注块：footer 元素

footer 元素可以作为内容块的脚注，比如在父级内容块中添加注释，或者在网页中添加版权信息等。脚注信息的形式有作者、相关阅读链接及版权信息等。

【例3-12】　footer 元素的使用。

```
<!DOCTYPE html>
<html>
 <head>
        <meta charset="UTF-8">
        <title>footer</title>
 </head>
 <body>
 <article>
 <header>
        <hgroup>
            <h1>北京新闻</h1>
            <h2>午后北京北部及东部有雷阵雨　本周最高气温普遍超 30℃</h2>
            <h3>中国天气网讯</h3>
        </hgroup>
        <p>
            <time datetime="2017-05-31 07:51:00">发稿时间：2017-05-31 07:51:00</time>
        </p>
 </header>
```

```
            <p>今天(31 日)是小长假后第一天上班，北京天气比较复杂……</p>
        </article>
        <footer>
            <ul>
                <li>关于</li>
                <li>导航</li>
                <li>版权信息</li>
            </ul>
        </footer>
    </body>
</html>
```

与 header 元素一样，一个网页中也可以重复使用 footer 元素，还可以为 article 元素和 section 元素添加 footer 元素。在此不再赘述。

3.4.4　添加联系信息：address 元素

address 元素用来在文档中呈现联系信息，包括文档作者或文档维护者的名字、文档作者或文档维护者的网站链接、电子邮箱、真实地址、电话号码等。address 元素应该不只用来呈现电子邮箱或真实地址，还可以用来展示跟文档相关的联系人的所有联系信息。譬如，以下示例展示了一些博客中某篇文章评论者的名字以及在博客中的网址链接。

【例 3-13】　博客中某篇文章评论者的名字以及在博客中的网址链接。

```
<address>
<a href="http://blog.sina.com.cn/s/blog_5fa2c9c70102wt4m.html">用户 6260398778</a>
<a href="http://blog.sina.com.cn/s/blog_5fa2c9c70102wt4m.html">cassano26</a>
<a href="http://blog.sina.com.cn/s/blog_5fa2c9c70102wt4m.html">黄涛</a>
</address>
```

【例 3-14】　综合使用 footer 元素、time 元素和 address 元素。

```
<footer>
 <div>
    <address>
        <a title="文章作者：黄涛" href="http://blog.sina.com.cn/s/blog_5fa2c9c70102wt4m.html">
            黄涛</a>
    </address>
    发表于<time datetime="2017-05-31">2017 年 5 月 31 日</time>
 </div>
</footer>
```

在这个示例中，把博客文章的作者、博客的主页链接作为作者信息放在 address 元素中，把文章发表日期放在 time 元素中，把这个 address 元素与 time 元素中的总体内容作为脚注信息放在 footer 元素中。

3.5　本章小结

为了增强 Web 的实用性，HTML5 引入了许多新技术，对传统 HTML 元素进行了分类，并根据开发人员的习惯和实践中常用的功能，以及 Web 应用跨平台的发展需求，增加了大量新元素、新功能。本章详细介绍了 HTML5 中新增的主体元素、语义元素，主要包括如下内容：

- HTML5 文档结构
- HTML5 元素的分类介绍
- HTML5 新增的主体元素，诸如 article、section、nav、aside、pubdate 等
- HTML5 新增的语义元素，诸如 header、hgroup、footer、address 等

3.6　思考和练习

1. 简单描述 HTML5 文档的结构，并指出每个部分的含义。
2. HTML5 新增了哪些主体元素？简单描述这些元素的使用场景。
3. HTML5 新增了哪些语义元素？简单描述这些元素的使用场景。
4. 使用本章介绍的 HTML 文档结构知识及新增元素构建一个简单的网页。

第4章 HTML5表单

表单在网页设计中起到数据收集的作用，换言之，可以将表单看作人机交互界面，用户填写表单信息，就像在银行柜台填单子一样；填好表单内容后，单击"提交"按钮，把数据提交到服务器端；服务器端获取用户填写的信息，然后将信息存储到数据库中，以备后期所需。通过使用表单，可以采集访问者的信息，如姓名、性别、年龄、职业、联系方式等，也可以用作调查表、留言板等。访问者和后台的交互主要通过单击"提交"按钮来实现，而与前端的交互则通过输入数据或选择选项来实现。

HTML5在表单方面增加了许多功能，如输入类型、表单元素、表单属性和输入属性等。这些属性主要在总结以往表单常用操作的基础上提炼而来，以使前端设计人员的工作更加高效。

本章学习目标：

- 了解HTML5表单中新增的表单属性，包括autocomplete和novalidate属性
- 掌握新增的表单元素，包括datalist、keygen和output元素
- 掌握新增的输入类型，包括email、url、number、Date Pickers、search、tel、color等
- 掌握新增的输入属性，包括form、formaction、formmethod、formenctype、formtarget、autofocus、required、labels、control、placeholder、list、pattern等
- 熟悉表单验证操作，包括自动验证、取消验证和显式验证

4.1 新增的表单属性

在创建Web应用程序时，免不了会用到大量的表单元素。HTML5标准吸纳了Forms 2.0标准，强化了针对表单元素的功能，为表单增加了一些新的属性。

4.1.1 autocomplete属性

辅助输入所用的自动完成功能，可以提高输入效率。在HTML5之前，因为谁都可以看见输入的值，所以在安全方面存在缺陷。只要使用autocomplete属性，就可以在安全性方面实现很好的控制。

对于autocomplete属性，可以指定为on、off和空值(不指定)。在不指定时，使用浏览器的默认值。设置为on时，可以显式指定候补输入的数据列表。在执行自动完成时，可以用datalist元素与list属性提供候补输入的数据列表(datalist元素将在后面介绍)，datalist元素中的数据将作为候补输入的数据在文本框中自动显示。autocomplete属性的使用方法如下：

```
<input type="text" name="greeting" autocomplete="on" list="greetings" />
```

4.1.2　novalidate 属性

　　表单元素的 novalidate 属性用于在提交表单时取消整个表单的验证，即关闭对表单内所有元素的有效性检查。如果希望只取消表单中较少部分内容的验证而不妨碍提交大部分内容，可以将 novalidate 属性单独用于表单中的这些元素。

　　【例 4-1】　novalidate 属性的使用。

```
<form action="http://localhost/h5css3/server1.php" method="post" novalidate="true">
    电子邮箱：<input type="email" name="email_address" />
    <input type="submit" value="确定" />
</form>
```

　　以上代码的运行效果如图 4-1 所示。可以看到，输入内容 aaa 之后，单击【确定】按钮，并没有对表单内容进行检查，直接就调用服务器端的 server1.php 文件，输出【电子邮箱】输入框中的内容。

　　server1.php 文件中的程序代码如下(本书不对 PHP 进行介绍，请读者阅读网上资料以配置 PHP 运行环境)：

```
<?php
$content = $_POST['email_address'];
echo "<pre>".$content."<pre>";
?>
```

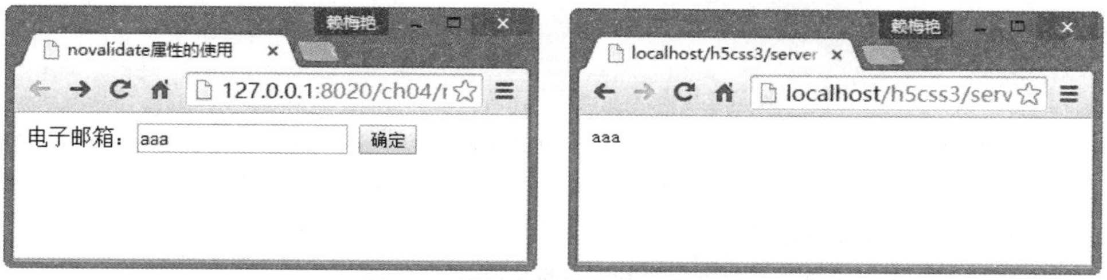

图 4-1　关闭表单验证的示例效果

4.2　新增的表单元素

　　HTML5 中新增了几个表单元素，分别是 datalist、keygen 和 output。本节就来简单介绍这几个表单元素。

4.2.1　datalist 元素

　　datalist 元素用于为输入框提供一个可选的列表，用户可以直接选择列表中的某个预设的项，从而免去输入的麻烦。这个可选的列表由 datalist 元素中的 option 元素创建。如果用户不希望从列表中选择某项，也可以自行输入其他内容。

　　在实际使用中，如果想要把 datalist 元素提供的列表绑定到某个输入框，则需要使用输入框的 list 属性来引用 datalist 元素的 id。

　　【例 4-2】　datalist 元素的使用。

```
<body>
        请选择汽车品牌：
```

```
        <input list="cars" />
        <datalist id="cars">
            <option value="宝马">
            <option value="一汽大众">
            <option value="本田">
        </datalist>
    </body>
```

运行以上代码,效果如图 4-2 所示。需要注意的是,每一个 option 元素都必须设置 value 属性。

图 4-2　datalist 元素的运行效果图

4.2.2　keygen 元素

keygen 元素是密钥对生成器,主要用于验证。用户提交表单时会生成两个键:一个私钥,一个公钥。其中,私钥存储在客户端,公钥被发送到服务器。公钥可用于验证用户的客户端证书。下面是一个使用 keygen 元素的例子。

【例 4-3】　keygen 元素的使用。

```
<form action="http://localhost/h5css3/keygen.php" method="post">
    用户名:<input type="text" name="user_name" /> 加密:
    <keygen name="security" />
    <input type="submit" />
</form>
```

运行以上代码,效果如图 4-3 所示。输入用户名 landy,选择加密强度,然后单击【提交】按钮,将表单信息提交到服务器端。服务器端显示用户输入的用户名 landy 和 keygen 元素中加密后的内容。需要注意的是,在 Chrome 浏览器中,keygen 元素的加密强度只有两种,分别是 2048(高强度)和 1024(中等强度)。Opera 浏览器则支持更多的加密强度。

图 4-3　keygen 元素的运行效果图

4.2.3　output 元素

output 元素主要用于显示计算结果或脚本输出。

【例 4-4】　output 元素的使用。

```
<head>
        <meta charset="UTF-8">
        <title>output 元素的使用</title>
        <script type="text/javascript">
                function multiple(){
                        a = parseInt(prompt("请输入第一个数：",0));
                        b = parseInt(prompt("请输入第二个数：",0));
                        document.forms['form1']['result'].value=a+b;
                }
        </script>
</head>
<body onload="multiple()">
        <form method="post" name="form1">
                计算两数的和：<input type="submit" value="计算" />
                <output name="result"></output>
        </form>
</body>
```

运行以上代码，当页面加载时，首先提示输入第一个数，输入 2，单击【确定】按钮；接下来输入 3，再次单击【确定】按钮，页面显示出计算结果，如图 4-4 所示。

图 4-4　output 元素的运行效果图

4.3　新增的输入类型

在 HTML5 出现之前，HTML 表单支持的输入类型如表 4-1 所示。

表 4-1　HTML5 版本之前支持的输入类型

输入类型	HTML 代码	功能说明
文本域	`<input type="text">`	定义单行输入字段，用于在表单中输入字母、数字等内容。默认宽度为 20 个字符
单选按钮	`<input type="radio">`	定义单选按钮，用于从若干给定选项中选取其一，常和其他类型的输入框构成一组使用

（续表）

输入类型	HTML 代码	功能说明
复选框	`<input type="checkbox">`	定义复选框，用于从若干给定选项中选取一项或若干选项
下拉列表	`<select><option>`	定义下拉列表，提供多个可选项，select 元素必须与 option 元素配合使用
密码域	`<input type="password">`	定义密码字段，用于输入密码，输入的内容会以"*"或点的形式出现，即被"掩码"
提交按钮	`<input type="submit">`	定义提交按钮，用于将表单数据发送到服务器
可单击按钮	`<input type="button">`	定义普通可单击按钮，多数情况下，用于通过 JavaScript 启动脚本
图像按钮	`<input type="image">`	定义图像形式的提交按钮。用户可以通过选择不同的图像来自定义这种按钮的样式
隐藏域	`<input type="hidden">`	定义隐藏的输入字段
重置按钮	`<input type="reset">`	定义重置按钮。用户可以通过单击重置按钮以清除表单中的所有数据
文件域	`<input type="file">`	定义输入字段和"浏览"按钮，用于上传文件

HTML5 在 HTML4 的基础之上，增加了许多表单输入类型，增强了输入控制和验证。下面举例对新增的输入元素进行说明。

4.3.1　email 类型

email 类型的输入元素是一种专门用于输入 e-mail 地址的文本输入框，在提交表单的时候，会自动验证 e-mail 输入框的值。如果不是一个有效的 e-mail 地址，该输入框将不允许提交该表单。在以前版本的 Web 表单中，采用的是`<input type="text">`这种纯文本输入框来输入 e-mail 地址。从用户的角度来说，很难看出这种输入框的变化，因为多数支持 HTML5 的新版浏览器只是简单地将 e-mail 地址输入框显示为与纯文本输入框完全相同。

email 类型的 input 元素的用法如下：

```
<input type="email" name="email_address"/>
```

【例 4-5】　email 类型的应用。

```
<form action="http://localhost/h5css3/form.php" method="post">
        电子邮箱：<input type="email" name="content" />
        <input type="submit" value="提交"/>
</form>
```

运行以上代码，效果如图 4-5 所示。如果输入错误的 e-mail 地址格式，单击【提交】按钮时会出现如图 4-6 所示的"请在电子邮件地址中包括'@'，aaa 中缺少'@'"的提示信息。

图 4-5　程序运行效果

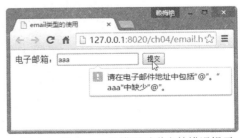

图 4-6　输入 e-mail 错误时弹出的错误提示

4.3.2　url 类型

　　url 类型的输入元素提供用于输入 URL 地址这类特殊文本的文本框。当提交表单时，如果输入的内容是 URL 地址格式的文本，则会提交数据到服务器；如果不是 URL 地址格式的文本，则不允许提交。

　　url 类型的输入元素的用法如下：

```
<input type="url" name="url_info"/>
```

【例 4-6】　下面是 url 类型的一个应用示例。

```
<body>
    <form action="http://localhost/h5css3/form.php" method="post">
        您的域名：<input type="url" name="content" />
        <input type="submit" value="提交"/>
    </form>
</body>
```

　　运行以上代码，效果如图 4-7 所示。如果输入错误的 URL 地址格式，单击"提交"按钮时会出现如图 4-8 所示的"请输入网址。"的提示。

　　与 email 类型的输入框相同，对于不支持 type="url" 的浏览器，将会以 type="text" 来处理，所以并不妨碍低版本浏览器采用 HTML5 中 type="url" 输入框的网页。

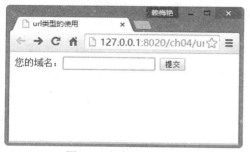
图 4-7　程序运行效果

图 4-8　URL 输入错误时的提示

4.3.3　number 类型

　　number 类型的输入元素提供用于输入数值的文本框。在实际使用中，可以设定对所接受的数字进行限制，例如，规定允许的最大值和最小值、合法的数字间隔或默认值等。如果所输入的数字不符合限制要求，则会出现错误提示。

【例 4-7】　number 类型的输入元素的使用。

```
<body>
    <form action="http://localhost/h5css3/form.php" method="post">
        请输入一个数：<input type="number" name="content" min="1" max="100" step="5"/>
        <input type="submit" value="提交"/>
    </form>
</body>
```

　　以上代码在浏览器中的运行效果如图 4-9 所示。如果输入不在限定范围内的数字，单击"提交"按钮后会出现如图 4-10 所示的提示。

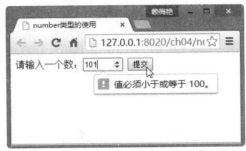

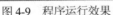

图 4-9　程序运行效果　　　　　　　　　图 4-10　监测到不在限定范围内的数字

图 4-10 显示了输入大于规定的最大值时出现的提示。同样，如果违反其他限定，也会出现相关提示。例如，如果输入数值 3，单击"提交"按钮时会出现值无效的提示，如图 4-11 所示。这是因为限定了合法的数字间隔为 5，在输入时只能输入 5 的倍数，如 5、10、15 等。又如，如果输入数值-1，则会提示"值必须大于或等于 1。"，如图 4-12 所示。

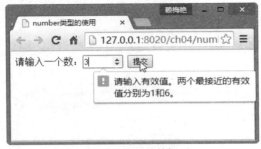

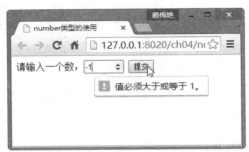

图 4-11　出现值无效的提示　　　　　　　图 4-12　提示"值必须大于或等于 1。"

number 类型使用表 4-2 所示的属性来规定对数字类型的限定。

表 4-2　number 类型的属性

属性	值	描述
max	number	规定允许的最大值
min	number	规定允许的最小值
step	number	规定合法的数字间隔
value	number	规定默认值

需要注意的是，不同的浏览器，number 类型的输入框的外观也会有所不同。

4.3.4　Date Pickers 类型

日期检出器(Date Pickers)是网页中经常要用到的一种控件，在 HTML5 之前的版本中，并没有提供任何形式的日期检出器控件。在网页前端设计中，多采用一些 JavaScript 框架来实现日期检出器控件的功能，如 jQuery UI、YUI 等，在具体使用时会比较麻烦。

HTML5 提供了多个可用于选取日期和时间的输入类型，即 6 种日期检出器控件，分别用于选择以下日期格式：日期、月、星期、时间、日期+时间和日期+时间+时区，如表 4-3 所示。

表 4-3　日期检出器类型

输入类型	HTML 代码	功能说明
date	\<input type="date">	选取日、月、年
month	\<input type="month">	选取月、年
week	\<input type="week">	选取周和年
time	\<input type="time">	选取时间，包括小时和分钟
datetime	\<input type="datetime">	选取时间、日、月、年(UTC 时间)
datetime-local	\<input type="datetime-local">	选取时间、日、月、年(本地时间)

其中，UTC 时间是 0 时区的时间，而本地时间为地方时间。如果北京时间为早上 8 点，则 UTC 时间是 0 点，即 UTC 时间比北京时间晚 8 小时。

下面分别介绍这些日期检出器类型。

1. date 类型

在进行信息采集时，经常要求用户输入日期，例如生日、购买日期、订票日期等。date 类型的日期检出器以日历的形式方便用户输入。使用方法如下：

```
<input type="date" name="date1" value="2017-05-1"/>
```

date 类型的日期检出器的外观如图 4-13 所示。当用户将鼠标指针移动到 date 类型的日期检出器上时，浏览器中显示用于清除内容的叉号按钮、用于向上或向下调整日期的按钮以及用于设置日期的向下箭头按钮，运行效果如图 4-14 所示。

图 4-13　date 类型的日期检出器的外观　　　图 4-14　将鼠标指针移动到 date 类型的日期检出器
　　　　　　　　　　　　　　　　　　　　　　　　上时的显示效果

2. month 类型

month 类型的日期检出器用于选取月、年，即选择一个具体的月份，如 2017 年 5 月，选择后会以"2017 年 05 月"的形式显示。

【例 4-8】　month 类型的日期检出器的使用。

```
<form action="http://localhost/h5css3/form.php" method="post">
    <input type="month" name="content"/>
    <input type="submit" value="提交" />
</form>
```

运行以上代码，控件右侧有微调按钮的数字输入框，输入或微调时只显示到月份，而不会显示日期。输入年份和月份之后，点开下拉按钮，面板将显示该月份的日期，并呈选中状态，如图 4-15 所示。

图 4-15　month 类型的日期检出器的效果

3. week 类型

week 类型的日期检出器用于选取年份和该年的哪几周，如 2017 年 1 月第 2 周，选择后会以 "2017 年第 02 周" 的形式显示。

【例 4-9】　week 类型的日期检出器的使用。

```
<form action="http://localhost/h5css3/form.php" method="post">
    年份和周数：<input type="week" name="content"/>
    <input type="submit" value="提交" />
</form>
```

运行代码，控件显示为右侧带有微调按钮的数字输入框，输入或微调时会显示年份和周数，而不会显示日期，效果如图 4-16 所示。当选中某一周后，点开下拉按钮，弹出的面板上该周的日期呈选中状态。

图 4-16　week 类型的日期检出器的效果

4. time 类型

time 类型的日期检出器用于选取时间，具体到小时和分钟，如 11 时 11 分，选择后会以 2017-01 的形式显示。

【例 4-10】　time 类型的日期检出器的使用。

```
<form action="http://localhost/h5css3/form.php" method="post">
    时间：<input type="time" name="content"/>
    <input type="submit" value="提交" />
</form>
```

运行代码，效果如图 4-17 所示。

图 4-17　time 类型的日期检出器的效果

　　除了可以使用微调按钮之外，还可以直接输入时间值。如果输入错误的时间格式并单击"提交"按钮，在 Chrome 浏览器中会显示值无效的提示。而在 Opera 浏览器中则不存在这样的问题，因为该浏览器根本不允许输入错误的数值，而且会一直显示中间的冒号作为小时和分钟的间隔符。

　　time 类型的日期检出器支持使用一些属性来限定时间的大小范围或合法的时间间隔，如表 4-4 所示。

表 4-4　time 类型的属性

属性	值	说明
max	time	规定允许的最大值
min	time	规定允许的最小值
step	number	规定合法的时间间隔
value	time	规定默认值

　　【例 4-11】　在 time 类型的日期检出器中限定时间。

```
<form action="http://localhost/h5css3/form.php" method="post">
        时间：<input type="time" name="content" step="3" value="15:21:03"/>
        <input type="submit" value="提交" />
</form>
```

　　运行以上代码，运行结果如图 4-18 所示。在输入框中出现设置的默认值，并且当微调按钮时，会以 3 分钟为单位递增和递减。当然，还可以使用 min 和 max 属性指定时间的范围。

图 4-18　运行效果

　　date、month、week 类型的日期检出器也支持上述属性。

5. datetime 类型

　　datetme 类型的日期检出器用于选取时间、日、月、年，其中时间为 UTC 时间。

　　【例 4-12】　datetime 类型的日期检出器的使用。

```
<form action="http://localhost/h5css3/form.php" method="post">
```

```
        时间：<input type="datetime" name="content"/>
        <input type="submit" value="提交" />
    </form>
```

运行以上代码，效果如图 4-19 所示。这是版本为 44.0.2403.157 的 Chrome 浏览器，从效果上看，似乎并不支持 datetime 类型的日期检出器，因此以普通的 text 类型替代显示。大家可以放到主流的不同浏览器中进行测试，观察效果。

图 4-19　datetime 的日期检出器的效果

6. datetime-local 类型

datetime-local 类型的日期检出器用于选取时间、日、月、年，其中时间为本地时间。

【例 4-13】　datetime-local 类型的日期检出器的使用。

```
    <form action="http://localhost/h5css3/form.php" method="post">
        时间：<input type="datetime-local" name="content"/>
        <input type="submit" value="提交" />
    </form>
```

运行以上代码，效果如图 4-20 所示。

图 4-20　datetime-local 类型的日期检出器效果

4.3.5　search 类型

search 类型在 HTML5 中专门用于搜索。search 类型的输入元素提供用于输入搜索关键词的文本框。从外观上看，search 类型的输入元素和普通的 text 元素只是稍有区别。search 类型提供的搜索框不只是 Google 或百度的搜索框，而是任意网页中的任意一个搜索框。

【例 4-14】　search 类型的使用。

```
    <form action="http://localhost/h5css3/form.php" method="post">
        搜索：<input type="search" name="content"/>
        <input type="submit" value="提交" />
    </form>
```

运行以上代码，效果如图 4-21 所示。如果在搜索框中输入要搜索的关键词，在搜索框右侧就会出现一个叉号，单击该按钮可以清除已经输入的内容。

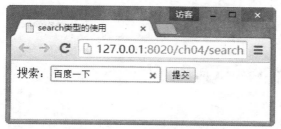

图 4-21　search 类型的应用

4.3.6　tel 类型

tel 类型的输入元素提供专门用于输入电话号码的文本框，它并不限定只输入数字，因为很多的电话号码还包括其他字符，如 "+"、"-"、"("、")" 等，比如 086-010-62349797。

【例 4-15】　tel 类型的输入元素的使用。

```
<form action="http://localhost/h5css3/form.php" method="post">
    手机号码：<input type="tel" name="content"/>
        <input type="submit" value="提交" />
</form>
```

运行以上代码，效果如图 4-22 所示。所有浏览器都支持 tel 类型的输入元素，因为它们都会将其作为一个普通的文本框来显示。HTML5 规则并不需要浏览器执行任何特定的电话号码语法或以任何特别的方式来显示电话号码。

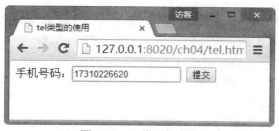

图 4-22　tel 类型的应用

4.3.7　color 类型

color 类型的输入元素提供专门用于设置颜色的文本框。通过单击文本框，可以快速打开调色器面板，方便用户可视化地选择一种颜色。

【例 4-16】　color 类型的输入元素的使用。

```
<form action="http://localhost/h5css3/form.php" method="post">
    背景色：<input type="color" name="content"/>
        <input type="submit" value="提交" />
</form>
```

运行以上代码，效果如图 4-23 所示。单击 "选择颜色" 按钮，弹出 "颜色" 面板，其中仅提供了 20 多种常用颜色，在选取之后会在下方显示十六进制的颜色值。如果需要的颜色不在列表中，可以单击"其他"按钮，此时会打开 Windows 或 Mac OS 中传统的"颜色"拾取器。

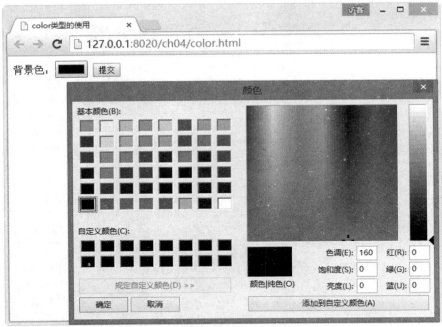

图 4-23　color 类型的应用

4.4　新增的输入属性

HTML5 除了增加新的输入类型外，还为 input 元素增加了新的属性，用于指定输入类型的行为或者限制输入。常用的新增属性有 form、formaction、formmethod、formtarget、autofucs、required、labels、control、placeholder、list、pattern、selectionDirection、indeterminate、height 和 width、min 和 max 等。下面介绍这些新增的属性。

4.4.1　form 属性

在 HTML4 中，表单内的元素一定要放在表单中，也就是把表单内的元素嵌入<form>和</form>标签中，不得放到这对标签之外的其他地方。HTML5 打破了这个规定，从属于表单的元素可以放在页面的任何地方，只要在该元素内指定 form 属性的值为表单的名称即可。

【例 4-17】　HTML5 中 form 属性的使用。

```
<form id="foo">
        <input type="text" />
</form>
<input type="submit" form="foo" />
```

第一个 input 元素从属于 foo 表单，被书写在表单内部，不用再为其指定 form 属性。而第二个 input 元素也从属于 foo 表单，但它写在 foo 表单之外，因此需要为其指定 form 属性，使其指向 foo 表单，表示从属于该表单。

这样做的好处是，在需要的时候，可以更方便地向页面中的元素添加样式，因为它们不是分散在各表单之内。

4.4.2　formaction 属性

在 HTML4 中，表单内的所有元素只能通过表单的 action 属性统一提交到另一个页面，在 HTML5 中可以为诸如<input type="image">、 <input type="button">、<input type="submit"> 等的提交按钮增加不同的 formaction 属性，使得在单击不同的按钮时可以将表单提交到不同的页面。

【例 4-18】 formaction 属性的使用。

```
<form id="foo" action=" http://localhost/h5css3/form.php">
    <input type="submit" name="a1" value="value1" formaction="a1.php" />提交到 a1
    <input type="submit" name="a2" value="value2" formaction="a2.php" />提交到 a2
    <input type="submit" name="a3" value="value3" formaction="a3.php" />提交到 a3
    <input type="submit" />
</form>
```

4.4.3　formmethod 属性

在 HTML4 中，一个表单内只有一个 action 属性，用来对表单内的所有元素统一指定提交页面，所以每个表单内也只有一个 method 属性用来统一指定提交方法。在 HTML5 中，可以使用 formmethod 属性来为每个表单元素分别指定不同的提交方法。

【例 4-19】 formmethod 属性的使用。

```
<form id="foo" action=" http://localhost/h5css3/form.php">
    姓名：<input type="text" name="content" /><br/>
    <input type="submit" value="post 提交" formmethod="post"/>
    <input type="submit" value="get 提交" formmethod="get" />
</form>
```

4.4.4　formenctype 属性

在 HTML4 中，表单有一个 enctype 属性，用于指定表单发送到服务器之前应该如何对表单内容进行编码。enctype 属性的取值如表 4-5 所示。

表 4-5　表单的 enctype 属性的取值

属性值	说明
application/x-www-form-urlencoded	在发送前编码所有字符，当表单元素的 action 属性值为 get 时，浏览器用 x-www-form-urlencoded 编码方式把表单数据转换成一个字符串，形如?name=value1&name2=value2…然后把这个字符串添加到提交的目标 URL 地址之后，使其成为新目标 URL 的地址。该属性值为表单元素的 enctype 属性的默认值
multipart/form-data	不对字符编码。在使用包含文件上传控件的元素时，表单的编码方式必须是这种
text/plain	表单数据中的空格被转换为加号，但不对表单数据中的特殊字符进行编码

在 HTML5 中，可以使用 formenctype 属性对表单元素分别指定不同的编码方式。

【例 4-20】　formenctype 属性的使用。

```
<form id="foo" action=" http://localhost/h5css3/form.php" method="post">
    作者：<input type="text" name="author" value="testvalue"/><br/>
    文件：<input type="file" name="files"/>
    <input type="submit" value="上传" formaction=" http://localhost/h5css3/upload.php"
        formenctype= "multipart/form-data" />
    <input type="submit" value="上传" />
</form>
```

4.4.5　formtarget 属性

在 HTML4 中，表单元素有一个 target 属性，该属性用于指定在何处打开表单提交后所需加载的页面，可以使用的属性值如表 4-6 所示。

表 4-6　表单元素的 target 属性的取值

属性值	说明
_blank	在新的浏览器窗口中打开
_self	target 属性的默认值，在相同的框架中打开
_parent	在当前框架的父框架中打开
_top	在当前浏览器窗口中打开
framename	在指定的框架中打开

在 HTML5 中，可以对多个提交按钮分别使用 formtarget 属性来指定提交后在何处打开需要加载的页面。

【例 4-21】　formtarget 属性的使用。

```
</form id="testform" action=" http://localhost/h5css3/form.php">
    <input type="submit" name="a1" value="a1" formaction="http://localhost/h5css3/a1.php"
        formtarget="_self"/>提交到 a1
    <input type="submit" name="a2" value="a2" formaction="http://localhost/h5css3/a2.php"
        formtarget="_blank"/>提交到 a2
<form>
```

4.4.6　autofocus 属性

为文本框、选择框或按钮控件加上 autofocus 属性，当页面打开时，这些控件将自动获得光标焦点。目前做到这一点需要使用 JavaScript，譬如 control.focus( )。autofocus 属性的使用方法如下：

```
<input type="text" autofocus>
```

一个页面上只能有一个控件具有 autofocus 属性。从实用角度来说，建议当一个页面以使用某个控件为主要目的时，才对该控件使用这个属性，如搜索页面中的搜索文本框。

4.4.7　required 属性

HTML5 中新增的 required 属性可以应用到大多数输入元素上。在提交时，如果元素中内容为空白，则不允许提交，同时在浏览器中显示提示信息，提示用户必须输入内容，如图 4-24 所示。

图 4-24　required 属性使用示例

4.4.8　labels 属性

在 HTML5 中，为所有可使用标签的表单元素，包括非隐藏的 input 元素、button 元素、select 元素、textarea 元素、meter 元素、output 元素、progress 元素以及 keygen 元素，定义一个 labels 属性，属性值为一个 NodeList 对象，代表由该元素所绑定的标签元素构成的集合。

以下是 labels 属性的一个使用示例，该例显示一个文本框控件和一个"验证"控件，为文本框控件绑定一个标签元素，标签文字为"姓名："。当用户不在文本框控件中输入任何内容而直接单击"验证"按钮时，为动态文本框控件添加一个标签元素，标签文字为"请输入姓名："。当用户在文本框控件中输入内容后单击"验证"按钮时，该标签元素被删除。

【例 4-22】　labels 属性的使用。

```html
<script type="text/javascript">
    function Validate(){
        var user_name = document.getElementById("user_name");
        var button1 = document.getElementById("btnValidate");
        var form1 = document.getElementById("foo");
        if(user_name.value.trim()==""){
            if(user_name.labels.length==1){
                var label = document.createElement("label");
                label.setAttribute("for","user_name");
                form1.insertBefore(label,button1);
                user_name.labels[1].innerHTML="请输入姓名：";
                user_name.labels[1].setAttribute("style","font-size: 9px;color: red;");
            }
        }
        else if(user_name.labels.length>1){
            form1.removeChild(user_name.labels[1]);
        }
    }
</script>
</head>
<body>
    <form id="foo">
        <label id="label" for="user_name">姓名：</label>
        <input id="user_name" />
        <input type="button" id="btnValidate" value="验证" onclick="Validate()"/>
    </form>
</body>
```

在浏览器中打开网页，显示效果如图 4-25 所示。当用户不在文本框控件中输入任何内容而直接单击"验证"按钮时，在文本框控件的旁边会动态添加一个标签元素，标签文字为"请输入姓名"，如图 4-26 所示。

图 4-25　初始效果

图 4-26　姓名为空时的验证效果

当在文本框控件中输入内容后，单击"验证"按钮，"请输入姓名"标签将被删除，如图 4-27 所示。

图 4-27　输入姓名后提示信息被删除

4.4.9　control 属性

在 HTML5 中，可以在标签内部放置一个表单元素，并且通过该标签的 control 属性来访问该表单元素。

例如，在下面的示例中，在标签内部放置一个用于输入邮编的文本框控件，当用户单击页面上的"设置默认值"按钮时，通过标签的 control 属性访问该文本框控件，并且将该文本框控件的内容设置为"100084"。

【例 4-23】　标签的 control 属性的使用。

```html
<head>
    <meta charset="UTF-8">
    <title>标签的 control 属性的使用</title>
    <script type="text/javascript">
        function setValue(){
            var label1 = document.getElementById("label");
            var textbox1 = label1.control;
            textbox1.value = "100084";
        }
    </script>
</head>
<body>
    <form>
```

```
                <label id="label">
                    邮政编码：
                <input id="text_zip" maxlength="6">
                        <small>请输入 6 位数字</small>
                        </label>
                </input>
                <input type="button" value="设置默认值" onclick="setValue()" />
            </form>
        </body>
```

在浏览器中打开示例页面，单击"设置默认值"按钮，在文本框控件中会显示"100084"文字，如图 4-28 所示。

图 4-28　标签的 control 属性的使用效果

4.4.10　placeholder 属性

Placeholder 属性的值是指当文本框处于未输入状态时显示的输入提示。使用方法如下：

```
    <input type="text" placeholder="请输入内容" />
```

如图 4-29 所示，当文本框处于未输入状态且未获取光标焦点时，模糊显示输入提示文字。

图 4-29　placeholder 属性的使用效果

4.4.11　list 属性

在 HTML5 中，为单行文本框增加了一个 list 属性，该属性的值来源于某个 datalist 元素。datalist 元素在前面已经介绍过，这个元素类似于 select 元素，但是当用户想要设置的值不在列表中时，允许用户自行输入。datalist 元素本身并不显示，而是当文本框获得焦点时以提示输入的方式显示。为了避免在不支持 datalist 元素的浏览器中出现显示错误，可以用 CSS 将其设置为不显示。

【例 4-24】　list 属性的使用。

```
    <body>
        text:<input type="text" name="greeting" list="greetings" />
```

```
        <!-- 使用 style="display:none;"将 datalist 元素设置为不显示-->
        <datalist id="greetings" style="display: none;">
            <option value="Good Morning">早上好</option>
            <option value="Good Afternoon">中午好</option>
            <option value="Good Night">晚上好</option>
        </datalist>
    </body>
```

运行以上代码，效果如图 4-30 所示。

图 4-30　list 属性的使用效果

4.4.12　文本框的 pattern 属性

在 HTML5 中，对 input 元素使用 pattern 属性，并且将属性值设置为某个格式的正则表达式时，在提交时会对这些进行检查，检查其内容是否符合给定格式。当输入的内容不符合给定格式时，不允许提交，同时在浏览器中显示提示信息，提示输入的内容必须符合给定格式。譬如，下面的代码要求输入内容为 1 个数字与 3 个大写字母：

```
    <form>
        请输入内容：<input type="text" pattern="[0-9][A-Z]{3}" name="content" />
        <input type="submit" />
    </form>
```

运行以上代码，当输入的内容不符合给定格式时，提交时就会弹出提示信息，效果如图 4-31 所示。

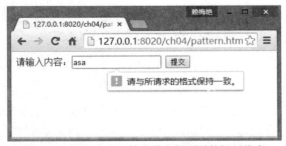

图 4-31　输入内容不符合给定规则时的提示信息

4.4.13　selectionDirection 属性

针对 input 元素与 textarea 元素，HTML5 增加了 selectionDirection 属性。当用户在这两个元素中用鼠标选取部分文字时，可以使用该属性来获取选取方向。当正向选取文字时，该属性值为 forward；当反向选取文字时，该属性值为 backward。当没有选取任何文字时，该属性默认为 forward。

【例 4-25】 selectionDirection 属性的使用。

```
<head>
        <meta charset="UTF-8">
        <title>selectionDirection 属性的使用</title>
        <script type="text/javascript">
                function AlertSelectionDirection(){
                        var control = document.forms[0]['content'];
                        var direction = control.selectionDirection;
                        alert(direction);
                }
        </script>
</head>
<body>
        <form>
                <input type="text" name="content" />
                <input type="button" value="点击我" onclick="AlertSelectionDirection()" />
        </form>
</body>
```

运行代码，单击"点击我"按钮，弹出信息提示框，内容为文本框的 selectionDirection 属性值，如图 4-32 所示。

图 4-32　selectionDirection 属性的使用效果

4.4.14　复选框的 indeterminate 属性

对于复选框来说，过去只有选中和未选中两种状态。在 HTML5 中，可以在 JavaScript 代码中对 checkbox 元素使用 indeterminate 属性，以说明复选框处于"尚未明确是否选中"的状态。

在 JavaScript 脚本代码中，使用布尔类型的值对 indeterminate 属性进行赋值。当属性值为 true 时，浏览器中的复选框将显示为不明状态。

【例 4-26】 indeteminate 属性的使用。

```
<input type="checkbox" indeterminate id="checkbox1" />indeterminate 属性测试
<script type="text/javascript">
        var checkbox1 = document.getElementById("checkbox1");
        //把 indeterminate 属性设置为 true
```

```
        checkbox1.indeterminate = true;
    </script>
```

将复选框的 indeterminate 属性设置为 true 的效果如图 4-33 所示。需要注意的是，indeterminate 和 checked 是两种不同的属性。如果只考虑把 indeterminate 和 checked 属性结合使用，可能会认为复选框具有"两个属性值均为 false"、"两个属性值均为 true"、"checked=true、indeterminate=false"和"checked=false、indeterminate=true"这 4 种状态，但实际上复选框只具有选中、非选中、不明 3 种状态。

因此，在 JavaScript 代码中对复选框的状态进行判断时，应该先判断复选框的 indeterminate 属性值，然后判断复选框的 checked 属性值，代码如下：

```
if (checkbox.indeterminate){
        //复选框处于不明状态
    }else{
        if(checkbox.checked){
            //复选框处于选中状态
            }else{
            //复选框处于非选中状态
        }
    }
```

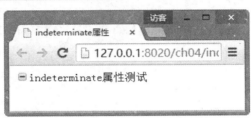

图 4-33　把 indeterminate 属性设置为 true 的效果

4.4.15　height 与 width 属性

针对类型为 image 的 input 元素，HTML5 新增了两个属性：height 和 width。Height 属性用于指定图片按钮中的图片的高度；width 属性用于指定图片按钮中的图片的宽度。

【例 4-27】 image 类型的 input 元素的使用。

```
<form action="http://localhost/h5css3/form.php" method="post">
        姓名：<input type="text" name="content" />
        <input type="image" src="img/timg.jpg" alt="编辑" width="23" height="23" />
        </form>
```

运行代码，效果如图 4-34 所示。

图 4-34　image 类型的 input 元素的使用效果

4.4.16　maxlength 和 wrap 属性

HTML5 为 textarea 元素新增了 maxlength 和 wrap 属性。

- maxlength 属性：使用整型数值进行设置，用于限定 textarea 元素中可以输入的文字个数。
- wrap 属性：可指定属性值为 soft 和 hard。当属性值为 hard 时，如果在 textarea 元素中输入的文字个数，因超出使用 textarea 元素的 cols 属性所限定的每行中可显示的文字个数而导致文字换行时，提交表单时会在换行处加入换行标志。当属性值为 soft 时不加换行标志。当设定 wrap 属性值为 hard 时，必须指定 cols 属性值。

【例 4-28】　textarea 元素的 maxlength 和 wrap 属性的使用。

```
<form action="http://localhost/h5css3/server.php" method="post">
    <textarea name="content" maxlength="100" rows="3" wrap="hard" cols="3"></textarea>
    <input type="submit" value="提交" />
</form>
```

提交的目标文件 server.php 中的代码如下所示：

```php
<?php
    $content = $_POST['content'];
    echo "<pre>".$content."<pre>";
?>
```

运行程序，在文本框中输入"1234567890"，效果如图 4-35 所示。单击"提交"按钮，当 textarea 元素的 wrap 属性值为 hard 时，server.php 输出的文字中具有换行符，如图 4-36 所示。修改 textarea 元素的 wrap 属性值为 soft，然后单击"提交"按钮，表单提交后 server.php 输出的文字中不含换行符，如图 4-37 所示。

图 4-35　输入内容　　　图 4-36　wrap 属性为 hard 时的效果　　图 4-37　wrap 属性为 soft 时的效果

4.5　表单验证

表单验证是一套系统，它为终端用户检测无效的数据并标记这些错误，是对用户体验的优化，让 Web 应用更快地抛出错误，但它仍不能取代服务器端的验证，重要数据仍要依赖服务器端的验证，因为前端验证是可以绕过的。

4.5.1　自动验证

在 HTML5 中，通过对元素使用属性的方法，可以实现在提交表单时执行的自动验证功能。例如以下的例子，在提交表单时自动验证输入的内容是否为数字，如果不是数字，就会显示错误提示。

【例 4-29】 自动验证输入的内容是否为数字。

```
<head>
        <meta charset="UTF-8">
        <title>自动验证输入的内容是否为数字</title>
</head>
<body>
        <form method="post">
                <input name="text1" type="text" required pattern="^\w.*$"/>
                <input type="submit" />
        </form>
</body>
```

4.5.2　取消验证

当表单很大时，有可能需要把填好的一部分表单先提交一下，但不想这个时候对表单中所有元素内容的有效性进行检查。在这种情况下，可以暂时取消表单验证。

有两种方法可以取消表单验证，第一种方法是利用 form 元素的 novalidate 属性来关闭整个表单验证。当整个表单的余下部分需要验证的内容比较多且想先提交表单的一部分内容时，可以使用这种方法。先把 novalidate 属性设置为 true，关闭表单验证，提交填写好的内容，然后在提交余下部分时再把 novalidate 属性设置为 false，打开表单验证，提交余下内容。

另一种方法是，利用 input 或 submit 元素的 formnovalidate 属性，利用 input 元素的 formnovalidate 属性可以让表单验证对单个 input 元素失效。如果对 submit 按钮使用这个属性，那么当单击该按钮时，相当于利用了 form 元素的 novalidaste 属性，整个表单验证将失败。

综上可知，可以对表单实现假提交的效果。例如，在页面上显示一个提交按钮，不带表单验证，单击该按钮提交表单时不进行数据有效性检查，提交时临时保存到文件中或其他地方；再显示另一个提交按钮，单击这个按钮对表单进行提交后，将表单数据保存到数据库中。

4.5.3　显式验证

除了为 input 元素添加属性，进行元素内容有效性的自动验证外，在 HTML5 中，form 和 input 元素还有一个 checkValidity 方法，调用该方法，可以显式地对表单内所有元素内容或单个元素内容进行有效性验证。checkValidity 方法将验证结果用布尔值的形式返回。

【例 4-30】 checkValidity 方法的使用。

```
<script type="text/javascript">
        function check(){
                var email1 = document.getElementById("email1");
                if(email1.value==""){
                        alert("输入 e-mail 地址");
                        return false;
                }else if(!email1.checkValidity()){
                        alert("输入正确的 e-mail 地址");
                        return false;
                }else{
                        alert("e-mail 地址正确");
                }
```

```
            }
        </script>
    </head>
    <body>
        <form id="foo" onsubmit="return check();" novalidate="true">
            <label for="email1">Email</label>
            <input name="email1" id="email1" type="email"/><br />
            <input type="submit" />
        </form>
```

需要注意的是，在 HTML5 中，form 和 input 元素还有一个 validity 属性，该属性返回的是一个 ValidityState 对象。该对象具有很多属性，其中最基本的是 valid 属性，表示表单内所有元素内容是否有效或单个 input 元素内容是否有效。

4.6　本章小结

本章主要介绍了 HTML5 在表单方面新增的功能。表单在网页设计中起到数据收集的作用，这也是客户端向服务器端提供数据的唯一方法。

HTML5 在表单方面增加了许多功能，如增加输入类型、表单元素、表单属性和输入属性等。这些属性主要在总结以往表单常用操作的基础上提炼而来，以使前端设计人员的工作更加高效。

本章主要介绍了 HTML5 表单中新增的表单属性，包括 autocomplete 和 novalidate 属性；新增的表单元素，包括 datalist、keygen 和 output 元素；新增的输入类型，包括 email、url、number、Date Pickers、search、tel、color 等；新增的输入属性，包括 form、formaction、formmethod、formenctype、formtarget、autofocus、required、labels、control、placeholder、list、pattern 等。另外还介绍了 HTML5 新增的表单验证操作，包括自动验证、取消验证和显式验证。

4.7　思考和练习

1. HTML5 新增的表单属性有哪些？简述其功能。
2. HTML5 新增的表单元素有哪些？简述其功能。
3. HTML5 新增的输入类型有哪些？简述这些类型的使用。
4. HTML5 新增的输入属性有哪些？简述这些属性的使用。
5. 创建一个表单，里面有一个用户名输入框，用户名必须是 6~8 个数字或英文大小写，其他字符都非法。请实现此功能。

第5章 图形/图像的绘制

canvas 是 HTML5 新增的一个元素，也可以说是绘画接口，通过这个接口，用户可以在 Web 中绘制图形。虽然以前也有基于 XML 的绘图技术，如 VML 和 SVG 等，但 canvas 是基于像素进行绘制，开发者通过 JavaScript 脚本可以在网页中绘图。

绘制图形时，首先在页面上放置一个 canvas 元素，就相当于在页面上放置了一块画布，可以在这块画布中进行图形绘制，但并不是用鼠标画图。实际上，canvas 只是一块无色透明的区域，只是一个 JavaScript API，需要通过 JavaScript 编写绘制图形的脚本。本章就来介绍 canvas 元素的使用。

本章学习目标：
- 理解与 canvas 元素相关的基础知识，包括添加 canvas 元素、检测浏览器是否支持 canvas 元素、使用 canvas 元素绘制图形的基本方法、与绘制图形相关的坐标系
- 使用 canvas 元素绘制简单图形，包括直线、矩形、圆形、三角形、画布、路径等
- 使用 canvas 元素绘制贝塞尔曲线，包括二次和三次贝塞尔曲线
- 使用 canvas 元素绘制变形图形，包括移动、旋转、缩放、变换等操作
- 使用 canvas 元素添加丰富的图形效果，包括渐变、图案、透明度、阴影等效果
- 使用 canvas 元素对图像进行处理，包括图像的绘制、平铺、剪裁操作以及像素处理
- 使用 canvas 元素对图形/图像进行组合和混合操作
- 使用 canvas 元素将文字绘制到 Web 上
- 使用 canvas 绘图时状态的保存与恢复，将绘制的图形/图像保存为本地文件等

5.1 canvas 元素基础

canvas 元素能够在网页中创建一块矩形区域，这块矩形区域称为画布，在其中可以绘制各种图形。

5.1.1 添加 canvas 元素

在 HTML 页面中添加 canvas 元素的方法和添加其他的元素一样，代码如下：

```
<canvas id="canvas1" width="400" height="300"></canvas>
```

以上代码创建一个宽 400 像素、高 300 像素的 canvas 对象。运行代码，页面上什么都没显示。在页面上用鼠标右击，从弹出的快捷菜单中选择"审查元素"命令，打开浏览器的元素窗口，把鼠标指针指向 canvas1 元素，可以看到一个矩形区域，如图 5-1 所示。

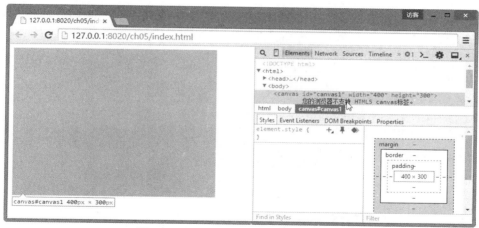

图 5-1　canvas 对象在 Web 中的显示效果

5.1.2　检测浏览器是否支持

并不是所有的浏览器都支持 canvas 元素，因此，在使用时需要先进行检测。检测的方法有两种：一种是为不支持 canvas 元素的浏览器提供替代显示的内容；另一种是使用 JavaScript 代码进行检测。

1. 提供替代显示的内容

这种方法就是直接在 canvas 元素内插入替代内容，不支持 canvas 元素的浏览器会忽略 canvas 元素而直接显示替代内容，支持 canvas 元素的浏览器则正常渲染，代码如下：

```
<canvas id="canvas1" width="400" height="300">
        您的浏览器不支持 HTML5 canvas 标签。
</canvas>
```

2. 使用 JavaScript 代码进行检测

这种方法是使用 JavaScript 脚本来检测浏览器是否支持 canvas 元素，方法是判断 getContext 函数是否存在，代码如下：

```
<body>
        <canvas id="canvas1" width="400" height="300">
        </canvas>
        <script type="text/javascript">
                var canvas1 = document.getElementById("canvas1");
                if(canvas1.getContext){
                        alert("您的浏览器支持 canvas 元素！");
                }else{
                        alert("您的浏览器不支持 canvas 元素！");
                }
        </script>
</body>
```

5.1.3　使用 canvas 元素绘制图形

canvas 元素本身并不能实现图形绘制功能，绘制图形的工作需要由 JavaScript 来完成。

使用 JavaScript 可以在 canvas 元素内部添加线条、图片和文字，也可以在其中绘画，还能够加入高级动画。下面首先来看一个使用 canvas 元素绘制图形的例子。

【例 5-1】 使用 canvas 元素绘制图形。

```html
<head>
        <meta charset="utf-8">
        <title>canvas 元素示例</title>
        <script type="text/javascript" charset="gb2312">
                function draw(){
                var c = document.getElementById("canvas1");
                if(c==null)return false;
                var context = c.getContext('2d');
                context.fillStyle="#00FF00";
                context.fillRect(50,50,100,100);
                }
        </script>
</head>
<body onload="draw()">
        <canvas id="canvas1" width="400" height="300">
        您的浏览器不支持 HTML5 canvas 标签。
        </canvas>
</body>
```

运行以上程序，效果如图 5-2 所示。

图 5-2　程序运行效果

从以上绘制图形的过程可知，使用 canvas 元素绘制图形的具体步骤如下：

(1) 在页面中添加 canvas 元素，必须定义 canvas 元素的 id 属性值，以便绘制时调用：

```html
        <canvas id="canvas1" width="400" height="300">
        您的浏览器不支持 HTML5 canvas 标签。
        </canvas>
```

(2) 通过 id 找到 canvas 元素：

```javascript
    var c = document.getElementById("canvas1");
```

(3) 通过 canvas 元素的 getContext 方法获取其上下文，即创建 Context 对象，获取可绘制图形的 2D 环境：

```javascript
    var context = c.getContext('2d');
```

这里的 getContext('2d') 返回一个内建的 HTML5 对象，使用该对象可以在 canvas 元素中绘制图形。目前 2D 画布上可以使用大多数绘制方法，例如绘制路径、矩形、圆形、字符和添加图像。

(4) 使用 JavaScript 脚本进行图形绘制：

```
context.fillStyle="#00FF00";
context.fillRect(50,50,100,100);
```

在这两行代码中，fillStyle 将要绘制的矩形的填充颜色定义为粉红色，而 fillRect 则指定要绘制的矩形的位置和长宽。图形的位置由前面的 canvas 坐标决定，尺寸由后面的宽度和高度值决定。在本例中，坐标值为(50,50)，长宽为(100,100)。根据这些数值，绿色矩形出现在画布中央。

5.1.4　canvas 坐标系

在 canvas 元素中绘制图形时，需要为图形指定摆放位置。fillRect(50,50,100,100)的前两个参数用来指定所绘制矩形的 x 轴和 y 轴坐标值。在 canvas 坐标系中，坐标原点(0,0)位于 canvas 元素的左上角，x 轴水平向右延伸，y 轴向下延伸，如图 5-3 所示。

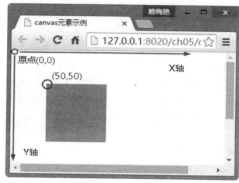

图 5-3　canvas 坐标系

5.2　绘制简单图形

绘制简单图形是绘制复杂图形的基础。canvas 元素能够实现最简单的图形绘制，本节就来介绍如何使用 canvas 和 JavaScript 实现最简单的图形绘制，包括直线、矩形、圆形、三角形的绘制和路径绘图。

5.2.1　绘制直线

在 canvas 上绘制简单直线，主要用到 3 个方法：moveTo、lineTo 和 stroke。如果要设置直线端点的样子，可以使用 lineCap 属性指定。

【例 5-2】　绘制直线。

```
<head>
    <meta charset="utf-8">
    <title>canvas-绘制直线</title>
    <script type="text/javascript" charset="gb2312">
        function draw(){
```

```
                    var c = document.getElementById("canvas1");
                    if(c==null)return false;
                    var context = c.getContext('2d');
                    context.strokeStyle='#000';
                    context.lineWidth=10;
                    context.lineCap='square';
                    context.beginPath();
                    context.moveTo(20,0);
                    context.lineTo(100,0);
                    context.stroke();
                    context.closePath();
                    }
            </script>
        </head>
        <body onload="draw()">
            <canvas id="canvas1" width="400" height="300">
            您的浏览器不支持 HTML5 canvas 标签。
            </canvas>
        </body>
```

运行以上代码，效果如图 5-4 所示。

图 5-4　直线效果

下面说明以上绘制直线的脚本中用到的一些方法和属性：

1) 每个 canvas 上下文仅有一个当前 Path。

2) 通过 beginPath 方法开始一个 Path，通过 closePath 方法结束一个 Path。

3) Path 有两个基本的方法：moveTo 和 lineTo。

4) lineCap 有 butt、round 和 square 三个属性。其中：butt(默认)，边缘是平的，与当前线条垂直；round，边缘是半圆，该半圆的直径是当前线条的长度；square，边缘是长方形，该长方形的长是当前线条的宽，宽是当前线条宽度的一半。

5) lineWidth 属性用来设置线条的宽度。

6) strokeStyle 属性定义当前线条的颜色及样式。

5.2.2　绘制矩形

绘制矩形时，需要用到 fillStyle 属性和 fillRect 方法，还可以使用 strokeStyle 和 strokeRect 方法。其中，fillStyle 属性用于指定填充颜色；fillRect 方法用于以指定的填充颜色绘制一个矩形；strokeStyle 方法指定边框线的颜色；strokeRect 方法以指定的颜色绘制矩形轮廓。

【例5-3】　绘制矩形。

```
<script type="text/javascript" charset="gb2312">
            function draw(){
            var c = document.getElementById("canvas1");
            if(c==null)return false;
            var context = c.getContext('2d');
            context.beginPath();
            context.fillStyle="#F00";
            context.fillRect(0,0,200,100);
            context.beginPath();
            context.strokeStyle="#000";
            context.lineWidth=3;
            context.strokeRect(200,0,200,100);
            context.closePath();/*可选步骤，关闭绘制的路径*/
            }
        </script>
    </head>
    <body onload="draw()">
        <canvas id="canvas1" width="400" height="300">
        您的浏览器不支持 HTML5 canvas 标签。
        </canvas>
    </body>
```

运行以上程序，效果如图 5-5 所示。程序首先通过 context.fillStyle="#F00"设置填充色 #F00，然后通过 context.fillRect(0,0,200,100)方法以#F00 为填充色，以坐标(0,0)为起点，绘制一个宽 200 像素、高 100 像素的矩形；接着通过 context.strokeStyle="#000"设置边框颜色#000，然后通过 context.strokeRect(200,0,200,100)方法以"#000"为边框色，以(200,0)为起点，绘制一个宽 200 像素，高 100 像素的无填充色的矩形。

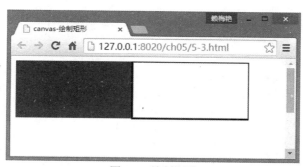

图 5-5　绘制矩形

5.2.3　绘制弧线与圆形

HTML5 提供了专门用于绘制圆形或弧线的 arc 和 arcTo 方法。

arc 方法的使用格式如下：

```
arc(x, y, radius, startRad, endRad, anticlockwise)
```

在 canvas 画布上绘制以坐标点(x,y)为圆心、半径为 radius 的圆上的一段弧线。这段弧线的起始弧度是 startRad，结束弧度是 endRad。这里的弧度以 x 轴正方向(时钟三点钟)为基准，进行顺时针旋转的角度来计算。anticlockwise 表示以逆时针方向还是顺时针方向开始绘制，如果为 true，则表示逆时针；如果为 false，则表示顺时针。参数 anticlockwise 是可选的，默认为 false，即顺时针，如图 5-6 所示。

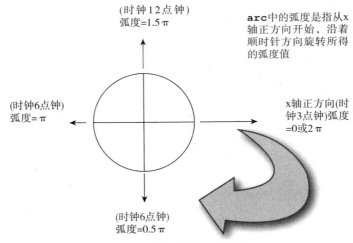

图 5-6　弧线和圆形的绘制方向

arcTo 方法的使用格式如下：

```
arcTo(x1, y1, x2, y2, radius)
```

arcTo 方法将利用由当前端点、端点 1(x1,y1) 和端点 2(x2,y2) 这三个点形成的夹角，然后绘制一段与夹角的两边相切且半径为 radius 的圆上的弧线。一般情况下，绘制弧线的开始位置是当前端点，结束位置是端点 2，并且弧线绘制的方向就是连接这两个端点的最短圆弧的方向。此外，如果当前端点不在指定的圆上，这种方法还将绘制一条从当前端点到弧线起点的直线。

在了解了用 canvas 绘制弧线的上述 API 之后，我们一起来看看如何使用 arc 方法绘制弧线。

【例 5-4】　使用 canvas 绘制弧线。

```
<script type="text/javascript" charset="gb2312">
    function draw() {
        var c = document.getElementById("canvas1");
        if (c == null) return false;
        var context = c.getContext('2d');
        context.beginPath();
        //设置弧线的颜色为蓝色
        context.strokeStyle = "blue";
        var circle = {
            x: 50, //圆心的 x 轴坐标值
            y: 50, //圆心的 y 轴坐标值
            r: 100 //圆的半径
        };
        //沿着以坐标点(100,100)为圆心、半径为 50px 的圆的顺时针方向绘制弧线
        context.arc(circle.x, circle.y, circle.r, 0, Math.PI/2, false);
        //按照指定的路径绘制弧线
        context.stroke();
```

```
                }
            </script>
        </head>
        <body onload="draw()">
            <canvas id="canvas1" width="400" height="300">
            您的浏览器不支持 HTML5 canvas 标签。
            </canvas>
```

运行以上代码，效果如图 5-7 所示。

以上代码设置绘制的弧线所在圆的圆心坐标为 (100,100)，半径为 50px。由于半径为 r 的圆的周长为 2πr，也就是说，完整的圆对应的弧度为 2π(换算成常规角度就是 360°)，所以要画一个圆的 1/4 弧线，只要弧度为 π/2(即 90°)就可以了。上面的代码使用了 JavaScript 中表示 π 的常量 Math.PI。

图 5-7　绘制弧线

以上弧形是顺时针绘制，如果要逆时针绘制，代码为：

```
context.arc(circle.x, circle.y, circle.r, 0, Math.PI / 2, true);
```

【例 5-5】　使用 canvas 绘制圆形。

```
function draw() {
        var c = document.getElementById("canvas1");
        if (c == null) return false;
        var context = c.getContext('2d');
        context.beginPath();
        //设置弧线的颜色为蓝色
        context.strokeStyle = "blue";
        var circle = {
                x: 100, //圆心的 x 轴坐标值
                y: 100, //圆心的 y 轴坐标值
                r: 50 //圆的半径
        };
        //以 canvas 中的坐标点(100,100)为圆心，绘制一个半径为 50px 的圆形
        context.arc(circle.x, circle.y, circle.r, 0, Math.PI * 2, true);
        //按照指定的路径绘制弧线
        context.stroke();
}
```

运行以上代码，效果如图 5-8 所示。

需要注意的是，arc 方法中的起始弧度参数 startRad 和结束弧度参数 endRad 都以弧度为单位，即使输入一个数字，例如 360，也仍然会被看作 360 弧度。将上述代码的结束弧度设为 360 会产生什么样的后果呢？这就要看绘制的方向，即 anticlockwise 参数的值了，如果是顺时针绘制(参数值为 false)，将绘制一个完整的圆；如果是逆时针绘制(参数值为 true)，大于 2π 的弧度将被转换为一个弧度相等但不大于 2π 的弧度。

图 5-8　绘制图

例如，将上述代码中的结束弧度设为 3π(Math.PI*3)，如果 anticlockwise 参数为 false，将会显示为一个完整的圆；如果为 true，显示效果与设为 π 时的显示效果一致。

5.2.4　绘制三角形

和绘制矩形一样，绘制的三角形可以是实心的，也可以是空心的(也就是没有填充色，只有轮廓线)。绘制实心三角形使用 fill 方法，绘制空心三角形使用 stroke 方法。

【例 5-6】　使用 canvas 绘制三角形。

```
function draw() {
        var c = document.getElementById("canvas1");
        if (c == null) return false;
        var context = c.getContext('2d');
        context.beginPath();
        context.moveTo(100, 0);
        context.lineTo(50, 150);
        context.lineTo(150, 250);
        context.closePath(); //填充或闭合 需要先闭合路径才能画图
        //空心三角形
        context.strokeStyle = "red";
        context.stroke();
        //实心三角形
        context.beginPath();
        context.moveTo(350, 0);
        context.lineTo(300, 150);
        context.lineTo(400, 250);
        context.closePath();
        context.fill();
    }
```

运行以上程序，效果如图 5-9 所示。

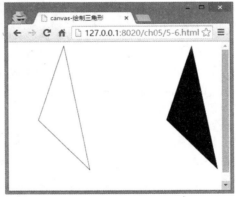

图 5-9　绘制三角形

5.2.5　清空画布

在 canvas 中绘制一些图形后，许多时候可能需要清除这些图形，就像一些绘图程序中橡皮工具的功能一样。

常见的清空画布的方法有以下 3 种：

第一种，也就是最简单的办法，由于 canvas 每当高度或宽度被重设时，画布内容就会被清空，因此可以用以下方法清空画布：

```
function clearCanvas()</span>
{
    var c=document.getElementById("canvas1");
    var context=c.getContext("2d");
    c.height=c.height;
}
```

第二种方法是使用 clearRect 方法，代码如下：

```
function clearCanvas()
{
    var c=document.getElementById("canvas1");
    var context=c.getContext("2d");
    context.clearRect(0,0,c.width,c.height);
}
```

第三种方法类似于第二种方法，可以用某一特定颜色填充画布，从而达到清空的目的：

```
function clearCanvas()
{
    var c=document.getElementById("canvas1");
    var context=c.getContext("2d");
    context.fillStyle="#000000";
    context.beginPath();
    context.fillRect(0,0,c.width,c.height);
    context.closePath();
}
```

5.3　绘制贝塞尔曲线

本节主要介绍使用 canvas 绘制贝塞尔曲线，包括二次和三次贝赛尔曲线。

5.3.1　二次贝塞尔曲线

绘制贝塞尔曲线需要用到 quadraticCurveTo 方法，使用方法如下：

```
quadraticCurveTo(cpx,cpy,x,y)
```

其中，(cpx,cpy)表示控制点的坐标，(x,y)表示终点坐标。数学公式表示如下：

$$B(t) = (1+t)^2 P_0 + 2t(1-t)P_1 + t^2 P_2, t \in [0,1]$$

二次贝赛尔曲线的路径由给定点 P_0、P_1、P_2 的函数 $B(t)$ 追踪，如图 5-10 所示。

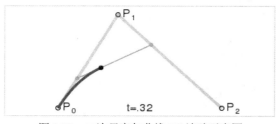

图 5-10　二次贝塞尔曲线 $B(t)$追踪示意图

【**例 5-7**】　绘制二次贝塞尔曲线。

```
function draw() {
        var c = document.getElementById("canvas1");
        if (c == null) return false;
        var context = c.getContext('2d');
        //绘制起始点、控制点、终点
        context.beginPath();
        context.moveTo(20, 170);
        context.lineTo(130, 40);
        context.lineTo(180, 150);
        context.stroke(); // 绘制二次贝塞尔曲线
        context.beginPath();
        context.moveTo(20, 170);
        context.quadraticCurveTo(130, 40, 180, 150);
        context.strokeStyle = "red";
        context.stroke();
}
```

运行以上程序，效果如图 5-11 所示。

5.3.2　三次贝塞尔曲线

绘制三次贝塞尔曲线则需要使用 3 个控制点，绘制方法如下：

```
bezierCurveTo(cp1x,cp1y,cp2x,cp2y,x,y)
```

其中，(cp1x,cp1y)表示第一个控制点的坐标，(cp2x,cp2y)表示第二个控制点的坐标，(x,y)表示终点的坐标。数学公式表示如下：

图 5-11　绘制二次贝赛尔曲线

$$B(t) = P_0(1-t)^3 + 3P_1 t(1-t)^2 + 3P_2 t^2(1-t) + P_3 t^3,\ t \in [0,1]$$

其中，P_0、P_1、P_2、P_3 四个点在平面或三维空间中定义了三次贝赛尔曲线。曲线起始于 P_0 走向 P_1，并从 P_2 的方向来到 P_3。一般不会经过 P_1 或 P_2；这两个点只是在那里提供方向指示。P_0 和 P_1 之间的间距决定了曲线在转而趋近 P_3 之前，走向 P_2 方向的"长度有多长"，如图 5-12 所示。

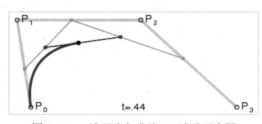

图 5-12　三次贝塞尔曲线 $B(t)$ 追踪示意图

【**例 5-8**】　绘制三次贝塞尔曲线。

```
function draw() {
        var c = document.getElementById("canvas1");
        if (c == null) return false;
        var context = c.getContext('2d');
```

```
            //绘制起始点、控制点、终点
            context.beginPath();
            context.moveTo(25, 175);
            context.lineTo(60, 80);
            context.lineTo(150, 30);
            context.lineTo(170, 150);
            context.stroke(); // 绘制三次贝塞尔曲线
            context.beginPath();
            context.moveTo(25, 175);
            context.bezierCurveTo(60, 80, 150, 30, 170, 150);
            context.strokeStyle = "red";
            context.stroke();
        }
```

运行以上代码，效果如图 5-13 所示。其中，两侧的两条直线为控制线，而最上方直线的两个端点，也就是两条控制线的端点，是曲线的控制点。

图 5-13　绘制三次贝赛尔曲线

5.4　绘制变形图形

适当地运用图形的变换，如旋转、缩放操作，可以创建出大量复杂多变的图形。在了解图形的变换之前，我们首先来了解一下 canvas 状态的保存和恢复。

5.4.1　保存与恢复 canvas 状态

当在画布上使用其 2D 上下文进行图形绘制时，可以通过操作 2D 上下文属性来绘制不同风格的图形，例如不同的字体、填充等。通常情况下，在画布上绘图时，需要更改在绘制的 2D 背景下的状态。例如，需要设置 strokStyle 属性或进行旋转操作等，这些操作通过设置 2D 上下文属性来实现。由于设置绘图的属性非常烦琐，每次更改时都要重来一次，因此，我们可以考虑利用堆栈来保持绘图的属性并在需要的时候随时恢复。

可以通过下面两个方法来实现保存绘图属性和获取绘图属性：

```
    context.save();
    context.restore();
```

下面我们来看一个示例。

【例 5-9】 保存与恢复 canvas 绘画状态。

```
function draw() {
        var c = document.getElementById("canvas1");
        if (c == null) return false;
        var context = c.getContext('2d');
        //绘制起始点、控制点、终点
        context.fillStyle = "#66ff66";
        context.strokeStyle = "#990000";
        context.lineWidth = 5;
        context.fillRect(5, 5, 50, 50);
        context.strokeRect(5, 5, 50, 50);
        context.save();
        context.fillStyle = "#6666ff";
        context.fillRect(65, 5, 50, 50);
        context.strokeRect(65, 5, 50, 50);
        context.save();
        context.strokeStyle = "#000099";
        context.fillRect(125, 5, 50, 50);
        context.strokeRect(125, 5, 50, 50);
        context.restore();
        context.fillRect(185, 5, 50, 50);
        context.strokeRect(185, 5, 50, 50);
        context.restore();
        context.fillRect(245, 5, 50, 50);
        context.strokeRect(245, 5, 50, 50);
    }
```

运行以上代码，效果如图 5-14 所示。如果需要频繁地做各种复杂的绘图设置，状态堆栈是非常有用的。需要注意的是，所有的 2D 绘图上下文属性都是可保存和恢复的属性，但绘制的内容不是。也就是说，虽然恢复了绘图上下文，但并不会恢复其所绘制的图形。

图 5-14　保存与恢复 canvas 状态

5.4.2　移动坐标空间

canvas 坐标空间默认以画布左上角(0,0)为原点，x 轴水平向右为正向，y 轴垂直向下为正向，该坐标空间的单位通常为像素。在绘制图形时，可以使用 translate 方法移动坐标空间，使画布的变换矩阵发生水平和垂直方向的偏移，其用法如下：

```
context.translate(dx,dy);
```

其中，dx、dy 分别为坐标原点沿水平和垂直两个方向的偏移量，如图 5-15 所示。

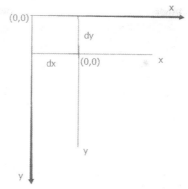

图 5-15 移动坐标空间操作示意图

需要注意的是，在进行图形变换之前，最好先使用 save 方法保存当前状态，之后用 restore 方法自动恢复原来保存的状态，这比手动恢复更加高效，特别是当重复某种操作时。

【例 5-10】 移动坐标空间。

```
<title>移动坐标空间</title>
    <script type="text/javascript" charset="gb2312">
        function draw() {
            var c = document.getElementById("canvas1");
            if (c == null) return false;
            var context = c.getContext('2d');
            context.translate(80, 80);
            for (var i = 1; i < 10; i++) {
                context.save();
                context.translate(60 * i, 0); //平移画布位置，改变画布的坐标原点
                drawTop(context, "rgb('+(30*i)+','+(255-30*i)+',255)");
                drawGrip(context);
                context.restore();
            }
        }
        function drawTop(context, fillStyle) {
            context.fillStyle = fillStyle;
            context.beginPath();
            context.arc(0, 0, 30, 0, Math.PI, true);
            context.closePath();
            context.fill();
        }
        function drawGrip(context) {
            context.save();
            context.fillRect(-1.5, 0, 1.5, 40);
            context.beginPath();
            context.strokeStyle = "blue";
            context.arc(-5, 40, Math.PI, Math.PI * 2, true);
            context.stroke();
            context.closePath();
            context.restore();
```

```
                }
            </script>
    </head>
    <body onload="draw()">
        <canvas id="canvas1" width="700" height="300">
        您的浏览器不支持 HTML5 canvas 标签。
        </canvas>
    </body>
```

运行以上代码，效果如图 5-16 所示。

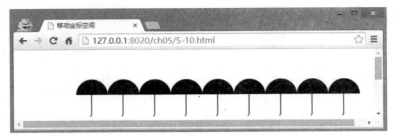

图 5-16　移动坐标空间的效果

5.4.3　旋转坐标空间

若要旋转坐标空间，应使用 rotate 方法。rotate 方法用于以原点为中心旋转 canvas，实质上仍是旋转 canvas 上下文对象的坐标空间，用法如下：

```
context.rotate(angle);
```

其中，angle 参数为旋转角度，旋转角度以顺时针方向为正方向，以弧度为单位，旋转中心为 canvas 的原点，如图 5-17 所示。

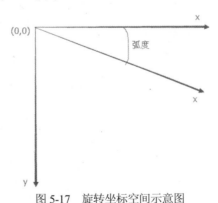

图 5-17　旋转坐标空间示意图

【例 5-11】　旋转坐标空间。

```
<script type="text/javascript" charset="gb2312">
function draw() {
    var c = document.getElementById("canvas1");
    if (c == null) return false;
    var context = c.getContext('2d');
    context.translate(150, 150);
```

```
            for (var i = 1; i < 9; i++) {
                context.save();
                context.rotate(Math.PI * (2 / 4 + i / 4)); //旋转画布位置，改变画布的坐标原点
                context.translate(0, -100);
                drawTop(context, "rgb('+(30*i)+','+(255-30*i)+',255)");
                drawGrip(context);
                context.restore();
            }
        }

        function drawTop(context, fillStyle) {
            context.fillStyle = fillStyle;
            context.beginPath();
            context.arc(0, 0, 30, 0, Math.PI, true);
            context.closePath();
            context.fill();
        }

        function drawGrip(context) {
            context.save();
            context.fillRect(-1.5, 0, 1.5, 40);
            context.beginPath();
            context.strokeStyle = "blue";
            context.arc(-5, 40, Math.PI, Math.PI * 2, true);
            context.stroke();
            context.closePath();
            context.restore();
        }
    </script>
```

　　运行以上代码，效果如图 5-18 所示。可见，canvas 中图形的实现，其实是通过改变画布的坐标原点来实现的。所谓 "移动图形"，只是看上去被移动了，实际移动的是坐标空间。

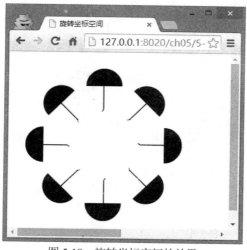

图 5-18　旋转坐标空间的效果

5.4.4　缩放图形

缩放图形主要通过 scale 方法来实现，具体使用格式如下：

```
ctx.scale(x,y);
```

其中，参数 x 为 x 轴的缩放，参数 y 为 y 轴的缩放。如果要缩小，参数值为小于 1 的数值；如果要放大，参数值为大于 1 的数值。下面来看一个缩放图形的例子。

【例 5-12】　缩放图形。

```
function draw() {
        var c = document.getElementById("canvas1");
        if (c == null) return false;
        var context = c.getContext('2d');
        context.translate(180, 20);
        for (var i = 0; i < 80; i++) {
                context.save();
                context.translate(30, 30);
                context.scale(0.95, 0.95);
                context.rotate(Math.PI / 12);
                context.beginPath();
                context.fillStyle = blue';
                context.globalAlpha = '0.4';
                context.arc(0, 0, 50, 0, Math.PI * 2, true);
                context.closePath();
                context.fill();
        }
}
```

运行以上程序，效果如图 5-19 所示。

图 5-19　缩放图形

5.4.5　矩阵变换

矩阵变换主要通过 transform 方法来实现。setTransform 方法用于将当前的变化矩阵重置为最初的矩阵，然后以相同的参数调用 transform 方法。即先 set(重置)，再 transform(变换)。具体使用格式如下：

```
context.transform(m11,m12,m21,m22,dx,dy);
```

transform 方法必须将当前的变换矩阵与下面的矩阵进行乘法运算，如表 5-1 所示。也就是说，假设 A(x,y)要变换成 B(x',y')，可以通过乘以下述矩阵得到。

表 5-1　矩阵与矩阵的乘法运算

m11(默认为 1)	m21(默认为 0)	dx
m12(默认为 0)	m22(默认为 1)	dy
0	0	1

前面的平移和缩放操作都可以通过矩阵变换来实现。

1. 使用矩阵变换实现平移

例如，要将图 5-20 中所示的 A 点平移到 B 点：

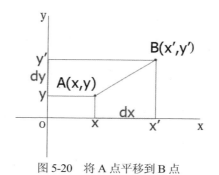

图 5-20　将 A 点平移到 B 点

从图 5-20 中可知，x'=x+dx、y'=y+dy，即：

$$\begin{pmatrix} x' \\ y' \\ 1 \end{pmatrix} = \begin{pmatrix} 1 & 0 & dx \\ 0 & 1 & dy \\ 0 & 0 & 1 \end{pmatrix} \begin{pmatrix} x \\ y \\ 1 \end{pmatrix}$$

其中，dx 为原点沿着 x 轴移动的数值，y 为原点沿着 y 轴移动的数值。context.translate(x,y)可以用下面的 transform 方法来替代：

```
context.transform(0,1,1,0,dx,dy);
```

或

```
context.transform(1,0,0,1,dx,dy);
```

2. 使用矩阵变换实现缩放

在缩放设置操作中，m11、m22 和 m12、m21 分别表示在 x 轴和 y 轴上的缩放倍数：

x'=m11*x，y'=m22*y

或

x'=m12*x，y'=m21*y

scale(x,y)可以通过下面的 transform 方法来替代：

```
context.transform(m11,0,0,m22,0,0);
```

或：

```
context.transform(0,m12,m21,0,0,0);
```

3. 使用矩阵变换来实现旋转

前面提到，旋转操作可以通过 rotate 方法来实现，操作示意图如图 5-21 所示。

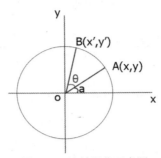

图 5-21　旋转操作示意图

可以用下面的 transform 方法来替代：

```
context.transform(cosθ,sinθ,-sinθ,cosθ,0,0);
```

其中 θ 为旋转的角度，dx、dy 都为 0，表示坐标原点不变，即：

$x' = x*\cos\theta - y*\sin\theta$

$y' = x*\sin\theta + y*\cos\theta$

则有：

```
context.transform(Math.cos(θ*Math.PI/180),Math.sin(θ*Math.PI/180),-Math.sin(θ*Math.PI/180),Math.cos
(θ*Math.PI/180),0,0)
```

可以替代：

```
context.rotate(θ);
```

也可以使用以下语句替代：

```
context.transform(-Math.sin(θ*Math.PI/180),Math.cos(θ*Math.PI/180),Math.cos(θ*Math.PI/180),Math.sin
(θ*Math.PI/180), 0,0)
```

例如，context.transform(0.95,0,0,0.95,30,30)可以替代以下语句：

```
context.translate(30,30);
context.scale(0.95.0.95);
```

下面来看一个矩阵变换的例子。

【例 5-13】　矩阵变换。

```
function draw() {
        var c = document.getElementById("canvas1");
        if (c == null) return false;
        var context = c.getContext('2d');
        context.translate(200, 20);
        for (var i = 0; i < 80; i++) {
                context.save();
                context.transform(0.95, 0, 0, 0.95, 30, 30);
                context.rotate(Math.PI / 12);
                context.beginPath();
                context.fillStyle = 'red';
```

```
                    context.globalAlpha = '0.4';
                    context.arc(0, 0, 50, 0, Math.PI * 2, true);
                    context.closePath();
                    context.fill();
                }
                context.setTransform(1, 0, 0, 1, 10, 10);
                context.fillStyle = 'blue';
                context.fillRect(0, 0, 50, 50);
                context.fill();
            }
```

运行以上代码，效果如图 5-22 所示。以上代码将前面的矩阵恢复为最初的矩阵，即恢复最初的原点，然后将坐标原点改为(10,10)，并以新的坐标绘制一个蓝色的矩形。首先通过 transform 方法缩小图形到上次的 0.95，循环 85 次，同时移动和旋转坐标空间，从而实现图形呈螺旋状地由大到小变化。

图 5-22　使用矩阵实现缩放效果

5.5　丰富图形效果

除了 filStyle 和 strokeStyle 属性外，canvas 还支持更多的颜色和样式选项，具体包括线型、渐变、图案、透明度和阴影。

5.5.1　应用不同的线型

在前面的绘图过程中，使用到一些线条的方法和属性。通过 lineWidth、lineCap、lineJoin、miterLimit 属性，可以设置线条的粗细、端点样式、两线段连接处样式和绘制交点的方式。

- lineWidth：线宽，也就是线条的粗细，取值必须为正数，比如 lineWidth=1.0。
- lineCap：线段端点的样式，有 butt(平头)、round(圆头)和square(方头)三种取值，默认值为 butt。
- lineJoin：两线段连接处的样式，包括 round(圆角)、bevel(斜角)和 miter(直角)，默认值为 miter。
- miterLimit：设置两线段连接处交点的绘制方式，当宽线条使用 lineJoin 属性并将其值设置为 miter 时，如果绘制两条线段并以锐角相交，那么得到的斜面可能会非常长。当斜面过长时，图形就会显得不协调。miterLimit 属性的作用是为斜面的长度设置一个上限，默认为 10，即规定斜面的长度不能超过线条宽度的 10 倍。当斜面的长度达到线宽的 10 倍时，就会变为斜角。如果 lineJoin 属性的值为 round 或 bevel，miterLimit 属性无效。

5.5.2　绘制线性渐变

所谓线性渐变，是指从开始点到结束点，颜色呈直线的徐徐变化的效果。为了实现这种效果，我们绘制时必须指定开始和结束的颜色。而在 canvas 中，不仅可以只指定开始和结尾的两点，中间位置也能指定。

可以使用 createLinearGradient 方法绘制线性渐变，该方法可以获得一个 CanvasGradient 对象，通过这个对象的 addColorStop 方法添加颜色。

createLinearGradient 方法的使用方式如下：

```
CanvasGradient = ctx.createLinearGradient(x0, y0, x1, y1)
```

指定渐变的开始点(x0,y0)和结束点(x1,y1)之后，返回线性渐变对象 CanvasGradient。然后通过 addColorStop 方法，设置在 offset 为 0 的地方为开始点的颜色，在 offset 为 1 的地方为结束点的颜色。当 x0=x1 并且 y0=y1 时，无渐变效果。

addColorStop 方法的使用方式如下：

```
CanvasGradient.addColorStop(offset, color)
```

这个方法用来增加点的颜色，如果 offset 大于 1 或小于 0，会发生 INDEX_SIZE_ERR 异常；color 可以是任何合法的 CSS 颜色，如果不是，则会发生 SYNTAX_ERR 异常。如果 offset 是指定的 0 到 1 之间的值，则是对应中间的比例位置。

【例 5-14】　绘制线性渐变。

```
function draw() {
        var c = document.getElementById("canvas1");
        if (c == null) return false;
        var context = c.getContext('2d');
        context.beginPath();
        /* 指定渐变区域 */
        var grad= context.createLinearGradient(0,0, 0,300);
        /* 指定几个颜色 */
        grad.addColorStop(0,'rgb(192, 80, 77)');            // 红
        grad.addColorStop(0.5,'rgb(155, 187, 89)');         // 绿
        grad.addColorStop(1,'rgb(128, 100, 162)');          // 紫
        /* 将这个渐变设置为 fillStyle */
        context.fillStyle = grad;
        /* 绘制矩形 */
        context.rect(0,0, 300,300);
        context.fill();
    }
```

运行以上代码，效果如图 5-23 所示。在上述代码中，(0,0,0,300)指定了一条垂直的线，所以最终效果是垂直地进行渐变。如果要实现水平渐变，改成 createLinearGradient(0,0, 300,0)；

如果要实现斜线渐变，改成 createLinearGradient(0, 0, 300, 300)。

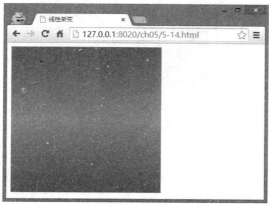

图 5-23　绘制线性渐变

5.5.3　绘制径向渐变

径向渐变，其实就是环形渐变，实现由圆心(或是较小的同心圆)开始向外扩散渐变的效果。线性渐变指定了起点和终点，径向渐变则指定了起始圆和结束圆的圆心和半径。径向渐变使用 createRadialGradient 来获得 canvas 的 CanvasGradient 对象，所以 addColorStop 方法也是通用的。使用方法如下：

　　　CanvasGradient = ctx.createRadialGradient(x0, y0, r0, x1, y1, r1)

起始圆的圆心为(x0,y0)，半径为 r0；结束圆的圆心为(x1,y1)，半径为 r1。如果半径为负数，INDEX_SIZE_ERR 异常发生，而如果圆心和半径都相等，则没有渐变效果。

首先利用 createRadialGradient 方法指定渐变的起始圆和结束圆，得到一个 CanvasGradient 对象，再对这个对象使用 addColorStop 方法以指定各个位置的颜色。最后，将这个 CanvasGradient 对象作为 fillStyle 使用。

【例 5-15】　绘制径向渐变。

```
function draw() {
        var c = document.getElementById("canvas1");
        if (c == null) return false;
        var context = c.getContext('2d');
        context.beginPath();
        /*  设定渐变区域  */
        var grad = context.createRadialGradient(70, 70, 20, 70, 70, 70);
        /*  设定各个位置的颜色  */
        grad.addColorStop(0, 'red');
        grad.addColorStop(0.5, 'yellow');
        grad.addColorStop(1, 'blue');
        context.fillStyle = grad;
        context.rect(0, 0, 140, 140);
        context.fill();
    }
```

运行以上程序，效果如图 5-24 所示。

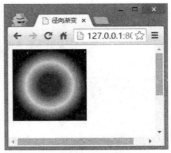

图 5-24　绘制径向渐变

5.5.4　绘制图案

在 canvas 中，createPattern 方法用来实现图案效果，在指定的方向重复指定的元素。元素可以是图片、视频或其他 canvas 元素。被重复的元素可用于绘制/填充矩形、圆形或线条等。其用法如下：

```
context.createPattern(image,"repeat|repeat-x|repeat-y|no-repeat");
```

其中，各参数的含义如下：

image：规定要使用的图片、画布或视频元素。

repeat：默认。该模式在水平和垂直方向重复。

repeat-x：该模式只在水平方向重复。

repeat-y：该模式只在垂直方向重复。

no-repeat：该模式只显示一次(不重复)。

【例 5-16】　绘制图案。

```html
<script type="text/javascript" charset="gb2312">
    function draw() {
        var c = document.getElementById("canvas1");
        if (c == null) return false;
        var context = c.getContext('2d');
        var img = new Image();
        img.src = "img/1.png";
        img.onload = function(){
            //创建图案
            var ptrn = context.createPattern(img,'repeat');
            context.fillStyle = ptrn;
            context.fillRect(0,0,600,600);
        }
    }
</script>
</head>
<body onload="draw()">
    <canvas id="canvas1" width="600" height="300">
    您的浏览器不支持 HTML5 canvas 标签。
    </canvas>
</body>
```

运行以上程序，效果如图 5-25 所示。

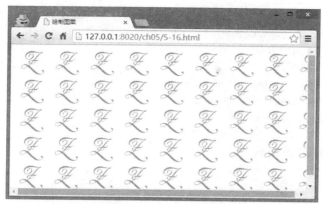

图 5-25 绘制图案

5.5.5 设置图形的透明度

通过前面的示例可知，在 canvas 绘图中，有两种设置透明度的方法：globalAlpha 属性和 rgba 方法。globalAlpha 属性适合为大量图形设置相同的透明度。rgba 方法则是通过设置色彩透明度的参数来为图形设置不同的透明度。

使用 rgba 方法可以设置具有透明度的颜色，用法如下：

```
rgba(R,G,B,A)
```

其中，R、G、B 将颜色的红色、绿色和蓝色成分指定为 0~255 十进制整数，A 把 alpha 成分指定为 0.0~1.0 的浮点数值，0.0 为完全透明，1.0 为完全不透明。例如，可以使用 rgba(0,255,0,0.5)表示半透明的完全绿色。

5.5.6 创建阴影

canvas 提供了绘制元素阴影的功能，主要的属性包括：shadowColor、shadowBlur、shadowOffsetX、shadowOffsetY。其中，shadowColor 定义阴影颜色样式，shadowBlur 定义阴影模糊系数，shadowOffsetX 定义阴影的 x 轴偏移量，shadowOffsetY 定义阴影的 y 轴偏移量。各个属性的具体说明如表 5-2 所示。

表 5-2 用于创建阴影的属性

属性名	属性描述	示例
shadowColor	设置或返回用于阴影的颜色	context.shadowColor=color;
shadowBlur	设置或返回阴影的模糊系数	context.shadowBlur=number;
shadowOffsetX	设置或返回形状与阴影的水平距离，或称 x 轴偏移量	context.shadowOffsetX=number;
shadowOffsetY	设置或返回形状与阴影的垂直距离，或称 y 轴偏移量	context.shadowOffsetY=number;

需要注意的是，定义 shadowColor 后，至少需要用 shadowBlur 定义阴影模糊系数，否则将看不到阴影效果。

【例 5-17】 设置阴影效果。

```
function draw() {
        var c = document.getElementById("canvas1");
```

```
        if (c == null) return false;
        var context = c.getContext('2d');
        context.font = "30px Verdana";
        //定义线性渐变
        var lg = context.createLinearGradient(0, 0, 200, 0);
        lg.addColorStop("0", "magenta");
        lg.addColorStop("0.5", "blue");
        lg.addColorStop("1.0", "red");
        //设置阴影模糊系数
        context.shadowBlur = 10;
        //设置阴影颜色
        context.shadowColor = 'black';
        //设置阴影的 x 轴偏移量
        context.shadowOffsetX = 5;
        //设置阴影的 y 轴偏移量
        context.shadowOffsetY = 5;
        //将渐变设定为笔触
        context.strokeStyle = lg;
        //设定绘制文字
        context.strokeText("Merry Christmas !", 20, 50);
        context.shadowBlur = 20;
        //用 rgba 设置阴影颜色，支持透明度
        context.shadowColor = 'rgba(0,0,0,0.8)';
        context.shadowOffsetX = 5;
        context.shadowOffsetY = 5;
        context.strokeStyle = '#3f3f42';
        context.strokeRect(20, 70, 100, 50);
        context.shadowBlur = 10;
        context.shadowColor = 'black';
        context.shadowOffsetX = -5;
        context.shadowOffsetY = -5;
        context.fillStyle = '#3f3f47';
        context.fillRect(20, 150, 100, 50);
    }
```

运行以上程序，效果如图 5-26 所示。

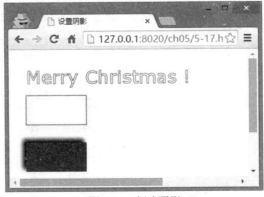

图 5-26　创建阴影

5.6　图像处理

前面在讲解图案的绘制时，讲解了图像的 createPattern 方法，可以使用这个方法绘制图像、平铺图像。本节介绍图像的剪裁操作、像素处理、组合图形和混合图像操作等。

5.6.1　裁剪图像

使用 canvas 绘图时，可以轻松裁剪图像，以方便图片编辑、照片分享等应用场合。

一般而言，图像的裁剪会放在服务器端进行，但是图片传送会消耗较多的流量。借助 HTML5 canvas 绘图功能，可以在浏览器端以比较简单的方式来实现图像裁剪操作。

canvas 的图像裁剪功能是指，在画布内使用路径，只绘制路径所包括区域内的图像，不绘制路径外部的图像。

可使用图像上下文对象的不带参数的 clip 方法来实现 canvas 的图像裁剪功能。clip 方法使用路径来对 canvas 画布设置一块裁剪区域。因此，必须先创建路径。路径创建完毕后，调用 clip 方法来设置裁剪区域。

【例 5-18】　裁剪图像。

```
<script type="text/javascript" charset="gb2312">
function draw() {
        var c = document.getElementById("canvas1");
        if (c == null) return false;
        var context = c.getContext('2d');
        var gr = context.createLinearGradient(0,400,300,0);
        gr.addColorStop(0,'rgb(255,255,0)');
        gr.addColorStop(1,'rgb(0,255,255)');
        context.fillStyle = gr;
        context.fillRect(0,0,400,300);
        image = new Image();
        image.onload = function(){
                drawImg(context,image);
        };
        image.src = "img/4.jpg";
}
function drawImg(context,image){
        create5StarClip(context);
        context.drawImage(image,-50,-150,300,300);
}
function create5StarClip(context){
        var n = 0;
        var dx = 100;
        var dy = 0;
        var s = 150;
        context.beginPath();
        context.translate(100,150);
        var x = Math.sin(0);
        var y = Math.cos(0);
```

```
        var dig = Math.PI/5*4;
        for(var i = 0;i < 5;i++){
            var x = Math.sin(i * dig);
            var y = Math.cos(i * dig);
            context.lineTo(dx + x * s,dy + y * s);
        }
        context.clip();
    }
</script>
```

运行以上程序，效果如图 5-27 所示。

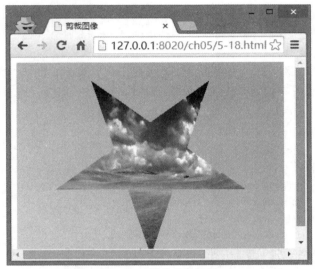

图 5-27　图像截剪效果

在该例中，画布背景绘制完毕后，调用 create5StarClip 函数。在该函数中创建一条五角星路径，然后使用 clip 方法设置裁剪区域。该例中具体的执行流程为：先装载图像，然后调用 drawImg 函数，在该函数中调用 create5StarClip 以创建路径，设置裁剪区域，然后绘制经过裁剪后的图像——最终可以绘制出五角星范围内的图像。

裁剪区域设置好之后，接下来绘制的所有图形都可以使用这个剪裁区域，但是如果要取消这块已经设置好的裁剪区域，需要用到本章最后一节中介绍的绘制状态的保存和恢复功能。这两个功能保存和恢复图形上下文的临时状态。在设置图像裁剪区域时，首先调用 save 方法来保存图形上下文的当前状态，绘制完经过裁剪的图像后，再调用 restore 方法来恢复之前保存的图形上下文状态。通过这种方法，对之后绘制的图像取消裁剪区域。

5.6.2　像素处理

像素处理需要用到 getImageData 和 putImageData 方法，先用 getImageData 方法复制 canvas 画布中的像素数据，然后对获取的像素数据进行处理，最后通过 putImageData 方法将处理完的数据粘贴到 canvas 画布中。

首先来认识一下 LBitmapData，它通常用来保存 Image 对象。下面是 LBitmapData 中的两个函数：

- getPixel(x,y,colorType)：返回一个表示 BitmapData 对象中在某个特定点(x，y)处 RGB 像素值的数组。其中 colorType 为需要获取的像素数据的格式，默认为像素数组，当设置成字符串"number"时，返回 number 类型的像素。
- setPixel(x,y,data)：设置 LBitmapData 对象的单个像素。其中 data 为像素值(支持像素数组、#FF0000 和 0xFF000 3 种格式)。

上面这两个函数用于获取和设置单个像素，当需要一次性获取或设置某个区域的像素时，对应的两个函数如下：

- getPixels(rect)：返回一组表示 BitmapData 对象中在某个特定区域内 RGB 像素值的数组。其中 rect 为 LRectangle 对象，是一个矩形。
- setPixels(rect, data)：将像素数据数组转换并粘贴到指定的矩形区域。其中 data 为像素值。

【例 5-19】　获取图片的所有像素。

```
function draw() {
        var c = document.getElementById("canvas1");
        if (c == null) return false;
        var context = c.getContext('2d');
        var image = new Image();
        image.src = 'img/2.png';
        image.onload = function(){
                var imagedata;
                context.drawImage(image,0,0);
                imagedata = context.getImageData(0,0,image.width,image.height);
        }
}
```

运行以上程序，效果如图 5-28 所示。

图 5-28　获取图片的所有像素

5.6.3 组合图形

前面的示例都是展示单个图形的绘制，但在实际应用中，更多的是复杂图形的绘制，比如把一个图形重叠绘制在另一个图形的上面，但图形中能够被看到的部分完全取决于图形的绘制顺序。又如，对两个图形进行组合，并自己决定以何种方式进行组合。这时需要使用到 canvas 的图形/图像组合技术。

HTML5 有 11 种图形组合方式，只要将其赋值给 context.globalCompositeOperation 即可。使用方法为：

```
context.globalCompositeOperation = type
```

11 种图形组合方式如表 5-3 所示。

表 5-3   11 种图形组合方式

组合方式	含义
source-over	在目标图像上显示源图像
source-atop	在目标图像的顶部显示源图像。源图像位于目标图像之外的部分是不可见的
source-in	在目标图像中显示源图像。只有目标图像之内的源图像部分会显示，目标图像是透明的
source-out	在目标图像之外显示源图像。只有目标图像之外的源图像部分会显示，目标图像是透明的
destination-over	在源图像上显示目标图像
destination-atop	在源图像的顶部显示目标图像。目标图像位于源图像之外的部分是不可见的
destination-in	在源图像中显示目标图像。只有源图像之内的目标图像部分会显示，源图像是透明的
destination-out	在源图像之外显示目标图像。只有源图像之外的目标图像部分会显示，源图像是透明的
lighter	显示源图像+目标图像
copy	显示源图像，忽略目标图像
xor	使用异或操作对源图像和目标图像进行组合

【例 5-20】 11 种图形组合效果预览。

```
<title>图形组合</title>
    <script type="text/javascript" charset="gb2312">
        function draw() {
            //获取选择的图形组合方式
            var selectComponent = document.getElementById("selectCombineMethod");
            //取得选择的索引
            var selectedIndex = selectComponent.selectedIndex;
            //得到选择的值，也就是选择的图形组合方式
            var selectedCombinedStrategy = selectComponent.options[selectedIndex].value;
            var c = document.getElementById('canvas1');
            if (c == null)
                return false;
            var context = c.getContext('2d');
            //画一个蓝色正方形
            context.fillStyle = "blue";
            context.fillRect(40, 40, 60, 60);
```

```
                        //将选择的图形组合方式设定到 context 中
                        context.globalCompositeOperation = selectedCombinedStrategy;
                        //画一个红色的圆，context 会根据图形的组合方式来决定如何绘制这两个图形
                        context.beginPath();
                        context.fillStyle = "red";
                        context.arc(40 + 60, 40 + 60, 30, 0, Math.PI * 2, false);
                        context.fill();
                    }
                </script>
        </head>

        <body onload="draw()">
            <h2>canvas：显示组合图形</h2>
            <!-- 创建一个下拉列表，让用户选择以什么方式来组合图形 -->
            <!-- 一旦选择，就会触发 onchange 事件，调用 draw 方法进行绘制 -->
            <select id="selectCombineMethod" onchange="draw()">
                <option >source-atop</option>
                <option>source-in</option>
                <option>source-out</option>
                <option>source-over</option>
                <option>destination-atop</option>
                <option>destination-in</option>
                <option>destination-out</option>
                <option>destination-over</option>
                <option>lighter</option>
                <option>copy</option>
                <option>xor</option>
            </select>
            <br><br>
            <canvas id="canvas1" width="1000" height="1000">
            您的浏览器不支持 HTML5 canvas 标签。
            </canvas>
        </body>
```

运行以上程序，效果如图 5-29 所示。

图 5-29　图形的组合效果

5.6.4　混合图像

混合模式是指将上层的图像融入下层的图像时采用的各种模式。根据所选的模式，可以看到不同的融合后的效果。

混合模式采取铺设在彼此顶部的两个像素，并结合它们不同的方式进行展现，例如较深的颜色混合模式只会呈现两个像素的颜色较深。在扩展到整个图像时，混合模式可以产生一些令人惊艳的效果。

图像混合需要用到 canvas 元素的 globalCompositeOperation 属性，使用方法为：

```
context.globalCompositeOperation="属性值"
```

其中，属性值有 12 个取值，如表 5-4 所示。

表 5-4　图像的混合模式

属性值	含义
normal	无混合
darken	实现变暗模式，逐像素对比基色和混合色，保留深颜色，去除浅颜色
lighten	实现变亮模式，逐像素对比基色和混合色，保留浅颜色，去除深颜色
multiply	实现正片叠底模式，逐像素对比基色和混合色，对基色的灰度级与混合色的灰度级进行乘法计算，获得灰度级更低的颜色并使之成为合成后的颜色
screen	实现滤色模式，与正片叠底模式相反，滤色模式对上下两层图层像素颜色的灰度级进行乘法计算，获得灰度级更高的颜色并使之成为合成后的颜色
color-burn	实现颜色加深模式，使图像颜色变得更暗，混合色越暗，效果越细腻
color-dodge	实现颜色减淡模式，会使图像颜色变得更亮，混合色越亮，效果越细腻
hard-light	实现强光模式，对两幅图像进行逐像素比较，如果混合色的灰度级小于或等于 0.5，采用正片叠底模式，否则采用滤色模式
soft-light	把混合色以柔光的方式混合到基色中，若基色的灰阶趋于高或低，就会将颜色合成结果的阶调调整为趋于中间的灰阶调，获得色彩比较柔和的合成效果
overlay	实现叠加模式，对两幅图像进行逐像素比较，如果混合色的灰度级小于或等于 0.5，采用正片叠底模式，否则采用滤色模式
difference	实现差值模式，对混合色和基色的 RGB 值中的每个值分别进行比较，用高值减去低值作为合成后的颜色
exclusion	实现排除模式，与差值模式的作用类似，只是排除模式的结果色的对比度没有差值模式强

【例 5-21】　图像混合。

```
function draw() {
    var c = document.getElementById("canvas1");
    if (c == null) return false;
    var context = c.getContext('2d');
    context.globalCompositeOperation = "darken";
    var image = new Image();
    image.src = "img/4.jpg";
    image.onload = function(){
        context.drawImage(image,0,0);
        var image2 = new Image();
        image2.src = "img/2.png";
        image2.onload = function(){
```

```
                context.drawImage(image2,0,0);
                };
        };
    }
```

运行以上程序，效果如图 5-30 所示。

图 5-30　图像混合效果

5.7　绘制文字

在 HTML5 中，可以在 canvas 中进行文字的绘制，还可以指定所绘制文字的字体、大小、对齐方式，以及进行文字的纹理填充等。绘制文字时可以使用 fillText 或 strokeText 方法。

5.7.1　绘制填充文字

fillText 方法用填充的方式绘制字符串，使用格式如下：

```
    void fillText(text,x,y,[maxWidth]);
```

该方法接受 4 个参数，第一个参数 text 表示要绘制的文字；第二个参数 x 表示绘制文字的起点横坐标；第三个参数 y 表示绘制文字的起点纵坐标；第四个参数 maxWidth 为可选参数，表示显示文字时的最大宽度，可以防止文字溢出。

5.7.2　文字相关属性

在使用 canvas 进行文字的绘制之前，可以先对有关文字绘制的属性进行设置，这些属性如下：

- font：指定正在绘制的文字的样式。如果要在绘制文字时改变字体样式，只需要更改 font 属性的值即可。默认的字体样式为 10px sans-serif。例如：

```
    context.font = "20pt Times New Roman";
```

- textAlign：指定正在绘制的文字的对齐方式，有 left(左对齐)、right(右对齐)、center(居中对齐)、start(如果文字从左往右排版，则左对齐；如果从右往左排版，则右对齐)和(效果和 start 对齐方式正好相反)5 种对齐方式，默认为 start。

5.7.3　绘制轮廓文字

strokeText 方法可以用轮廓方式绘制字符串，格式如下：

```
void stroke Text(text,x,y,[max Width]);
```

该方法的参数与 fillText 方法相同。

5.7.4　获取文字宽度

可以使用图形上下文对象的 measureText 方法得到文字的宽度，使用格式如下：

```
metrics = context.measureText(text);
```

measureText 方法接受一个参数 text，该参数为需要绘制的文字，该方法返回一个 TextMetrics 对象，TextMetrics 对象的 width 属性表示使用当前指定的字体后，在 text 参数中指定的文字的总宽度。

5.7.5　文字绘制实战

下面使用刚才介绍的绘制文字的方法绘制一些文字。

【例 5-22】　绘制填充文字、轮廓文字，获取文字宽度并显示。

```html
<head>
        <meta charset="UTF-8">
        <title>HTML5 canvas 绘制文本文字入门示例</title>
 </head>
 <body>
        <!-- 添加 canvas 标签，并加上红色边框以便在页面上查看  -->
        <canvas id="myCanvas" width="400px" height="300px" style="border: 1px solid red;">
您的浏览器不支持 canvas 标签。
</canvas>
        <script type="text/javascript">
            var canvas = document.getElementById("myCanvas");
            //简单地检测当前浏览器是否支持 canvas 对象，以免在一些不支持 HTML5 的浏览器中
            //提示语法错误
            if (canvas.getContext) {
                //获取对应的 CanvasRenderingContext2D 对象(画笔)
                var ctx = canvas.getContext("2d");
                //设置字体样式
                ctx.font = "30px Courier New";
                //设置字体填充颜色
                ctx.fillStyle = "blue";
                //从坐标点(50,50)开始绘制文字
                ctx.fillText("CodePlayer+中文测试", 50, 50);
                //绘制轮廓字符
                ctx.font = "bold 30px sans-serif";
                //轮廓字符
                ctx.strokeText("轮廓字符",50,100);
                ctx.font = "20px Courier New";
                //定义绘制文字
                var txt = "字符串的宽度为:";
                //获取文字宽度
```

```
                        var tm1 = ctx.measureText(txt);
                        //绘制文字
                        ctx.fillText(txt,50,150);
                        ctx.fillText(tm1.width,tm1.width+50,150);
                    }
                </script>
            </body>
```

运行以上程序，效果如图 5-31 所示。

图 5-31　文字绘制效果

5.8　本章小结

　　canvas 是 HTML5 的一个新增元素，提供了一个允许开发人员在网页上绘制图形的接口。开发人员要在网页上绘制图形时，首先在页面上放置一个 canvas 元素，就相当于在页面上放置了一块画布，然后在这块画布上绘制图形。本章主要介绍了使用 canvas 元素绘图的基础知识，然后介绍了绘制简单图形、贝塞尔曲线、变形图形、多效果图形以及文字的方法，另外还介绍了使用 canvas 对图像进行处理的方法，包括图像裁剪、像素处理、组合图形和混合图像。对于有意从事图形/图像学的读者，这一章必须掌握。canvas 也是网页游戏、网上三维制图的基础。

5.9　思考和练习

　　1. 向一个页面添加 canvas 元素，命名为 canvas1。添加的时候，需要检测浏览器是否支持。

　　2. 绘制一个 100*100 像素的红色矩形。

　　3. 简述进行 canvas 绘图时用到的坐标系。

　　4. 请在页面上添加一个 canvas 元素，在其中绘制一个矩形、一条直线、一条弧线、一个圆形和一个三角形。

　　5. 在绘制图像时，如何使用保存和恢复 canvas 状态的技术来绘制变形图形？

　　6. 掌握图像裁剪的方法，并写出一个程序。

第6章　音频与视频

Web 上的多媒体应用经历了重大改进，从最初简单的 MIDI 和 GIF 动画，发展到现在随处可见的 MP3 音乐、Flash 动画和各种在线视频，同时也产生了用于播放多媒体内容的各种工具和插件，如 Windows Media Player、Flash Player、Real Player 等。HTML5 中多媒体播放功能的出现，给原有的这些工具或插件带来相当大的挑战。可以想象，用户如果不需要安装任何插件或工具就能在网页中直接播放音频和视频，该是多么美好的体验！从这一点来说，HTML5 新增的 audio 和 video 元素，让 HTML5 的媒体应用多了新的选择，开发人员不必使用插件就能播放音频和视频，这给插件或工具带来了巨大冲击。对于这两个元素，HTML5 规范提供了通用、完整、可脚本化控制的 API 供开发人员使用。

本章将讨论如何在 HTML5 中实现音频和视频的播放及控制，介绍如何使用 HTML5 的两个重要元素——audio 和 video 来创建支持音频和视频播放及控制功能的 Web 应用和 APP；演示如何通过 API 编程的方式来控制页面中的音频和视频，最后探讨 HTML5 audio 和 video 元素在实际项目中的应用。

本章学习目标：

- 掌握音频和视频解码器的基本理论
- 学会检测浏览器对音频和视频格式的支持
- 熟悉 audio 和 video 元素的使用，学会用 JavaScript 脚本来控制 audio 和 video 元素的播放
- 掌握为音频和视频添加字幕的方法

6.1　HTML5 多媒体技术概述

根据 HTML5 的官方标准，并不需要为任何特定的音频或视频格式提供支持，所以浏览器厂商可以选择希望支持的格式。然而，最好未来能有一个固定的标准，从而结束现在这种混乱的局面。毕竟对于开发者来说，并不希望多做一些对媒体文件重新编码的工作。未来，一定会越来越简化，简单化才是真正的进步，大道至简，这也是 HTML5 受欢迎并大有前途的原因之一。不过，现在还有多种媒体格式，所以你仍然需要熟知各种能够被 HTML5 支持的媒体格式，并了解各浏览器目前对这些格式的兼容性问题。

不论是音频文件还是视频文件，实际上都是容器文件，这点类似于压缩了一组文件的 ZIP 文件。视频文件(视频容器)包含音频轨道、视频轨道和其他一些元数据。视频播放时，音频轨道和视频轨道绑定在一起。元数据部分包含视频的封面、标题、子标题、字母等相关信息。

音频和视频的编解码器是一组算法，用来对一段特定音频或视频流进行解码和编码，以便音频和视频能够播放。原始的媒体文件体积非常大，如果不进行编码，构成一段视频和音频的文件就非常大，在互联网上传播需要耗费大量时间。如果没有解码器，接收方就不能把

编码过的数据重组为原始的媒体数据。编解码器可以读懂特定的容器格式，并且对其中的音频轨道和视频轨道解码。

6.1.1　关于编解码器

音频文件和视频文件其实只是容器文件，其中包含音频和视频的音频轨道、视频轨道和其他元数据。元数据可以是音频或视频的标题、子标题、作者、艺术家、字母等信息。

编解码器的作用是读取特定的容器格式，并对其中的音频和视频轨道进行解码，然后实现播放。大多数编码器对原始音频和视频文件进行了有损压缩，以求得更小的文件大小和更高的压缩比。无损压缩文件大，因此在互联网中没什么优势。

6.1.2　音频编解码器

这里主要介绍几种常用的音频编解码器。

1. AAC(Advanced Audio Coding，高级音频编码)

AAC 于 1997 年标准化，基于 MPEG-2 音频编码技术，当时苹果将其作为 iTunes 的默认存储格式，因此得以举世闻名并广泛应用。

AAC 可以按任意比特率进行编码，通常情况下压缩比为 18:1，比 MP3 胜出很多。MP3 只能将比特率限制在一定范围内。理论上，AAC 能够编码高达 48 个声道，而且支持自定义多个配置文件，以适应不同配置的计算机和不同速率的网络环境。如果使用高配，则能够在相同比特率下提高音质，但也意味着编解码比较费时。

目前，苹果产品、索尼产品、索尼 Walkman、任天堂 NDSi 和魅族手机等 MP3 播放器都支持 AAC。此外，计算机上如果安装过 AAC 解码器，那么很多音乐播放软件也都能支持 AAC。AAC 在移动电话领域得到普遍支持。

2. MPEG-1 音频层 3

MPEG-1 音频层 3 经常被称为 MP3，是比较流行的一种音频格式，是一种数字音频编码的有损压缩格式，可以减少音频数据量，但听觉效果并不比原始音频有明显下降，因此被广泛应用在互联网中。注意，MPEG-1 音频层 3 并非 MPEG-3。

MP3 最多支持两个声道，可以被编码为不同的比特率，范围为 32Kbps～320Kbps，典型的比特率介于 128Kbps～320Kbps，而 CD 上未压缩的音频比特率为 1411.2Kbps。MP3 可以在文件编码时动态改变比特率，即使用"可变码率"技术，在声音变小的部分使用较小的比特率，在声音变化较大的部分使用较大的比特率，方法是将音频切分为比特率不同的帧。

MP3 并未规定精确的编码规范，但详细地定义了解码算法和文件格式。因此，尽管编码方式很多，但都可以使用同一播放器解码。

3. Ogg Vorbis

Ogg 指的是一种文件格式或"容器"，自由且开放标准，在其中可以放入各种编码器。Oggi Vorbis 指的就是将 Vorbis 编码的音效包含在 Ogg 容器中之后形成的格式。后来 Oggi 通常指 Ogg Vorbis 这种音频文件格式，而在此之前，.ogg 这一扩展名被用在任何 Oggi 支持格式的内容中，2007 年才决定只留给 Vorbis 使用。

4. WAV

WAV 为微软公司开发的一种声音文件格式，符合 RIFF(Resource Interchange File Format) 文件规范，用于保存 Windows 平台的音频信息资源，被 Windows 平台及其应用程序广泛支持，该格式也支持 MSADPCM、CCITT A LAW 等多种压扩算法，支持多种音频数字、取样频率和声道。标准格式化的 WAV 文件和 CD 格式一样，也采用 44.1Kbps 的取样频率，16 位量化数字，因此声音文件的质量和 CD 相差无几。

总的来说，WAV 格式音质最好，但是文件体积较大；MP3 压缩率较高，普及率高，音质相比 WAV 要差；Ogg 与 MP3 在相同位速率编码的情况下，Ogg 体积更小，并且 Ogg 是免费的，不用交专利费。

6.1.3 视频编解码器

1. H.264

H.264 是由国际电信联盟(ITU-T)的视频编码专家组和 ISO/IEC 的 MPEG(活动图像编码专家组)联合组成的联合视频组开发的一个数字视频编码标准。

国际上制定视频编解码技术的组织有两个：一个是国际电信联盟(ITU-T)，它制定的标准有 H.261、H.263、H.263+等；另一个是国际标准化组织(ISO)，它制定的标准有 MPEG-1、MPEG-2、MPEG-4 等。H.264 则是由这两个组织联合组建的联合视频组(JVT)共同制定的新的数字视频编码标准，所以它既是 ITU-T 的 H.264，又是 ISO/IEC 的 MPEG-4 高级视频编码(Advanced Video Coding，AVC)的第 10 部分。因此，不论是 MPEG-4 AVC、MPEG-4 Part 10，还是 ISO/IEC 14496-10，都是指 H.264。

H.264 是在 MPEG-4 技术基础之上建立起来的，其编解码流程主要包括 5 个部分：帧间和帧内预测(Estimation)、变换(Transform)和反变换、量化(Quantization)和反量化、环路滤波(Loop Filter)、熵编码(Entropy Coding)。

H.264 标准与其他现有的视频编码标准相比，在相同的带宽下能提供更加优秀的图像质量。H.264 最大的优势是具有很高的数据压缩比率，在同等图像质量的条件下，H.264 的压缩比是 MPEG-2 的两倍以上，是 MPEG-4 的 1.5~2 倍。正因为如此，经过 H.264 压缩的视频数据，在网络传输过程中需要的带宽更少，也更加经济。因此，H.264 被广泛应用于光盘存储、数字电视、网络电视、通信与多媒体方面。

2. Ogg Theora

21 世纪初，On2 公司将 VP3 放入了公共领域。Theora 对 VP3 做了大量改进，最后形成了一种完全免费、完全开源的视频格式。

Theora 是开放且免费的视频压缩编码技术，由 Xiph 基金会发布。作为该基金会 Ogg 项目的一部分，从 VP3 HD 高清到 MPEG-4/DiVX 格式都能够被 Theora 很好地支持。使用 Theora 无需任何专利许可费。Firefox 和 Opera 通过新的 HTML5 元素提供对 Ogg/Theora 视频的原生支持。

相对于 H.264 格式，Theora 的优势在于没有所谓的专利授权费，同时性能也和 H.264 不相上下。在这个专利大战满天飞的时代，似乎 Theora 是多快好省的选择，但事实却比较残酷。正是由于 Theora 完全免费、完全开源，导致没有领导地位的厂商支持，造成很多厂商对 Theora

未来不确定性疑虑的加剧。与终端厂商不同，消费者根本不会关心要看的视频是 H.264 还是 Theora 的，他们只关心视频能不能播放。微软和苹果是 H.264 的专利持有人，没有任何理由让微软的 IE 浏览器和苹果的 iOS 设备去支持 Theora，而视频分享网站为了自己的利益也无法大规模使用。最后，Theora 成了"瓷器"。

正是缘于 Theora 免费、开源带来的压力，2010 年下半年 H.264 专利公司 MPEG-LA 公司宣布 H.264 永久免费，未来不会再收取专利费。HTML5 时代最终以 Theora 被牺牲的惨痛代价换来了短暂的统一。

3. VP8

VP8 由 On2 公司于 2008 年 9 月 13 日推出，目的是取代其前任 VP7 视频编解码器。2009 年 Google 收购 On2 公司，于 2010 年 5 月 19 日宣布将 VP8 以 BSD 许可证的形式开源，从此以后，VP8 便成了一个免版权费、可自由使用的技术，任何使用都不受专利限制。从这时候起，Google 也开始启动 WebM 项目，目标是构建一种开放且免版权费的视频文件格式，提供高质量的视频压缩以适应 HTML5 的需要。WebM 项目采用 VP8 视频编解码器和 Vorbis 音频编解码器，其封装格式以 Matroska 格式为基础。

6.2　浏览器音视频支持检测

HTML5 一开始想要统一音视频编解码器，现在放弃了对编码器的要求，开发人员能够做的就是熟悉各种浏览器的支持情况，针对不同的浏览器环境对媒体文件进行重编码。因此，在 HTML5 中使用音频和视频之前，需要先检测浏览器对音频格式和视频格式的支持情况。

HTML5 audio 元素支持的格式有 WAV、MP3 和 Ogg，各大浏览器的支持情况如表 6-1 所示。

表 6-1　不同浏览器对 audio 元素的支持情况

浏览器	MP3	WAV	Ogg
Internet Explorer 9+	√	×	×
Chrome 6+	√	√	√
Firefox 3.6+	√	√	√

不同浏览器对 HTML5 video 元素的支持情况如表 6-2 所示。

表 6-2　不同浏览器对 video 元素的支持情况

浏览器 ｜ 影音格式	Ogg Theora	MP4(H.264)	WebM
Microsoft Internet Explorer 9	×	√	×
Mozilla Firefox 5+	√	×	√
Google Chrome 13+	√	√	√
Apple Safari 5+	×	√	×
Opera 11+	√	×	√

在 HTML5 下检测浏览器是否支持 audio 或 video 元素，最简单的方式是用脚本动态创建它，然后检测特定函数是否存在。

```
var hasVideo = !!(document.createElement('video').canPlayType);
```

上述语句会动态创建一个 video 元素，然后检查 canPlayType 函数是否存在。通过"!!"

运算符将结果转换成布尔值，即可检测视频对象是否已创建成功。

如果检测结果是浏览器不支持 audio 或 video 元素，那么需要针对这些旧的浏览器触发另外一套脚本来向页面中引入媒体标签，如使用 F1ash 等其他播放技术来替代。

另外，可以在 audio 或 video 元素中放入备选内容，如果浏览器不支持该元素，这些备选内容就会显示在元素对应的位置。可以把以 Flash 插件方式播放同样视频的代码作为备选内容。如果仅仅想显示一条文本形式的提示信息替代本应显示的内容，可在 audio 或 video元素中按下面这样插入信息，代码如下：

```
<video src="video.ogg" controls>
        您的浏览器不支持 HTML5 video 元素。
</video>
```

如果要为不支持 HTML5 媒体的浏览器提供可选方式来显示视频，可以使用相同的方法，将以插件方式播放视频的代码作为备选内容，放在相同的位置即可，代码如下：

```
<video src="video.ogg">
    <object data="videoplayer.swf" type="application/x-shockwave-flash">
      <param name="movie" value="video.swf"/>
    </object>
</video>
```

在 video 元素中嵌入显示 Flash 视频的 object 元素之后，如果浏览器支持 HTML5 视频，那么 HTML5 视频会优先显示，Flash 视频作为后备。不过在 HTML5 被广泛支持之前，可能需要提供多种视频格式。

【例 6-1】　以下代码检测 Chrome 浏览器对常用音视频格式的支持情况。

```
<head>
        <meta charset="UTF-8">
        <title>音视频支持检测</title>
        <script type="text/javascript">
            function checkAudio(){
                var myAudio = document.createElement('audio');
                if(myAudio.canPlayType){
                    if(""!=myAudio.canPlayType('audio/mpeg')){
                        document.write("您的浏览器支持 MP3 编码。<br />");
                    }
                    if(""!=myAudio.canPlayType('audio/ogg;codecs="vorbis"')){
                        document.write("您的浏览器支持 ogg 编码。<br />");
                    }
                    if(""!=myAudio.canPlayType('audio/mp4;codecs="mp4a.40.5"')){
                        document.write("您的浏览器支持 aac 编码。<br />");
                    }
                }else{
                    document.write("您的浏览器不支持要检测的音频格式。");
                }
            }

            function checkVedio(){
                var myVideo = document.createElement("video");
                if(myVideo.canPlayType){
```

```
        if(""!=myVideo.canPlayType('video/mp4;codecs="avc1.64001E"')){
            document.write("您的浏览器支持 h264 编码。<br />");
        }
        if(""!=myVideo.canPlayType('video/ogg;codecs="vp8"')){
            document.write("您的浏览器支持 vp8 编码。<br />");
        }
        if(""!=myVideo.canPlayType('video/ogg;codecs="theora"')){
            document.write("您的浏览器支持 theora 编码。<br />");
        }
    }else{
        document.write("您的浏览器不支持要检测的视频格式。");
    }
}
window.onload=function(){
    checkAudio();
    checkVedio();
}
</script>
</head>
<body>
</body>
```

本书使用的 Chrome 浏览器的版本是 44.0.2403.157，运行以上程序，可以看到该版本浏览器对常用音视频格式的支持情况，效果如图 6-1 所示。

图 6-1　Chrome 浏览器对常用音视频格式的支持情况

6.3　audio 与 video 元素

本节主要介绍 HTML5 中 audio 和 video 元素的使用。顾名思义，前者支持音频播放，后者支持视频播放。

6.3.1　audio 元素

目前仍然不存在一项旨在网页上播放音频的标准。在 HTML5 之前，大多数音频是通过插件(如 Flash)来播放的。然而，并非所有浏览器都拥有同样的插件。因此，HTML5 规定了在网页上嵌入音频元素的标准，即使用 audio 元素。

1. audio 元素的使用格式

audio 元素的使用格式如下：

```
<audio controls>
    <source src="horse.ogg" type="audio/ogg">
```

```
        <source src="horse.mp3" type="audio/mpeg">
        <source src="horse.wav" type="audio/wav">
            您的浏览器不支持 audio 元素。
    </audio>
```

运行上述代码,audio 元素的运行效果如图 6-2 所示。

可见, controls 属性供添加播放、暂停和音量控件。audio 元素允许使用多个 source 元素。source 元素可以链接不同的音频文件,浏览器将使用第一个支持的音频文件。需要注意的是, 最好在<audio>与</audio>之间插入浏览器不支持 audio 元素的提示文本。

图 6-2　audio 元素的运行效果

2. audio 元素的常用方法

audio 元素提供了一些常用方法, 主要用来控制音频的加载、播放、暂停、播放时间等,这些方法如表 6-3 所示。

表 6-3　audio 元素的常用方法

方法	描述
addTextTrack	向音频添加新的文本轨道
canPlayType	检查浏览器是否能够播放指定的音频类型
fastSeek	在音频播放器中指定播放时间
getStartDate	返回新的 Date 对象, 表示当前时间线偏移量
load	重新加载音频元素
play	开始播放音频
pause	暂停当前播放的音频

3. audio 元素的常用属性

audio 元素提供了一些常用属性,主要用来获取音频的相关信息,这些属性如表 6-4 所示。

表 6-4　audio 元素的常用属性

属性	描述
audioTracks	返回表示可用音频轨道的 AudioTrackList 对象
autoplay	设置或返回是否在就绪(加载完成)后随即播放音频
buffered	返回表示音频已缓冲部分的 TimeRanges 对象
controller	返回表示音频当前媒体控制器的 MediaController 对象
controls	设置或返回音频是否应该显示控件(比如播放/暂停等)
crossOrigin	设置或返回音频的 CORS(跨域资源共享)设置
currentSrc	返回当前音频的 URL
currentTime	设置或返回音频中的当前播放位置(以秒计)
defaultMuted	设置或返回音频默认是否静音
defaultPlaybackRate	设置或返回音频的默认播放速度
duration	返回音频的长度(以秒计)
ended	返回音频的播放是否已结束
error	返回表示音频错误状态的 MediaError 对象
loop	设置或返回音频是否应在结束时再次播放
mediaGroup	设置或返回音频所属媒介组合的名称

(续表)

属性	描述
muted	设置或返回是否关闭声音
networkState	返回音频的当前网络状态
paused	设置或返回音频是否暂停
playbackRate	设置或返回音频播放的速度
played	返回表示音频已播放部分的 TimeRanges 对象
preload	设置或返回音频的 preload 属性的值
readyState	返回音频当前的就绪状态
seekable	返回表示音频可寻址部分的 TimeRanges 对象
seeking	返回用户当前是否正在音频中进行查找
src	设置或返回音频的 src 属性的值
textTracks	返回表示可用文本轨道的 TextTrackList 对象
volume	设置或返回音频的音量

6.3.2 video 元素

和音频一样，直到现在也不存在一项旨在网页上显示视频的标准。过去大多数视频是通过插件(比如 Flash)来显示的，并非所有浏览器都拥有同样的插件。HTML5 规定了一种通过 video 元素来包含视频的标准方法。

video 元素的使用格式如下：

```
<video width="320" height="240" controls>
    <source src="movie.mp4" type="video/mp4">
    <source src="movie.ogg" type="video/ogg">
    您的浏览器不支持 HTML5 video 元素。
</video>
```

video 元素在浏览器中的运行效果如图 6-3 所示。可见，video 元素的使用格式和 audio 元素的使用格式非常相似，并且也是通过 source 元素来组织视频文件资源。video 元素提供播放、暂停和音量控件来控制视频，同时提供 width 和 height 属性来控制视频的尺寸。如果设置了高度和宽度，那儿所需的视频空间会在页面加载时保留。如果没有设置这些属性，浏览器不知道大小的视频，浏览器就不会在加载时保留特定的空间，页面会根据原始视频的大小而改变。

图 6-3 video 元素的运行效果

另外，在<video>与</video>标签之间插入的内容被提供给不支持 video 元素的浏览器显示。

video 元素拥有和 audio 元素类似的方法、属性和事件。video 元素的方法、属性和事件也可以使用 JavaScript 进行控制。其中，video 元素的方法用于播放、暂停以及加载等控制；属性用于读取或设置视频的时长、音量等。可以通过 DOM 事件通知 video 元素开始播放、已暂停、已停止等。

video 元素支持的常用方法有 play、pause、load、canPlayType 等，含义与 audio 元素的相同。

video 元素的常用属性如表 6-5 所示。

表 6-5　video 元素的常用属性

属性	值	描述
autoplay	autoplay	如果出现该属性，那么视频在就绪后马上播放
controls	控件	如果出现该属性，那么向用户显示控件，比如播放按钮
height	像素	设置视频播放器的高度
loop	Loop	如果出现该属性，那么在媒体文件完成播放后再次开始播放
preload*	preload	如果出现该属性，那么视频在页面加载时进行加载，并预备播放。如果使用"autoplay"，那么忽略该属性
src	URL	要播放视频的 URL
width	像素	设置视频播放器的宽度
poster	图片	当视频不可用时，可以使用 image 元素向用户展示一幅图片作为替代
error	MediaError	在视频播放出现错时返回一个 MediaError 对象，该对象的 code 返回对应的错误状态，取值有：MEDIA_ERR_ABORTED(数字 1)、MEDIA_ERR_NETWORK(数字 2)、MEDIA_ERR_DECODE(数字 3)和 MEDIA_ERR_SRC_NOT_SUPPORTED(数字 4)
networkState	数字	读取当前网络的状态，可取值为 NETWORK_EMPTY(数字 0)、NETWORK_IDLE(数字 1)、NETWORK_LOADING(数字 2)和 NETWORK_NO_SOURCE(数字 3)
buffered	对象	确认浏览器是否已缓存媒体数据
readyState		返回当前播放位置的就绪状态
seeking	布尔值	浏览器是否正在请求某一特定播放位置的数据

除了表 6-5 中列出的属性，还有一些与 audio 元素的属性及含义相同，不再赘述。

另外，和 audio 元素相同，video 元素也拥有 play、pause、load、canPlayType 方法。另外，还拥有常用事件 play、pause、progress、error、timeupdate、ended、abort、empty、emptied、waiting、loadedmetadata 等。

6.4　综合实战

本节将通过两个示例演示如何使用 audio 和 video 元素，并通过使用 JavaScript 脚本控制多媒体播放，以巩固前面所学的理论知识。

6.4.1　用脚本控制音乐播放

audio 元素一般都提供默认的播放控制界面。但在实际项目中，很多时候需要对播放控制界面进行自定义。这时可创建一个隐藏的 audio 元素，即不设置 controls 属性，或将其值设置为 false，然后用自定义的播放控制界面来控制音频的播放。

【例 6-2】　自定义 audio 元素的播放控制界面。

```
<!DOCTYPE html>
<html>
 <head>
     <meta http-equiv="Content-Type" content="text/html; charset=utf-8">
     <style type="text/css">
         body {
             background: url(images/bg.jpg) no-repeat;
```

```
                }

                #playBtn {
                        position: absolute;
                        left: 311px;
                        top: 293px;
                }
        </style>
</head>
<title>audio 元素实战</title>
<audio id="audio1">
    <source src="audio/2.ogg">
    <source src="audio/2.mp3">
</audio>
<button id="playBtn" onclick="playBtnSound()">播放</button>
<script type="text/javascript">
        function playBtnSound() {
                var audio1 = document.getElementById("audio1");
                var playBtn = document.getElementById("playBtn");
                if (audio1.paused) {
                        audio1.play();
                        playBtn.innerHTML = "暂停";
                } else {
                        audio1.pause();
                        playBtn.innerHTML = "播放";
                }
        }
</script>
</html>
```

运行以上程序，效果如图 6-4 所示。

图 6-4　自定义 audio 元素的播放控制界面

在上面的示例中，首先隐藏了默认的播放控制界面，也没有将其设置为加载后自动播放，而是创建了一个具有切换功能的控制按钮，通过脚本来控制音频的播放，代码如下：

```html
<button id="playBtn" onclick="playBtnSound()">播放</button>
```

按钮在初始化时，显示为"播放"按钮，用户单击它即可播放音频，这时"播放"按钮将变成"暂停"按钮；当单击"暂停"按钮时，音频停止播放，"暂停"按钮变成"播放"按钮。

```javascript
function playBtnSound() {
    var audio1 = document.getElementById("audio1");
    var playBtn = document.getElementById("playBtn");
    if (audio1.paused) {
        audio1.play();
        playBtn.innerHTML = "暂停";
    } else {
        audio1.pause();
        playBtn.innerHTML = "播放";
    }
}
```

6.4.2　用脚本控制视频播放

本例将演示如何通过脚本来控制视频的播放。当页面加载时，默认不播放视频文件。用户可以通过单击界面上显示的"播放/暂停"按钮控制视频文件的播放和暂停，还可以通过单击"放大""缩小""普通"按钮控制视频显示界面的大小。

【例6-3】　通过脚本控制视频的播放和暂停，并控制视频显示界面的大小。

```html
<body>
    <div style="text-align:center">
        <button onclick="playPause()">播放/暂停</button>
        <button onclick="makeBig()">放大</button>
        <button onclick="makeSmall()">缩小</button>
        <button onclick="makeNormal()">普通</button>
        <br>
        <video id="video1" width="420">
            <source src="video/mov_bbb.mp4" type="video/mp4">
            <source src="video/mov_bbb.ogg" type="video/ogg"> 您的浏览器不支持 HTML5
video 标签。
        </video>
    </div>
    <script>
        var myVideo = document.getElementById("video1");
        function playPause() {
            if (myVideo.paused)
                myVideo.play();
            else
                myVideo.pause();
        }

        function makeBig() {
            myVideo.width = 560;
```

```
        }

        function makeSmall() {
            myVideo.width = 320;
        }

        function makeNormal() {
            myVideo.width = 420;
        }
    </script>
</body>
```

运行以上程序，效果如图 6-5 所示。

图 6-5　通过按钮控制视频文件的播放

当单击"播放/暂停"按钮时，将会调用 playPause 方法。脚本判断视频当前状态是否为暂停状态，如果是，就切换到视频播放状态，反之则暂停视频的播放：

```
if (myVideo.paused)
    myVideo.play();
else
    myVideo.pause();
```

当单击"放大""缩小"或"普通"按钮时，将通过 video 元素的 width 属性来控制视频播放界面的大小。

6.5　为音频或视频添加字幕

IE10 率先对 HTML5 video 字幕给予内置的支持，而且还支持多语言，可任意切换。

6.5.1　track 元素的基础知识

在 HTML5 中，可以使用 track 元素在使用 video 元素播放的视频或使用 audio 元素播放的音频中添加字幕、标题或章节等文字信息。

　　track 元素允许开发者为了使用字幕、章节标题、说明文字或元数据等附加信息而为 video 或 audio 元素指定媒体轨道。换句话说，track 元素允许开发者沿着 audio 元素所使用音频文件中的时间轴或 video 元素所使用视频文件中的时间轴，指定时间同步的文字资源。在 track 元素中，使用内部包含一系列时间标记的文本文件，这些时间标记可以包含诸如 JSON 或 CSV 之类格式的数据。这些时间标记非常有用，可以通过它们实现深层链接与媒体导航，或根据媒体的播放时间执行界面上的一些自动变化或实现脚本代码中的自动处理。

　　track 元素是一个空元素，其开始标签与结束标签之间并不包含任何内容，必须被书写在 video 或 audio 元素的开始标签和结束标签之间。也就是说，track 元素必须是 video 或 audio 元素的一个子元素。如果使用 source 元素，那么 track 元素必须被书写在 source 元素之后。

6.5.2　track 元素的各种属性

　　在 HTML5 中，允许对 track 元素使用任何全局属性。track 元素本身拥有 default、src、srclang 和 kind 属性。

1. default 属性

　　default 属性用于通知浏览器在用户没有选择使用其他字幕文件时可以使用这个 track 文件。default 属性的取值为布尔值，使用方法如下：

```
<video>
  <source src="video/mov_bbb.mp4"></source>
  <track src="captions.vtt" default />
  <p>您的浏览器不支持 video 元素</p>
</video>
```

2. src 属性

　　src 属性为必需属性，用于指定字幕文件的存放路径。存放路径可以是绝对 URL 路径，也可以是相对 URL 路径。绝对 URL 路径中包含用于在服务器上寻找字幕文件所需要使用的完整路径信息，如 http://www.laimeiyan.com/subtitles.srt。相对 URL 路径是相对于服务器根目录而言的路径，通常相对 URL 路径中不需要书写域名和端口号，例如/subtitles.srt。

3. srclang 属性

　　srclang 属性用来指定字幕文件的语言，属性值是一种有效的 BCP47 语言。

　　在 srclang 属性的属性值中，每一种语言可以由一个或两个由数字 0~9、字母 a~z 和字母 A~Z 组成的部分构成。当由两部分组成时，这两部分之间使用连字符"-"进行分隔。例如，fr-CA 由代表法语的 fr 及代表加拿大地区的 CA 组成，也就是说，fr-CA 代表加拿大地区所用法语。

　　在指定 srclang 属性的值时，不区分大小写。通常使用小写字母书写代表语言的部分，使用大写字母书写代表地区的部分。

　　在 track 元素中使用 srclang 属性的语法格式如下：

```
<video>
  <source src="video.ogv"></source>
  <track src="captions.vtt" srclang="zh-Hans" />
  <p>您的浏览器不支持 video 元素</p>
</video>
```

4. kind 属性

kind 属性用于指定字幕文件的种类，即用于存放字幕、章节标题、说明文字或元数据的文件。kind 属性的取值有：subtitles、captions、descriptions、chapters 和 metadata。这些属性值的含义如下：

- subtitles：该属性值表示字幕是对视频或音频文件中的声音进行翻译或解释的结果，即用于用户听不懂的声音，例如外语电影中的对白。当 video 元素中的电影被播放时，在 video 元素的底部将显示针对这些对白进行的同步翻译字幕。
- captions：该属性值表示字幕为对白、声音特效、相关音乐提示等，以及 video 或 audio 元素中的其他音频信息。该属性值专用于用户听不见这些声音的场合，例如在用户有听力障碍或者音频播放设备处于静音模式的场合。captions 属性通常用在 video 元素中。
- descriptions：该属性值表示字幕是对视频中可视内容提供的声音描述。也就是说，该属性值通常用于用户看不见可视内容的场合，例如有视觉障碍或当用户在没有屏幕的设备上播放视频文件时。该属性通常将一段独立的音频数据和 video 元素中的视频数据合成在一起。
- chapters：该属性值表示字幕为章节标题，所以通常被用在对视频文件或音频文件进行导航时。在浏览器中，该属性值通常起到导航菜单的作用。
- metadata：该属性值表示字幕为针对视频或音频提供的元数据内容，即该属性值通常用于被 JavaScript 等脚本语言调用。该属性值指定的内容通常不被显示在浏览器中。

当不对 track 元素使用 kind 属性的时候，kind 属性的默认值为 subtitles。

通常将字幕文件命名为与 video 或 audio 元素所使用视频文件或音频文件相同的文件名，这是一种好习惯，因为许多浏览器中的音频播放器或视频播放器将自动寻找和音频文件或视频文件相同的字幕文件并自动加载。例如，有一个 move.avi 视频文件，需要为该视频文件提供中文字幕，可以将字幕文件命名为 movie.srt 或 movie_zh-Hans.srt(zh-Hans 表示在 track 文件中显示简体中文)。

需要注意的是，在同一个 video 或 audio 元素中，不允许有两个相同 kind 属性值或不使用 kind 属性值的 track 元素，也不允许有两个相同 srclang 属性值或不使用 srclang 属性值的 track 元素，还不允许有两个相同 label 属性值或不使用 label 属性值的 track 元素。

在 track 元素中使用 kind 属性并且将该属性的值指定为 subtitles，代码如下：

```
<video>
    <source src="video.ogv">
        <track kind="subtitles" src="subtitles.vtt" />
        <p>您的浏览器不支持 video 元素</p>
    </source>
</video>
```

6.5.3　WebVTT 文件

1. WebVTT 概述

WebVTT 是 HTML5 视频外挂字幕的英文简称(Web Video Text Track，网络视频文本轨道)，是以.vtt 结尾的纯文本文件，允许开发人员标记外部文字轨道。该文件包含以下几种视频信息：

- 字幕(subtitles)：关于对话的转译或翻译。
- 标题(captions)：类似于标题，但是还包括音响效果和其他音频信息。
- 说明(description)：预期为一个单独的文本文件，通过屏幕阅读器描述视频。
- 章节(chapters)：旨在帮助用户浏览整个视频。
- 元数据(metadata)：默认不打算展示给观众的、和视频有关的信息及内容，但是可以使用 JavaScript 来访问。

在 HTML5 中，可以通过 track 元素对 WebVTT 文件进行引用，这意味着可以为音频或视频等媒体资源提供诸如字幕、标题或描述等信息，并将这些信息同步显示在媒体资源中。

2. WebVTT 文件的内容

WebVTT 文件是一种文本文件，使用 UTF-8 编码，并使用 HTML5 标准中指定的格式。下面是一个标准的 WebVTT 文件示例：

```
WebVTT

1
00:00:13.000 --> 00:00:16.100
I heard about this arduino project, and I saw it online

2
00:00:16.100 --> 00:00:20.100
- and I said 'Wow! a lot of people are starting to talk about this.
I should check it out!
```

从以上示例可知，WebVTT 文件的内容的由一些 WebVTT 标记 cue 组成，标记与标记之间用行分隔符分开。可以在 WebVTT 标记中书写一些文字或一个媒体文件的文字内容例如一行歌词，以及这些内容呈现的时间范围。每一个标记 cue 可以有一个唯一标识符 id；每一个 cue 是以箭头分隔的开始时间和结束时间(如示例中的 00:00:13.000 --> 00:00:16.100)，cue 对应的文本在时间的下一行(如示例中的 I heard about this arduino project, and I saw it online)。cue 的时间格式为 hours:minutes:seconds:milliseconds，时、分、秒必须为两位数字，不足位时以 0 填补，毫秒必须是 3 位数字。WebVTT 文件的格式可以通过一些校验器进行校验，如 Live WebVTT Validator 等。

需要注意的是，当在有些服务器上使用 WebVTT 文件时，可能需要定义内容类型，例如在 Apache 服务器上应该进行如下定义：

```
<Files mysubtitle.vtt>
  ForceType text/vtt;charset=utf-8
</Files>
```

3. 设置字幕样式

在 WebVTT 文件中，可以对字幕样式进行设置，主要通过内联样式来实现，示例如下：

```
WebVTT

1
00:00:13.000 --> 00:00:016.100
Ich hörte von dieser <c.red.caps>arduino</c> Projekt, und ich sah es online -
```

```
2
00:00:16.100 --> 00:00:20.100
- und ich sagte "<b>Wow!</b> eine Menge Leute fangen an, darüber zu reden.
Ich <i>check it out</i>!"
```

这样的内联样式也成为 WebVTT 标记组件，可以使用这些标记组件在标记文字中添加更多信息。这些标记组件和 HTML 元素一样，可以用于对标记文字添加语义和样式。常用的组件如下：

- c：用来指定 CSS 样式类名，以 c.为前缀，例如<c.className>标记文字</c>。
- i：指定斜体文字。
- b：指定粗体文字。
- u：指定下画线文字。
- ruby：与 HTML5 中的 ruby 元素类似。通过这个组件，可以指定一个或更多个 rt 元素。
- v：指定标记被讲述时的讲话者标签。例如<v Tan>可以用来添加字幕</v>。注意讲话者标签不会被显示，它只是一个样式标签。

4. 为字幕设置位置

在 WebVTT 文件中，可以对位置进行设置。位置设置可以写在时间的同一行，示例如下：

```
WebVTT

00:00:05.000 --> 00:00:08.040 A:middle L:10%
I dabble? Listen to me. What a jerk.

00:00:05.000 --> 00:00:08.040 A:middle L:60%
Yeah, I sort of dabble around,
you know.
```

5. 章节 chapters 解释

章节 chapters 解释的语法和字幕类似，示例如下：

```
chapter-1
00:00:00.000 --> 00:00:18.000
Introductory Titles

chapter-2
00:00:18.001 --> 00:01:10.000
The Jack Plugs

chapter-3
00:01:10.001 --> 00:02:30.000
Robotic Birds
```

在使用的时候，需要设置 kind ='chapter'，目前主流浏览器对 chapters 的支持不太完善，最好的办法是采用自定义界面。一般自定义界面需要提供以下特性：

- 展示章节列表
- 允许用户选择章节
- 播放时高亮当前选择的章节

可以通过如下方式实现这些特性：

```
<video src="sintel.mp4">
  <track kind="chapter"
          label="Chapters"
          src="sintel_chapters.vtt" srclang="en"
          onload = "displayChapters(this)"></track>
</video>

function displayChapters(trackElt){
    if((trackElt) && (textTrack = trackElt.track)){
        if(textTrack.kind === "chapters"){
            // 不显示字幕
            textTrack.mode = 'hidden';
            var chapterBlock = document.getElementById("chapters");
            // cues 列表
            for (var i = 0; i < textTrack.cues.length; ++i) {
                var cue = textTrack.cues[i];
                var chapterName = cue.text;
                var start = cue.startTime;
                // 实现选择 chapters 解释的逻辑
                ....
            }
        }
    }
}
```

6. WebVTT 实现

在 HTML5 中可通过 video 元素的子元素 track 来引用 WebVTT 文件，实现字幕的显示，代码如下：

```
<video controls>
  <source src="video.mp4"   type="video/mp4">
  <source src="video.webm" type="video/webm">
  <track label="English Captions"   kind="captions"   srclang="en" src="video_cc_en.vtt">
  <track label="German Subtitles"   kind="subtitles"   srclang="de" src="video_sub_de.vtt">
  <track label="French Subtitles"   kind="subtitles"   srclang="fr"   src="video_sub_fr.vtt">
  <track label="English Descriptions" kind="descriptions" srclang="en" src="video_audesc_en.vtt">
  <track label="Chapters"   kind="chapters" srclang="en" src="video_chapters_en.vtt">
</video>
```

6.6　本章小结

HTML5 新增的 audio 和 video 元素，让 HTML5 的媒体应用多了新的选择，开发人员不必使用插件就能播放音频和视频，这给插件或工具带来了巨大冲击，目前 Web 应用开发中音频和视频的播放已基本脱离了插件。对于这两个元素，HTML5 规范提供了通用、完整、可脚本化控制的 API 供开发人员使用。

本章讨论了如何在 HTML5 中实现音频和视频的播放及控制，首先介绍了编解码器的基础知识、音频编解码器、视频编解码器；然后介绍了如何使用 HTML5 的两个重要元素——

audio 和 video 来创建支持音频和视频播放及控制功能的 Web 应用和 APP；接着，演示了如何通过 API 编程的方式来控制页面中的音频和视频；最后探讨了 HTML5 audio 和 video 元素在实际项目中的应用，以及如何为音频和视频添加字幕。

6.7　思考和练习

1. 简述编解码器的作用。常见的音频和视频解码器有哪些？
2. audio 元素的作用是什么？如何在页面中使用 audio 元素。
3. video 元素的作用是什么？如何在页面中使用 audio 元素
4. 简述 track 元素在音频和视频播放中的作用。
5. 如何通过 video 的子元素 track 来引用 WebVTT 文件，实现字幕的显示？请提供核心代码。

第7章 本地存储

过去，传统的客户端存储技术大多使用 Cookie 存储数据。但 Cookie 并不安全，用户常将浏览器的 Cookie 功能禁用，导致客户端不能直接读取文件，从而使客户端几乎没有任何有效的存储技术可言。因此，需要什么数据都要请求服务器，先获取到客户端，然后进行渲染。

大数据和智能科学的爆发，Web 技术的发展，使得人们考虑在安全性的基础上，为客户端提供多种有效的存储技术。HTML5 为客户端存储数据提出了理想的解决方案：如果想存储复杂的数据，可以使用 Web Database，该方法可以像客户端程序一样使用 SQL 语句对数据库进行操作；如果只是存储简单的键/值对，可以使用 Web 存储。本章将介绍 Web 存储和Web Database 的使用。

本章学习目标：
- 理解 Cookie 存储机制的优缺点，从而了解为什么要使用 Web 存储
- 掌握使用 Web 存储的方法，如检查浏览器的兼容性、设置和获取数据、防止数据泄露、监测 Web 存储事件等
- 掌握本地数据库的使用，包括本地数据库的基本概念、执行查询等。

7.1 Web 存储

Web 存储允许开发人员以键值对的形式将数据保存在客户端浏览器中。

7.1.1 Cookie 存储机制的优缺点

Cookie 是 HTML5 之前在客户端浏览器中信息存储的主要方式之一，它使用文本来存储信息，当有应用程序使用 Cookie 时，服务器端就会发送 Cookie 到客户端，客户端浏览器将其保存下来。下次发生页面请求时，客户端浏览器就会把 Cookie 发送到服务器。Cookie 最典型的应用是保存用户信息，如用户设置、密码等。

使用 Cookie 存储信息的优点有：简单易用，浏览器负责发送数据，且自动管理不同站点的 Cookie。

使用 Cookie 保存信息的缺点有：安全性差，存储容量只有 4KB，且存储的键值对数量有限；用户可以将浏览器设置为禁用 Cookie；另外，由于 Cookie 由请求来传递，因此传递大量数据时，效率显得极低。

7.1.2 为什么要用 Web 存储

Web 存储机制比传统的 Cookie 更加强大，弥补了 Cookie 的许多缺点，主要在两方面做了加强：第一，Web 存储提供了简单易用的 API 接口，只需设置键值即可；第二，在存储容量方面可以根据用户分配的磁盘配额进行存储，能够在每个用户域存储 5MB～10MB 的内容，

用户不仅可以存储会话，还可以存储许多信息，如设置偏好、本地化的数据和离线数据等。Web 存储还提供了使用 JavaScript 编程的接口，开发者可以使用 JavaScript 客户端脚本实现许多以前只能在服务器端才能完成的工作。

HTML5 的 Web 存储提供了 localStorage 和 sessionStorage 两种在客户端存储数据的方式。

- localStorage：这是一种没有时间限制的数据存储方式，可以把数据保存在客户端磁盘或其他存储器上，存储时间可以是一天、两天、几周或几年。浏览器关闭时数据并不会丢失，当再次打开浏览器时，依然可以访问这些数据。localStorage 用于持久化的本地存储，除非主动删除数据，否则数据永不过期。
- sessionStorage：这是针对会话的数据存储方式，也就是将数据保存在会话对象中。Web 中的会话指的是用户在浏览某个网站时，从进入网站到关闭浏览器所经过的时间，通常称为用户和浏览器进行交互的"会话时间"。session 对象用来保存这个时间段内所有要保存的数据，在用户关闭浏览器后，这些数据就会被删除。

sessionStorage 用于本地存储一个会话中的数据，只有处在同一个会话中的页面才能访问这些数据，并且当会话结束后数据也随之销毁。因此，这种存储方式不是一种持久化的存储方式，仅仅是会话级别的存储。

综上可知，localStorage 可以永久保存数据，而 sessionStorage 只能暂时保存数据。

7.1.3　Web 存储的优缺点

Web 存储的优点有以下几点：

- 存储空间更大：IE8 下每个独立的存储空间为 10MB，其他浏览器实现略有不同，但都比 Cookie 大很多。
- 存储内容不会发送到服务器：设置了 Cookie 后，Cookie 的内容会随着请求一并发送到服务器，这对于本地存储的数据是一种带宽浪费；而 We 存储中的数据仅仅存放在本地，不会与服务器发生任何交互。
- 更多丰富易用的接口：Web 存储提供了一套更为丰富的接口，使得数据操作更为简便。
- 独立的存储空间：每个域(包括子域)有独立的存储空间，各个存储空间是完全独立的，因此不会造成数据混乱。

Web 存储的不足之处在于：浏览器为每个域分配独立的存储空间，不同域的存储空间不能交叉访问，但是在域 B 中嵌入域 A 的脚本依然可以访问域 B 中的数据；存储在本地的数据未加密，容易造成隐私泄露。

7.2　使用 Web 存储

在使用 Web 存储时，需要先检查浏览器的支持性。只有在浏览器支持 Web 存储时，才能进行设置和获取数据的操作。

7.2.1　检查浏览器的支持性

并非所有的浏览器都支持 Web 存储，而且每种浏览器对 Web 存储的支持程度也不一样，因此在使用 Web 存储前，有必要检查浏览器的支持性以及对每种存储方式的支持程度。下面以示例来介绍如何检测浏览器对 Web 存储的支持性。

【例 7-1】　检查浏览器对 Web 存储的支持性。

```
<body>
    <script>
        if (typeof(Storage) == "undefined") {
            document.write("您的浏览器不支持 Web 存储");
        } else {
            document.write("您的浏览器可以使用 Web 存储");
        }
    </script>
</body>
```

运行以上程序，若浏览器支持 Web 存储，将输出"您的浏览器可以使用 Web 存储"；否则输出"您的浏览器不支持 Web 存储"。

7.2.2　设置和获取数据

使用 sessionStorage 设置和获取网页中的简单数据主要有两种方式：一种是 Set/Get 语法，一种是点语法。

● Set/Get 语法

设置数据的语法格式如下：

```
window.sessionStorage.setItem('myFirstKey','myFirstValue');
```

获取数据的语法格式如下：

```
alert(window.sessionStorage.getItem('myFirstKey'));
```

● 点语法

设置键值对的语法格式如下：

```
window.sessionStorage.myFirstKey='myFirstValue';
```

获取数据的语法格式如下：

```
alert(window.sessionStorage.myFirstKey);
```

需要注意的是，只要网页是同源的，基于相同的键，就能够在其他网页中获得设置在 sessionStorage 中的数据。但有时候，一个应用程序会用到多个标签页或窗口中的数据，或用到多个视图共享的数据，这种情况下，比较恰当的做法是使用 localStorage。localStorage 和 sessionStorage 的用法相同，唯一区别是访问它们的名称不同，分别通过 localStorage 和 sessionStorage 对象来访问。二者在行为上的差异主要是数据的保存时长和共享方式。localStorage 数据的生命周期要比浏览器和窗口的生命周期长，同时被同源的多个窗口或标签页共享；而 sessionStorage 数据只在构建它们的窗口或标签页中可见。

7.2.3　Web 存储的其他操作

除了设置和获取数据外，还可以对 Web 存储的对象执行以下操作：
● 获取对象的长度：使用 length 属性获取目前 Storage 对象中存储的键值对的数量。需要注意的是，Storage 对象是同源的，因此 Storage 对象的长度只反映同源情况下的长度。
● 获取指定位置的键：通过 key(index)方法获取指定位置的键。

- 删除数据项：通过 removeItem(key)删除数据项。如果数据存储在键参数下，调用此函数会将相应的数据项删除。如果键参数没有对应的数据，那么不会执行任何操作。
- 清除所有数据：通过 clear 函数删除存储列表中的所有数据。

7.2.4　监测 Web 存储事件

在 HTML5 中，可以通过 window 对象的 storage 事件进行监听并指定事件处理函数，从而定义当在其他页面中修改 sessionStorage 或 localStorage 中的值时所要执行的处理，代码如下：

```
window.addEventListener('storage',function(){
        //当 sessionStorage 或 localStorage 中的值发生变动时所要执行的处理
    },false);
```

在事件处理函数中，触发事件的事件对象(event 参数值)具有如下属性：

- event.key：属性值为在 sessionStorage 或 localStorage 中被修改的数据键值。
- event.oldValue：属性值为在 sessionStorage 或 localStorage 中被修改前的值。
- event.newValue：属性值为在 sessionStorage 或 localStorage 中被修改后的值。
- event.url：属性值为 sessionStorage 或 localStorage 中值的页面 URL 地址。
- event.storageArea：属性值为变动的 sessionStorage 或 localStorage 对象。

【例 7-2】　Web 存储事件监测示例。

storage2.html：该页面提供了一个输入框和一个按钮，当在输入框中输入一个值并单击"设置"按钮后，调用 setLocalStorage 方法将该值存储到 localStorage 的 test 对象中。

```
<head lang="en">
    <meta charset="UTF-8">
    <title>修改 webStorage 中的数据</title>
    <script>
        function setLocalStorage() {
            localStorage.test = document.getElementById("text1").value;
        }
    </script>
</head>
<body>
    请输入一些值：<input type="text" id="text1" />
    <button onclick="setLocalStorage()">设置</button>
</body>
```

storage.html：该页面只有一个 output 元素。当页面加载时，通过 window.addEventListener 添加事件监听，监听键为 test 的 localStorage 对象的值的变化情况，然后输出。

```
<head lang="en">
    <meta charset="UTF-8">
    <title>利用 storage 事件实时监视 webStorage 中的数据</title>
    <script>
        window.addEventListener('storage', function(event) {
            if (event.key == "test") {
                var output = document.getElementById("output");
                output.innerHTML = "原有值：" + event.oldValue;
                output.innerHTML += "<br/>新值：" + event.newValue;
```

```
                    output.innerHTML+ = "<br/>变动页面地址： " + utf8_decode(unEscape
                                (event.url));
                    console.log(event.storageArea);
                    //此行代码只在 Chrome 浏览器中有效
                    console.log(event.storageArea === localStorage); //输出 true
                }
        }, false);
        function utf8_decode(utfText) {
            var string = "";
            var i = 0;
            var c = c1 = c2 = 0;
            while (i < utfText.length) {
                c = utfText.charCodeAt(i);
                if (c < 128) {
                    string += String.formCharCode(c);
                    i++;
                } else if ((c > 191) && (c < 224)) {
                    c2 = utfText.charCodeAt(i + 1);
                    string += String.fromCharCode(((c & 31) << 6) | (c2 & 63));
                    i += 2;
                } else {
                    c2 = utfText.charCodeAt(i + 1);
                    c3 = utfText.charCodeAt(i + 2);
                    string += String.fromCharCode(((c & 15) << 12) | ((c2 & 63) << 6) | (c3 & 63));
                    i += 3;
                }
            }
            return string;
        }
    </script>
</head>
<body>
    <output id="output"></output>
</body>
```

运行以上两个页面，首先在 storage2.html 页面上输入数值 10，然后单击"设置"按钮，然后重新输入数值 20，再次单击"设置"按钮。然后切换到 storage.html 页面，可以看到检测到的值的变化情况，如图 7-1 所示。

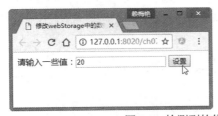

图 7-1　检测到的值的变化情况

7.2.5　制作简单的网页皮肤

在访问网站的时候，可以经常看到，一些网站允许用户选择自己喜欢的主题风格。当再次登录的时候，网站将为用户显示上次设置的主题风格，这样的主题风格被称为"皮肤"。在网页设计中，一般用 JavaScript 动态设计网页皮肤。

对于皮肤配置数据，就可以使用 localStorage 存储。这样，当用户再次登录访问的时候，程序将自动调用 localStorage 数据来设置恢复页面样式。

【例 7-3】　制作简单的网页皮肤。

```html
<head>
    <meta http-equiv="Content-Type" content="text/html; charset=utf-8">
    <title>制作简单的网页皮肤</title>
</head>
<body onload="colorload();">
    <script type="text/javascript">
        // 检测浏览器是否支持 localStorage。
        if (typeof localStorage === 'undefined') {
            window.alert("您的浏览器不支持 localStorage。");
        } else {
            var storage = localStorage;
            // 设置 div 背景颜色为红色，并保存 localStorage。
            function redbg() {
                var value = "red";
                document.getElementById("skin").style.backgroundColor = value;
                window.localStorage.setItem("DivBackGroundColor", value);
            }
            // 设置 div 背景颜色为绿色，并保存 localStorage。
            function greenbg() {
                var value = "green";
                document.getElementById("skin").style.backgroundColor = value;
                window.localStorage.setItem("DivBackGroundColor", value);
            }
            // 设置 div 背景颜色为蓝色，并保存 localStorage。
            function bluebg() {
                var value = "blue";
                document.getElementById("skin").style.backgroundColor = "blue";
                window.localStorage.setItem("DivBackGroundColor", value);
            }

            function colorload() {
                document.getElementById("skin").style.backgroundColor = window.localStorage.
                    getItem("DivBackGroundColor");
            }
        }
    </script>
    <section id="main">
        <button id="r_btn" onclick="redbg()">红色</button>
        <button id="g_btn" onclick="greenbg()">绿色</button>
```

```
        <button id="b_btn" onclick="bluebg()">蓝色</button>
        <div id="skin" style="width:500px; height:500px;"></div>
    </body>
```

运行以上程序，效果如图 7-2 所示。

图 7-2　制作简单的网页皮肤

7.2.6　网站人气值和在线人数统计

我们在浏览网站的时候，经常可以看到网站上显示着人气值或当前在线人数，实现原理大多是基于会话的统计。sessionStorage 可以作为会话计数器，localStorage 则可以作为 Web 应用访问计数器。声明一个 localStorage 计数变量，当刷新页面时，会看到计数器数值在增加。关闭浏览器窗口，然后重新打开，计数器数值还会在原来的基础上继续增加。而 sessionStorage 计数变量只能在当前会话期间显示页面的访问量，刷新页面会看到计数器在增长，关闭浏览器，然后再重新打开，计数器数值将被清除。

【例 7-4】　网站人气值和在线人数统计。

```
<head>
    <meta http-equiv="Content-Type" content="text/html; charset=utf-8">
    <title>人气和在线人数</title>
</head>
<body>
    <script type="text/javascript">
        if (localStorage.pagecount) {
            localStorage.pagecount = Number(localStorage.pagecount) + 1;
        } else {
            localStorage.pagecount = 1;
        }
        document.write("人气值：<br />" + localStorage.pagecount);

        if (sessionStorage.pagecount) {
            sessionStorage.pagecount = Number(sessionStorage.pagecount) + 1;
        } else {
            sessionStorage.pagecount = 1;
        }
        document.write("<br />在线人数：<br />" + sessionStorage.pagecount);
    </script>
</body>
```

运行以上程序，效果如图 7-3 所示。

图 7-3　网站人气值和在线人数

7.3　本地数据库

7.3.1　本地数据库的基本概念

在 HTML4 中，数据库只能放在服务器端，通过服务器访问数据库。但在 HTML5 中，可以像访问本地文件那样轻松对内置数据库进行直接访问。HTML5 中内置了两种本地数据库：一种是本节介绍的 SQLLite——可以通过 SQL 语言来访问的文件型 SQL 数据库，另一种是被称为 indexedDB 的 NoSQL 类型的数据库。本书限于篇幅，仅对第一种数据库进行介绍。对 NoSQL 感兴趣的读者可以阅读其他相关资料。

要在 JavaScript 脚本中使用 SQLLite 数据库，有两个必要步骤：

(1) 创建和访问数据库对象。

(2) 使用事务对数据库进行操作。

创建和访问数据库对象的方法如下：

```
var db = openDatabase('mydb','1.0','Test Database',2 * 1024 * 1024);
```

其中，第一个参数为数据库名称，第二个参数为版本号，第三个参数为数据库描述信息，第四个参数为数据库大小。该方法返回创建后的数据库访问对象，如果该数据库不存在，就创建该数据库。

在实际访问数据库时，需要调用 transaction 方法，用来执行事务处理。使用事务处理，可以防止在对数据库进行访问以及执行有关操作时受到外界干扰。因为在 Web 上，同时会有许多人在对页面进行访问。如果在访问数据库的过程中，正在操作的数据被别的用户修改掉，会引起许多意想不到的后果。因此，可以使用事务来达到在操作完成之前，阻止其他用户访问数据库的目的。

transaction 方法的使用格式如下：

```
db.transaction(function(tx){
        tx.executeSql('CREATE TABLE IF NOT EXISTS logs(ID unique,Log)');
  });
```

transaction 方法使用一个回调函数作为参数。在这个回调函数中，执行访问数据库的语句。

7.3.2　用 executeSql 执行查询

接下来介绍在 transaction 方法的回调函数内如何访问数据库。这里使用作为参数传递给回调函数的 transaction 对象的 executeSql 方法，使用格式如下：

```
transaction.executeSql(sqlquery,[],dataHandler,errorHandler);
```

其中，第一个参数为需要执行的 SQL 语句；第二个参数为 SQL 语句中所有用到的参数的数组。在 executeSql 方法中，将 SQL 语句中要用到的参数先用问号"？"代替，然后依次将这些参数组成数组放在第二个参数中，例如：

```
transaction.executeSql("UPDATE people set age=? where name=?；",[age,name]);
```

第三个参数为执行 SQL 语句成功时调用的回调函数，该回调函数的传递方法如下：

```
function dataHandler(transaction,results){
        //执行 SQL 语句成功时的处理
    };
```

第四个参数为执行 SQL 语句失败时调用的回调函数，该回调函数的传递方法如下：

```
function errorHandler(transaction,errmsg){
        //执行 SQL 语句出错时的处理
    };
```

该回调函数有两个参数：第一个参数为 transaction 对象，第二个参数为执行发生错误时的错误提示文字。

那么，当执行查询操作时，如何从查询到的结果数据集中一次性把数据取出并显示到页面上呢？最直接的方法就是 for 循环语句。结果数据集对象有一个 rows 属性，其中保存了查询到的每条记录，记录的条数可以用 rows.length 获取。可以用 for 循环，以 rows[index]或 rows.Item([index])的形式依次取出每条数据记录。在 JavaScript 脚本中，一般采用 rows[index]的形式。需要注意的是，在 Chrome 浏览器中，不支持 rows.Item([index])的形式。

【例 7-5】 创建数据库 mydatabase，然后创建数据表 table1；对 table1 执行数据插入操作，插入两条记录。

```
var db = openDatabase('mydatabase','1.0','my db',2*1024);
db.transaction(function(tx)){
        tx.executeSql('CREATE TABLE IF NOT EXISTS table1(id unique,log)');
        tx.executeSql('INSERT INTO table1(id,log) VALUES(1,"foobar")');
        tx.executeSql('INSERT INTO table1(id,log) VALUES(2,"logmsg")');
    });
```

在插入新的记录时，还可以传递动态值：

```
var db = openDatabase('mydatabase','1.0','my db',2*1024);
    db.transaction(function(tx)){
        tx.executeSql('CREATE TABLE IF NOT EXISTS table1(id unique,log)');
        tx.executeSql('INSERT INTO table1(id,log) VALUES(?,?)',[e_id,e_log]);
        });
```

【例 7-6】 获取已经存在的数据记录，通过 for 循环显示每条记录。

```
db.transaction(function(tx){
        tx.executeSql('SELECT * FROM table1,[],function(tx,results){
            var len = results.rows.length;
            msg = "<p>Found rows:" + len + "</p>";
            document.querySelector('#status').innerHTML += msg;
            for(i=0;i<len;i++){
                alert(results.rows.item(i).log);
            }
```

```
        },null);
    });
```

7.3.3 创建一个简单的数据库

本节将完整地演示 Web SQL Database API 的使用,包括建立数据库、建立表格、插入数据、查询数据、将查询结果呈现到页面中。

【例7-7】 创建一个简单的数据库 db,在该数据库中建立数据表 logs;向 logs 数据表中插入两条数据;查询数据,将查询到的结果显示出来。

程序代码如下:

```
<head>
        <meta charset="UTF-8">
        <title>数据库操作</title>
        <script type="text/javascript">
            var db = openDatabase('db','1.0','TestDB',2*1024*1024);
            var msg;
            db.transaction(function(tx){
                tx.executeSql('CREATE TABLE IF NOT EXISTS logs(id unique,log)');
                tx.executeSql('INSERT INTO logs(id,log) VALUES(1,"foobar")');
                tx.executeSql('INSERT INTO logs(id,log) VALUES(2,"logmsg")');
                msg = '<p>完成消息创建和插入行操作。</p>';
                document.querySelector('#status').innerHTML = msg;
            });
            db.transaction(function(tx) {
                tx.executeSql('SELECT * FROM logs',[],function(tx,results){
                    var len = results.rows.length,i;
                    msg = "<p>查询行数: "+len+"</p>";
                    document.querySelector('#status').innerHTML += msg;
                    for(i=0;i<len;i++){
                        msg="<p><b>"+results.rows.item(i).log + "</b></p>";
                        document.querySelector('#status').innerHTML += msg;
                    }
                },null);
            });
        </script>
</head>
<body>
        <div id="status" name="status"></div>
</body>
```

运行以上程序,效果如图 7-4 所示。

在以上程序中,通过 openDatabase 方法建立了一个名为 db 的数据库,版本号为 1.0,描述信息为 TestDB,大小为 2MB:

```
var db = openDatabase('db','1.0','TestDB',2*1024*1024);
```

接下来在 db 数据库中建立数据表 logs,然后执行后面两个插入操作,插入两条数据记录:

```
                db.transaction(function(tx){
                        tx.executeSql('CREATE TABLE IF NOT EXISTS logs(id unique,log)');
                        tx.executeSql('INSERT INTO logs(id,log) VALUES(1,"foobar")');
                        tx.executeSql('INSERT INTO logs(id,log) VALUES(2,"logmsg")');
                        msg = '<p>完成消息创建和插入行操作。</p>';
                        document.querySelector('#status').innerHTML = msg;
                });
```

接下来查询数据，并将查询到的数据取出来，显示到页面上：

```
        db.transaction(function(tx) {
                tx.executeSql('SELECT * FROM logs',[],function(tx,results){
                        var len = results.rows.length,i;
                        msg = "<p>查询行数： "+len+"</p>";
                        document.querySelector('#status').innerHTML += msg;
                        for(i=0;i<len;i++){
                                msg="<p><b>"+results.rows.item(i).log + "</b></p>";
                                document.querySelector('#status').innerHTML += msg;
                        }
                },null);
        });
```

图 7-4　创建的数据库和数据表

7.3.4　综合应用——点评功能

　　Web 存储采用一对一的数据读写方法来读取数据，主要通过 getItem 方法来读取。但在实际项目中，涉及数据交互的功能一般保存的数据都比较复杂，数据量都比较大，因此这种一对一的读取少量数据的方法反而用得比较少。

　　例如，以一个简单的 Web 点评功能为例，分析一下如何使用 Web 存储来保存和读取大量数据。使用一个多行文本框来输入点评内容，当单击"提交"按钮时，将文本框中的内容保存到 localStorage 中，在表单底部放置一个 p 元素来显示保存后的数据。

　　如果只保存文本框中的内容，那么并不能知道内容是什么时候写好的，所以在保存点评内容的同时，也要保存当前日期和时间，并显示当前日期和时间到 p 元素中。

　　利用 Web 存储保存数据时，数据必须是"键/值"对，所以将文本框中的内容作为键值，将保存时的当前日期和时间作为键名来保存，对于日期和时间的值系统以时间戳形式管理，所以保存时不可能存在重复的键名。点评功能的实现如下：

【例7-8】　简单点评功能。

```
<title>简单点评功能</title>
<script type="text/javascript">
    function commit(id) {
        var data = document.getElementById(id).value;
        var time = new Date().getTime();
        localStorage.setItem(time, data);
        alert("点评成功。");
        loadcomm ('msg');
    }

    function loadcomm (id) {
        var result = '<table border="1">';
        for (var i = 0; i < localStorage.length; i++) {
            var key = localStorage.key(i);
            var value = localStorage.getItem(key);
            var date = new Date();
            date.setTime(key);
            var datestr = date.toGMTString();
            result += '<tr><td>' + value + '</td><td>' + datestr + '</td></tr>';
        }
        result += '</table>';
        var target = document.getElementById(id);
        target.innerHTML = result;
    }

    function init() {
        loadcomm.clear();
        alert("全部点评内容被清除。");
        loadStorage('msg');
    }
</script>
</head>

<body>
<h1>点评</h1>
<textarea id="comment" cols="60" rows="5"></textarea><br>
<input type="button" value="提交" onclick="commit('comment');">
<input type="button" value="清空" onclick="init('msg');">
<hr>
<p id="msg"></p>
</body>
```

运行以上程序，效果如图7-5所示。在文本框中输入要发表的点评内容，然后单击"提交"按钮，点评内容和点评时间将会显示在下方的表格行中。

在以上程序中，除了输入点评内容用的文本框和显示数据用的 p 元素之外，还放置了"提交"按钮用于添加点评信息，单击"清空"按钮可以清除全部内容。

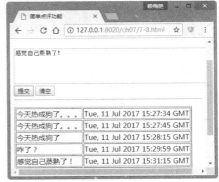

图 7-5   点评效果

在 JavaScript 脚本中有 3 个按钮调用函数，分别是 commit、loadcomm 和 init，简单说明如下：

- commit 函数：这个函数使用 new Date.getTime( )语句得到当前的日期和时间，然后调用 localStorage.setItem 方法，将得到的时间作为键值，并将文本框中的数据作为键名保存。保存后，重新调用脚本中的 loadcomm 函数，在页面上重新显示保存后的数据。
- loadcomm 函数：取得保存后的所有点评内容，然后以表格的形式显示。取得全部评论的时候，需要用到 localStorage 的两个常用属性。

➢ localStorage.length：返回所有保存在 localStorage 中的数据的条数。

➢ localStorage.key(index)：把想要得到数据的索引编号作为 index 参数传入，可以得到 localStorage 中与这个索引编号对应的数据。比如想得到第 3 条数据，传入的 index 为 2(index 从 0 开始计算)。

先用 localStorage.length 属性获取保存的数据条数，然后循环遍历 localStorage.key(index)，取得保存在 localStorage 中的全部数据。

- init 函数：将 localStorage 中保存的数据全部清除，在这个函数中只有一条语句 localStorage.clear( )。

在实际项目开发中，经常需要以表格的形式来组织数据。那么，能不能用 Web 存储来存储二维表形式的数据呢？如果可以，需要考虑哪些问题？

例如，设计一个联系人信息管理页面，联系人的联系信息包括姓名、e-mail 地址、电话号码、备注列，把它们保存在 localStorage 中。如果输入联系人的姓名并且进行检索，可以获取这个联系人的所有联系信息。

首先，用联系人的姓名作为键名来保存数据，这样获取联系人的其他信息时会比较方便。然后利用 JSON 数据格式来将联系人的联系信息分几列来保存，具体做法为：用 JSON 格式作为文本来保存对象，获取该对象时再通过 JSON 格式来获取，就可以在 Web 存储中保存和读取复杂结构的数据了。具体示例如下：

【例 7-9】 使用 Web 存储来保存多列数据。

```
<script type="text/javascript">
    function saveComment() {
        var data = new Object;
        data.name = document.getElementById('name').value;
        data.email = document.getElementById('email').value;
```

```
                data.tel = document.getElementById('tel').value;
                data.memo = document.getElementById('memo').value;
                var str = JSON.stringify(data);
                localStorage.setItem(data.name, str);
                alert("数据已保存。");
            }

            function searchData(id) {
                var find = document.getElementById('find').value;
                var str = localStorage.getItem(find);
                var data = JSON.parse(str);
                var result = "姓名: " + data.name + '<br>';
                result += "EMAIL: " + data.email + '<br>';
                result += "电话号码: " + data.tel + '<br>';
                result += "备注: " + data.memo + '<br>';
                var target = document.getElementById(id);
                target.innerHTML = result;
            }
    </script>
</head>
<body>
    <h1>使用 Web Storage 保存多列数据</h1>
    <table>
        <tr>
                <td>姓名:</td>
                <td><input type="text" id="name"></td>
        </tr>
        <tr>
                <td>E-mail:</td>
                <td><input type="text" id="email"></td>
        </tr>
        <tr>
                <td>手机号:</td>
                <td><input type="text" id="tel"></td>
        </tr>
        <tr>
                <td>备注:</td>
                <td><input type="text" id="memo"></td>
        </tr>
        <tr>
                <td></td>
                <td><input type="button" value="保存" onclick="saveComment();"></td>
        </tr>
    </table>
    <hr>
    <p><input type="text" id="find">
        <input type="button" value="查询" onclick="searchData('msg');">
    </p>
```

```
    <p id="msg"></p>
    </body>
```

运行以上程序，效果如图 7-6 所示。

图 7-6　用 Web 存储保存多列数据的效果

上面的示例演示了如何使用 Web 存储保存多列数据，也可以通过这种方式来设计点评功能。下面来看一下怎么使用 Web SQL 数据库实现点评功能。

首先，页面包含一个可以输入姓名的文本框，一个输入点评内容的文本框，以及一个保存点评内容时要用的按钮。在按钮下方放置一个表格，保存数据后从数据库中取出所有数据，显示在这个表格中。单击按钮时，调用 saveData 函数，保存点评内容时的逻辑都在这个函数中实现。另外，打开页面时，调用 init 函数，将数据库中全部已保存的留言信息显示在表格中。

【例 7-10】　使用 Web SQL 数据库来实现点评功能。

```html
<title>使用 Web SQL 实现点评功能</title>
<script type="text/javascript">
    var datatable = null;
    var db = openDatabase('MyData', '', 'My Database', 102400);

    function init() {
        datatable = document.getElementById("datatable");
        showAllData();
    }

    function removeAllData() {
        for (var i = datatable.childNodes.length - 1; i >= 0; i--) {
            datatable.removeChild(datatable.childNodes[i]);
        }
        var tr = document.createElement('tr');
        var th1 = document.createElement('th');
        var th2 = document.createElement('th');
        var th3 = document.createElement('th');
        th1.innerHTML = '姓名';
```

```
            th2.innerHTML = '内容';
            th3.innerHTML = '时间';
            tr.appendChild(th1);
            tr.appendChild(th2);
            tr.appendChild(th3);
            datatable.appendChild(tr);
}

function showData(row) {
            var tr = document.createElement('tr');
            var td1 = document.createElement('td');
            td1.innerHTML = row.name;
            var td2 = document.createElement('td');
            td2.innerHTML = row.message;
            var td3 = document.createElement('td');
            var t = new Date();
            t.setTime(row.time);
            td3.innerHTML = t.toLocaleDateString() + " " + t.toLocaleTimeString();
            tr.appendChild(td1);
            tr.appendChild(td2);
            tr.appendChild(td3);
            datatable.appendChild(tr);
}

function showAllData() {
            db.transaction(function(tx) {
                tx.executeSql('CREATE TABLE IF NOT EXISTS MsgData(name TEXT, message
                        TEXT, time INTEGER)', []);
                tx.executeSql('SELECT * FROM MsgData', [], function(tx, rs) {
                        removeAllData();
                        for (var i = 0; i < rs.rows.length; i++) {
                                showData(rs.rows.item(i));
                        }
                });
            });
}

function addData(name, message, time) {

            db.transaction(function(tx) {
                tx.executeSql('INSERT INTO MsgData VALUES(?, ?, ?)', [name, message, time],
                        function(tx, rs) {
                                alert("成功保存数据!");
                        },
                        function(tx, error) {
                                alert(error.source + "::" + error.message);
                        });
            });
```

```
        }

        function saveData() {
            var name = document.getElementById('name').value;
            var conmment = document.getElementById('conmment').value;
            var time = new Date().getTime();
            addData(name, conmment, time);
            showAllData();
        }
    </script>
```

运行以上程序，效果如图 7-7 所示。

图 7-7　使用 Web SQL 数据库实现点评功能

7.4　本章小结

过去传统的客户端存储技术大多使用 Cookie 存储数据。但 Cookie 并不安全，用户常将浏览器的 Cookie 功能禁用，导致客户端不能直接读取文件，从而使客户端几乎没有任何有效的存储技术可言。

HTML5 为客户端存储数据提出了理想的解决方案：如果想要存储复杂的数据，可以使用 Web SQL 数据库，该方法可以像客户端程序一样使用 SQL 语句对数据库进行操作；如果只是存储简单的键/值对，可以使用 Web 存储。本章主要介绍了 Web 存储和 Web SQL 数据库的使用，包括 Web 存储的优缺点、Web 存储技术的相关知识及应用、本地数据库的基本概念及应用等。本地存储是开发 Web 离线应用的基础知识之一，对于前端开发人员来说，必须熟练掌握。

7.5　思考和练习

1. 简述 Cookie 存储的优缺点。
2. 简述 Web 存储诞生的意义。
3. 简述使用 Web 存储技术的方法。
4. 简述本地数据库的概念以及操作方法。
5. 使用本地数据库的功能，实现点赞功能。

第8章 离线应用程序

过去要浏览网站，必须有网络才能进行浏览。而 HTML5 应用不需要始终保持网络连接，目前主流浏览器的最新版本都提供对 HTML5 缓存技术的支持。HTML5 提供了一个供本地缓存使用的 API——applicationCache，使用这个 API，可以实现离线 Web 应用程序的开发。HTML5 离线缓存的核心应用是：在用户没有 Internet 连接时，依然能够访问站点或应用；当用户有 Internet 连接时，自动更新缓存数据。

离线缓存包含两部分内容：manifest 缓存清单和 JavaScript 接口。其中，manifest 缓存文件包含一些需要缓存的资源清单；JavaScript 接口提供用于更新缓存文件的方法以及对缓存文件的操作。

本章学习目标：
- 掌握离线 Web 应用程序的基本概念
- 掌握 manifest 文件在离线缓存中的使用
- 掌握使用 applicationCache 对象来手动更新缓存的方法

8.1 离线 Web 应用程序详解

在过去 Web 的发展过程中，涌现出很多 Web 应用程序，但是这些 Web 应用程序有一个致命的缺点：如果没有网络，就无法使用。因此，HTML5 引入了本地缓存技术。

8.1.1 本地缓存技术产生的原因

1. 用户参与 Web 的需要

Web 鼓励个人参与，每个人都是 Web 内容的撰写者。如果 Web 应用能够提供离线功能，让用户在不联网的情况下也能进行内容的撰写，有网络时再同步到 Web 上，就能大大方便用户使用。

2. 间断性网络下 Web 应用的使用需要

越来越多的应用被移植到 Web 上，虽然现在网络覆盖比以前好很多，随处可见 Wi-Fi，但这只是在发达城市才有如此的网络条件。许多应用的使用场合，比如室外施工使用的辅助应用，通常情况下没有 Wi-Fi 的，条件艰苦的山区，甚至没有手机信号。这种情况下，本地缓存能发挥极大的作用，只要在本地存储了应用资源，无论是否连接网络都可用。随着完全依赖浏览器的设备的出现，Web 应用程序在不稳定的网络状况下还能持续工作就变得更加重要了。这方面，不需要持续连接网络的桌面应用程序历来被认为比 Web 应用程序更有优势。

8.1.2 本地缓存概述

HTML5 的缓存控制机制综合了 Web 应用和桌面应用两者的优势，基于 Web 技术构建的

Web 应用程序，可在浏览器中运行并在线更新，也可在脱机情况下使用。然而，因为目前的 Web 服务器不为脱机应用程序提供任何默认的缓存行为，所以想要使用离线应用功能，就必须在应用中明确声明。

HTML5 的离线应用缓存使得在无网络连接状态下运行应用程序成为可能，这类应用程序用处很多，如起草电子邮件草稿时就不需要连接互联网。HTML5 中引入的离线应用缓存，使得 Web 应用程序可以在没有网络连接的情况下运行。

应用程序开发人员可以指定 HTML5 应用程序中的资源(如 HTML、CSS、JavaScript 脚本和图像等)在脱机时可用。离线应用的应用场合有阅读和撰写电子邮件、编辑文档、编辑和显示演示文稿、离线访问 Web 应用等。

使用离线缓存，避免了加载应用程序时所需的常规网络请求。如果缓存清单文件 manifest 是最新的，浏览器就不检查其他资源是否最新。大部分应用程序可以非常快地从本地应用缓存中加载完成。此外，从缓存中加载资源可以节省带宽，不必用多个 HTTP 请求确定资源是否已经最新，这对于移动 Web 应用来说至关重要。

通过 HTML5 的本地缓存技术，开发人员可以直接控制应用程序缓存。利用缓存清单文件 manifest 可以将相关资源组织到同一个逻辑应用中，这样 Web 应用程序就有了本来只属于桌面应用程序的特性。

在缓存清单文件中标识的资源构成了应用缓存，它是浏览器持久性存储资源的地方，通常在硬盘上。有些浏览器向用户提供了查看应用缓存中数据的方法，例如，在 Firefox 浏览器中，about:cache 页面会显示应用缓存的详细信息，提供查看缓存中每个文件的方法，如图 8-1 所示。

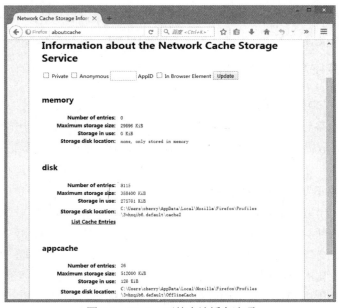

图 8-1　Firefox 下的本地缓存选项

8.1.3　本地缓存与浏览器网页缓存的区别

在没有 HTML5 的本地缓存之前，Web 应用程序开发依赖网页缓存来实现离线使用。Web

应用程序的本地缓存与浏览器的网页缓存在许多方面都存在着明显的区别。首先，本地缓存是为整个 Web 应用程序服务的，而浏览器的网页缓存只服务于单个网页。任何网页都具有网页缓存，而本地缓存只缓存那些指定缓存的网页。其次，网页缓存也是不安全、不可靠的，因为我们不知道在网站中到底缓存了哪些网页，以及缓存了网页上的哪些资源。而本地缓存是可靠的，我们可以控制对哪些内容进行缓存，不对哪些内容进行缓存，开发人员还可以用编程的手段来控制缓存的更新，利用缓存对象的各种属性、状态和事件来开发出更为强大的离线应用程序。

8.1.4　浏览器支持检测

目前各大浏览器都支持 HTML5 离线应用。在使用离线应用 API 前，最好使用脚本先检测浏览器是否支持。检测方法如下：

```
if(window.applicationCache){
        //浏览器支持离线应用
}else{
        //浏览器不支持离线应用
}
```

8.2　HTML5 离线应用详解

当准备开发基于 HTML5 离线缓存的应用时，首先要配置 Web 服务器，因为 Web 服务器默认不支持 HTML5 离线缓存应用，所以首先要开启离线缓存的支持功能；然后创建一个应用，创建完毕后，在服务器端创建并配置 manifest 文件，列出应用需要缓存的资源列表；最后在需要应用缓存资源的 HTML 文件中引用 manifest 文件。下面详细讲解这些操作。

8.2.1　Web 服务器配置

因为 Web 服务器默认不支持离线存储的应用，所以需要手动修改 Web 服务器配置，在服务器 mine.types 文件中添加支持配置。为什么要添加支持配置？因为做离线存储必须要有 manifest 文件来存储需要缓存在用户机器上的资源路径，而且 manifest 文件的路径将在 HTML 页面中使用。

本节主要以常用的 Web 服务器 Apache 和 Python 为例进行配置。

1. Apache 服务器的配置

打开 Apache 的安装目录，找到 conf 文件夹下的 mime.types 文件，如图 8-2 所示，添加下面一行代码：

```
text/cache-manifest manifest
```

图 8-2　在 mime.types 中添加离线存储支持

2. Python 服务器的配置

Python 标准库中的 SimpleHTTPServer 模块为扩展名为.manifest 的文件配以头部信息 content-type:text/cache-manifest。配置方法为：打开 PYTHON_HOME/Lib/mimetypes.py 文件并添加一行代码。

```
'.manifest':'text/cache-manifest manifest';
```

8.2.2　manifest 文件结构与含义

manifest 文件的用途是列出需要缓存的文件清单。manifest 文件是一个文本文件，编码格式必须为 UTF-8。该文件没有强制的后缀名，但习惯以 manifest 为后缀名。下面是一个标准格式的 manifest 文件。

【例 8-1】　创建一个标准的 manifest 文件，并在该文件中指定需要缓存的资源文件。

```
CACHE MANIFEST
#version 1.0
login.html
register.html
findpwd.html
css/style.css
imgs/alipay-i-logo-big.png
imgs/alipay-i-icons.png
js/mui-min.js
CACHE
index.html
home.css
imgs/logo.png
js/main.js
NETWORK:
imgs/button-ok.png
imgs/button-cancle.png
CACHE:
imgs/login-slider-bg.png
FALLBACK:
imgs/alipay-bank-icbc.png imgs/alipay-bank-cmb.png
```

对 manifest 文件的说明如下：

1. manifest 文件内容的基本格式

- 每个站点都有 5MB 用来存储这些数据，如果 manifest 文件或所列资源无法加载，整个缓存更新过程将无法进行，浏览器会使用最后一次成功的缓存。
- 第一行必须以 CACHE MANIFEST 开头，紧接着是文件的路径或注释。如果没有指定标题，默认就是 CACHE MANIFEST 部分。
- 注释必须以"#"开头。注释标识符还有一个作用，Web 应用缓存只在 manifest 文件被修改的情况下才会被更新，所以如果只是修改了被缓存的文件，那么本地缓存不会被更新，这时可以修改 manifest 文件的注释来告诉浏览器需要更新缓存。
- 在 CACHE MANIFEST 区块中列出的文件，无论应用程序是否在线，浏览器都会从应用程序缓存中获得这些文件。先写 CACHE MANIFEST，然后换行，每行的换行符可以是 CR、LF 或 CRLF。

- CACHE 是 manifest 文件的默认入口。在入口之后罗列的文件，或直接写在 CACHE MANIFEST 之后的文件，在下载到本地后会缓存起来。
- 在 NETWORK 部分罗列的资源，即便有缓存，也会跳过缓存而访问服务器。即 NETWORK 部分罗列的资源，无论在缓存中存在与否，均从网络获取。
- FALLBACK 用于增加备份，下方两个资源文件之间有一个空格，代表的含义是：当第一个文件缓存不成功或无法找到时，就缓存第二个文件。例如，以下代码表示，当无法获取 app/ajax 时，对 app/ajax 及子路径的所有请求都会被转发给 default.html 页面处理。

```
#缓存的文件
about.html
style.css
help.html
#不缓存注册页面
NETWORK
register.html
FALLBACK
/app/ajax default.html
```

8.2.3 搭建离线应用程序

创建好 cacheContent.manifest 文件之后，下面在 HTML 文件中指定文档的 manifest 属性为 cacheContent.manifest 文件的路径。

```
<html manifest="cacheContent.manifest">……</html>
```

这个 manifest 文件的路径用绝对路径或相对路径都行，甚至可以引用其他服务器上的 manifest 文件。该文件对应的 mime-type 应该是 text/cache-manifest，所以需要配置服务器来发送对应的 MIME 类型信息(前面已介绍配置)。

更新离线存储的数据，有以下 3 种方法：

- 清除离线存储的数据。这不一定通过清理浏览器历史记录就可以做到，因为不同浏览器管理离线存储的方式不同。例如，在 Firefox 中需要选择"选项"|"高级"|"网络"|"脱机存储"命令，然后在其中清除离线存储数据。
- 修改 manifest 文件。即便修改 manifest 文件中罗列的文件，也不会更新缓存，而是要更新 manifest 文件。
- 使用 JavaScript 编写更新脚本。

8.2.4 离线应用中浏览器和服务器的交互过程

当使用离线 Web 应用程序进行工作时，有必要理解一下浏览器和服务器之间的交互过程。譬如有一个 http://www.test.com 网站，以 index.html 为主页，该主页使用 index.manifest 文件为缓存清单文件,在该文件中请求本地缓存 index.html、main.js、main.css、btn1.jpg、btn2.jpg 这几个资源文件。

1. 首次访问网站时的交互过程

首次访问网站时，浏览器和服务器的交互过程如下：

(1) 浏览器请求访问 http://www.test.com。

(2) 服务器返回 index.html 页面。

(3) 浏览器解析 index.html 页面，请求页面上所有的资源文件，包括 HTML 文件、图像文件、CSS 文件、JavaScript 脚本文件以及 manifest 文件。

(4) 服务器返回所有资源文件。

(5) 浏览器处理 manifest 文件，请求 manifest 文件中所有要求本地缓存的文件，包括 index.html 页面本身，即使刚才已经请求过这些文件。如果要求本地缓存所有文件，这将是一个比较长的重复请求过程。

(6) 服务器返回所有要求本地缓存的文件。

(7) 浏览器对本地缓存进行更新，存入包括页面本身在内的所有要求本地缓存的资源文件，并且触发一个事件，通知本地缓存被更新。

2. 已有本地缓存的交互过程

现在浏览器已经把本地缓存更新完毕。如果再次打开浏览器并访问 http://www.test.com 网站，而且 manifest 文件没有被修改过，交互过程如下：

(1) 浏览器再次请求访问 http://www.test.com。

(2) 浏览器发现这个页面被本地缓存，于是使用本地缓存中的 index.html 页面。

(3) 浏览器解析 index.html 页面，使用所有本地缓存中的资源文件。

(4) 浏览器向服务器请求 manifest 文件。

(5) 服务器返回一个 304 状态码，通知浏览器 manifest 没有发生变化。

只要页面上的资源文件被本地缓存过，下次浏览器打开这个页面时，总是先使用本地缓存中的资源，然后请求 manifest 文件。

3. 已有本地缓存但 manifest 文件已更新的交互过程

如果再次打开浏览器时 manifest 文件已经被更新过，那么浏览器和服务器之间的交互过程如下：

(1) 浏览器再次请求访问 http://www.test.com。

(2) 浏览器发现这个页面被本地缓存，于是使用本地缓存中的 index.html 页面。

(3) 浏览器解析 index.html 页面，使用所有本地缓存中的资源文件。

(4) 浏览器向服务器请求 manifest 文件。

(5) 服务器返回更新过的 manifest 文件。

(6) 浏览器处理 manifest 文件，发现该文件已被更新，于是请求所有要求进行本地缓存的资源文件，包括 index.html 页面本身。

(7) 浏览器返回要求进行本地缓存的资源文件。

(8) 浏览器对本地缓存进行更新，存入所有新的资源文件，并且触发一个事件，通知浏览器本地缓存已被更新。

需要注意的是，即使资源文件被修改过，在上面的步骤(3)中已经装入的资源文件也不会发生变化，譬如图片不会突然变成新的图片，脚本文件也不会突然使用新的脚本文件。也就是说，这时更新过的本地缓存中的内容不能被自动使用，只有重新打开这个页面时才会使用更新后的资源文件。另外，如果不想修改 manifest 文件中对资源文件的设置，但是对服务器上请求缓存的资源文件进行了修改，那么可以通过修改版本号的方式来让浏览器认为

manifest 文件已经被更新过，以便重新下载修改过的资源文件。

8.3　applicationCache 对象

application 对象代表本地缓存，可以用它来通知用户本地缓存已经被更新，需要用户手工更新本地缓存。

在浏览器和服务器的交互过程中，当浏览器对本地缓存进行更新，装入新的资源文件时，会触发 applicationCache 对象的 updateready 事件，通知本地缓存已被更新。可以利用这个事件告诉用户——本地缓存已经被更新，用户需要手工刷新页面来得到最新版本的应用程序，示例代码如下：

```
applicationCache.onupdateready = function(){
    //本地缓存已经被更新，通知用户
    alert("本地缓存已被更新，可以按 F5 键刷新页面以显示最新内容。");
};
```

另外，可以通过 applicationCache 对象的 swapCache 方法来控制如何进行本地缓存的更新以及更新的时机。

8.3.1　swapCache 方法

swapCache 方法用来手工执行本地缓存的更新，它只能在 applicationCache 对象的 updateReady 事件被触发时调用。updateReady 事件只有在服务器上的 manifest 文件被更新，并且在把 manifest 文件中所要求的资源文件下载到本地之后才会触发。顾名思义，这个事件的含义是"本地缓存准备被更新"。当这个事件被触发后，可以用 swapCache 方法手工进行本地缓存的更新。

那么，什么时候需要手工更新本地缓存呢？如果本地缓存的容量非常大，本地缓存的更新工作将需要相对较长的时间，而且还会把浏览器给锁住。这时最好有一个提示，告诉用户正在进行本地缓存的更新，示例代码如下：

```
applicationCache.onupdateready = function(){
    //本地缓存已被更新，通知用户
    alert("正在更新本地缓存……");
    applicationCache.swapCache();
    alert("本地缓存已被更新，可以按 F5 键刷新页面以得到最新内容");
};
```

如果不调用 swapCache 方法，会怎么样？本地缓存就不会更新了吗？不是，只是更新的时间不一样。如果不调用 swapCache 方法，本地缓存将在下一次打开本页面时更新；如果调用了 swapCache 方法，本地缓存将被立刻更新。因此，可以使用 confirm 方法让用户自行选择更新的时机，是立刻更新，还是下次打开页面时才更新，特别是当他们正在执行一项规模较大的操作时。

另外，尽管使用 swapCache 方法立刻更新了本地缓存，但是并不意味着页面上的图像和脚本文件也会被立刻更新，它们都在重新打开本页面时才会生效。下面是一个完整的 swapCache 方法的使用示例。

【例 8-2】　使用 swapCache 方法手动更新缓存。

HTML 页面代码如下：

```
<!DOCTYPE html>
<html manifest="swapCache.manifest">
  <head>
        <meta charset="UTF-8">
        <title>使用 swapCache 方法手动更新本地缓存</title>
        <script src="js/script.js"></script>
  </head>
  <body onload="init()">
        <p> swapCache 方法示例</p>
  </body>
</html>
```

script.js 脚本代码如下：

```
function init(){
  setInterval(function(){
        //手工检查是否有更新
        applicationCache.update();
  },5000);
  applicationCache.addEventListener("updateready",function(){
        if(confirm("本地缓存已更新，是否立即刷新？")){
              //手工更新本地缓存
              applicationCache.swapCache();
              //重载页面
              location.reload();
        }
  },true);
}
```

swapCache.manifest 文件内容如下：

```
CACHE MANIFEST
#version 1.0
CACHE:
js/script.js
```

运行 HTML 页面，然后将 swapache.manifest 文件中的版本号从 1.0 改成 2.0。返回页面，按 F5 键刷新，浏览器重新请求 Web 服务器，发现资源文件有更新，.js 脚本代码捕获到该更新，弹出对话框询问用户是否需要立即更新，如图 8-3 所示。

图 8-3　手动更新本地缓存的对话框

8.3.2　applicationCache 对象的事件

applicationCache 对象除了具有 update 和 swapCache 方法外，还有一系列的事件。现在来对前面介绍过的浏览器和服务器的交互过程所涉及的内容进行扩充讲解，看看在浏览器和服务器的交互过程中这些事件是如何触发的。

首次访问 http://www.test.com 网站时：

(1) 浏览器请求访问 http://www.test.com。

(2) 服务器返回 index.html 页面。

(3) 浏览器发现网页具有 manifest 属性，触发 checking 事件，检查 manifest 文件是否存在。不存在时，触发 error 事件，表示 manifest 文件未找到，不执行从步骤(6)开始的交互过程。

(4) 浏览器解析 index.html 页面，请求页面上的所有资源文件。

(5) 服务器返回所有资源文件。

(6) 浏览器处理 manifest 文件，请求 manifest 文件中所有要求本地缓存的文件，包括 index.html 页面本身，即使刚才已经请求过该文件。如果要求本地缓存所有文件，这将是一个比较长的重复请求过程。

(7) 服务器返回所有要求本地缓存的文件。

(8) 浏览器触发 downloading 事件，然后开始下载这些资源。在下载的时候，周期性地触发 process 事件，开发人员可以通过编程的手段获知多少文件已被下载，以及多少文件仍处于下载队列中的信息。

(9) 下载结束后触发 cached 事件，表示首次缓存成功，存入所有要求本地缓存的资源文件。

再次访问 http://www.test.com 网站，步骤(1)～(5)同上，在步骤(5)执行完毕后，浏览器将核对 manifest 文件是否被更新，如果没有更新，触发 noupdate 事件，从步骤(6)开始的交互过程不会被执行。如果被更新了，继续执行后续步骤，在步骤(9)中不触发 cached 事件，而是触发 updateready 事件，表示下载结束，可以通过刷新页面来使用更新后的本地缓存，或调用 swapCache 方法来立刻使用更新后的本地缓存。

另外，在访问缓存名单时，如果返回 HTTP 404 错误(表示资源未找到)或 410 错误(代表要找的文件已经不存在)，则会触发 obsolete 事件。

在整个过程中，如果任何和本地缓存有关的处理发生错误的话，都会触发 error 事件。其中，可能会触发 error 事件的情况有以下几种：

- 缓存名单返回一个 HTTP 404 错误或 410 错误。
- 缓存名单可以找到且没有更新，但引用缓存名单的 HTML 页面不能正确下载。
- 缓存名单可以找到但已被更改，浏览器不能下载某个缓存名单中列出的资源。
- 开始更新本地缓存时，缓存名单再次被更改。

【例 8-3】　applicationCache 事件演示。

HTML 演示页面的代码如下：

```
<!DOCTYPE html>
<html manifest="eventDemo.manifest">
  <head>
        <meta charset="UTF-8">
        <title>applicationCache 事件演示</title>
        <script type="text/javascript">
            function init(){
                var output = document.getElementById("output");
                applicationCache.addEventListener("checking",function(){
```

```
                              output.innerHTML+="checking<br>";
                   },true);
                   applicationCache.addEventListener("noupdate",function(){
                              output.innerHTML+="noupdate<br>";
                   },true);
                   applicationCache.addEventListener("downloading",function(){
                              output.innerHTML+="downloading<br>";
                   },true);
                   applicationCache.addEventListener("process",function(){
                              output.innerHTML+="process<br>";
                   },true);
                   applicationCache.addEventListener("updateready",function(){
                              output.innerHTML+="updateready<br>";
                   },true);
                   applicationCache.addEventListener("cached",function(){
                              output.innerHTML+="cached<br>";
                   },true);
                   applicationCache.addEventListener("error",function(){
                              output.innerHTML+="error<br>";
                   },true);
              }
         </script>
   </head>
   <body onload="init()">
         <h2>applicationCache 事件演示</h2>
         <p id="output"></p>
   </body>
</html>
```

eventDemo.manifest 文件的内容如下(8-3.html 为当前页面):

```
CACHE MANIFEST
#version 1.0
CACHE:
8-3.html
```

运行以上程序，当程序没有更新时效果如图 8-4 所示；修改资源文件的版本号为 2.0，然后刷新页面，效果如图 8-5 所示。

图 8-4 没有更新时的显示效果

图 8-5 资源文件被更新时的显示效果

8.4　缓存网站的首页

下面通过一个完整的例子来说明创建离线应用的过程。当然，如果要涉及更加复杂的离线应用，还需要读者结合 HTML5 中其他的新技术，进行更加复杂的设置才行。

8.4.1　新建 HTML5 页面

添加 HTML5 DOCTYPE，创建符合规范的 HTML5 文档。代码如下：

```html
<!DOCTYPE html>
<html lang="en">
 <head>
        <meta charset="utf-8">
        <title>缓存网站首页</title>
        <link href="css/style.css" type="text/css" rel="stylesheet" media="screen">
        <meta name="viewport" content="width=device-width; initial-scale=1.0; maximum-scale=1.0;">
 </head>
 <body>
        <div id="container">
                <header class="ma-class-en-css">
                        <h1 id="logo"><a href="#">AI</a></h1>
                </header>
                <div id="content">
                        <h2>人工智能</h2>
                        <p>人工智能是计算机科学的一个分支，它试图了解智能的实质，并生产出一种新的能以人类智能相似的方式做出反应的智能机器，该领域的研究包括机器人、语言识别、图像识别、自然语言处理和专家系统等。人工智能自诞生以来，理论和技术日益成熟，应用领域也不断扩大，可以设想，未来人工智能带来的科技产品，将会是人类智慧的"容器"。</p>
                        <p>人工智能是一门极富挑战性的科学，从事这项工作的人必须懂得计算机知识、心理学和哲学。人工智能是一门涉猎十分广泛的科学，它由不同的领域组成，如机器学习、计算机视觉等。总的来说，人工智能研究的一个主要目标是使机器能够胜任一些通常需要人类智能才能完成的复杂工作。但不同的时代、不同的人对这种"复杂工作"的理解是不同的。</p>
                </div>
                <footer>"人工智能"概念来自 <a href="#">百度百科</a></footer>
        </div>
 </body>
</html>
```

将以上代码另存为 8-4.html，放到站点的根目录下。

8.4.2　添加 .htaccess 支持

在创建用于缓存页面的 manifest 清单文件之前，首先需要为 Web 服务器配置本地缓存支持。前面介绍了如何修改 Apache 的 mime.types 文件，这里再介绍如何通过 .htaccess 文件进行配置：在网站的根目录下找到 .htaccess 文件，如果没有，创建一个，然后添加下面的内容：

```
AddType text/cache-manifest .manifest
```

该指令可以确保每个 manifest 文件为 text/cache-manifest MIME 类型。如果 MIME 类型不对，那么整个清单将没有任何效果，页面将无法离线使用。

说明：.htaccess 文件被称为分布式配置文件，它是 Apache 服务器中的一个配置文件，提供了针对目录改变配置的方法，负责相关目录下的网页配置。通过该文件，可以帮助用户实现网页重定向、自定义错误页面、改变文件扩展名、允许或组织特定的用户或目录访问、禁止目录列表、配置默认文档等功能。

8.4.3　创建 manifest 文件

配置服务器支持之后，接下来创建 manifest 文件。新建一个文本文件，另存为 offline.manifest。注意，该文件必须采用 UTF-8 编码格式。然后输入以下内容：

```
CACHE MANIFEST
8-4.html
css/style.css
img/image.jpg
img/image-med.jpg
img/image-small.jpg
img/notre-dame.jpg
```

在 CACHE 声明之后，罗列了所有需要缓存的文件。

8.4.4　关联 manifest 文件到 HTML5 页面

创建并保存 manifest 文件之后，接着需要将 manifest 文件关联到 HTML 页面。使用 html 元素的 manifest 属性进行关联，代码如下：

```
<html lang="en" manifest="offline.manifest">
```

8.4.5　测试离线应用

到此为止，对整个网站首页的缓存设置已经完毕。运行 HTML5 页面，然后修改 manifest 文件的版本，再回到浏览器，按 F5 键刷新页面，在控制台中可以看到图 8-6 所示的提示信息。在改变版本号后，浏览器显示本地缓存中的页面，然后解析 manifest 文件，发现有更新，于是向服务器请求所有资源，最后保存到本地，触发缓存更新事件。

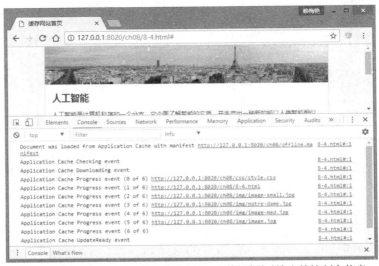

图 8-6　在更新 manifest 文件的内容后，刷新页面时输出的控制台信息

8.5　本章小结

过去要浏览网站，必须有网络才能进行浏览。而 HTML5 应用不需要始终保持网络连接，目前主流浏览器的最新版本都提供对 HTML5 缓存技术的支持。HTML5 提供了一个供本地缓存使用的 API——applicationCache，使用这个 API，可以实现离线 Web 应用程序的开发。HTML5 离线缓存的核心应用是：在用户没有 Internet 连接时，依然能够访问站点或应用；当用户有 Internet 连接时，自动更新缓存数据。

本章对 HTML5 离线缓存技术进行了详细讲解。离线缓存包含两部分内容：manifest 缓存清单和 JavaScript 接口。其中，manifest 缓存文件包含一些需要缓存的资源清单；JavaScript 接口提供用于更新缓存文件的方法以及对缓存文件的操作。在讲解离线技术的过程中，分别讲解了本地缓存技术产生的原因、本地缓存概述、浏览器对本地缓存的支持；在使用离线缓存技术时的服务器配置方法；applicationCache 对象的使用；最后，通过一个缓存网站首页的示例，展示了如何使用 HTML5 缓存技术。

目前技术发展越来越快，但实际项目需求的发展比技术发展更快，很多项目需要搬到 Web 网站上，但用户却希望 Web 应用也能拥有桌面应用那样的性能。因此，对于前端工程师来说，HTML5 离线技术是个绝妙的工具。

8.6　思考和练习

1. 本地缓存技术产生的原因是什么？
2. 本地缓存与浏览器网页缓存的区别是什么？
3. 在开发离线应用时，如果服务器端使用的是 Apache Web 服务器，应如何配置？
4. manifest 文件的结构如何？请简述结构中各节的含义。
5. 当使用离线缓存技术时，首次访问网站时，客户端和服务器是如何交互的？
6. 若网站已有本地缓存，客户端再次访问服务器时，如何交互？
7. 在已有本地缓存但 manifest 文件已更新的情况下，客户端和服务器如何交互？
8. 请搭建 8.4 节"缓存网站的首页"中的环境，并加以实践。

第9章　Web Workers多线程处理

本章介绍 HTML5 中新增的与线程相关的一个功能——使用 Web Workers 来实现 Web 平台上的多线程处理功能。通过 Web Workers，可以创建一个不会影响前端处理的后台线程，并且在这个后台线程中创建多个子线程。通过 Web Workers，可以将耗时较长的处理交给后台线程去处理，从而避免了过去因为某个处理耗时过长而弹出一个对话框，提示用户脚本运行时间过长，导致用户不得不结束这个操作的尴尬。

HTML5 中的 Web Worker 可以分为两种不同的线程类型：一种是专用线程(Dedicated Worker)，另一种是共享线程(Shared Worker)。这两种类型的线程各有不同的用途：专用线程只能为某一页面服务，不能为多个页面共享，而共享线程正好解决了这个问题。

在后台线程中，可以通过共享线程让多个页面共享同一个后台线程，从而可以将后台线程作为提供后台服务的场所使用，同时多个页面也可以通过后台线程来实现数据的共享。

本章学习目标：

- 掌握 Web Workers 的基本知识，能够使用 Web Workers 在 Web 网站或应用程序中创建一个后台线程
- 掌握在前端页面与后台线程进行数据交互时用到的方法和事件，能够在 JavaScript 脚本中实现前端页面和后台线程之间的数据交互
- 掌握在主线程之间嵌套子线程的方法，能够利用 JavaScript 脚本在主线程中创建一个或多个子线程，能够实现主线程与子线程、子线程与子线程之间的数据传递
- 了解在后台线程中可以使用 JavaScript 脚本中的对象、方法和事件
- 掌握共享线程的基本概念，如何使用共享线程，如何在共享线程中提供服务，以及如何在共享线程中实现数据共享。

9.1　认识 Web Workers

Web Workers 是 HTML5 中新增的、用来在 Web 应用程序中实现后台处理的一种技术。

9.1.1　HTML4 处理长耗时操作的问题

在使用 HTML4 与 JavaScript 创建的 Web 应用程序中，因为所有的处理都是在单线程内执行的，所以如果耗时比较长，程序界面就会处于长时间没有响应的状态。最糟糕的是，当耗时达到一定程度时，浏览器会弹出一个提示框，告知用户脚本运行时间过长，或是浏览器直接卡死，不能进行其他操作，使用户不得不中断正在执行的处理。

9.1.2　HTML5 针对长耗时操作的解决方法

为了解决 HTML4 中长耗时操作卡死浏览器的问题，HTML5 新增了一个 Web Workers

API。使用这个 API，用户可以很容易地创建在后台执行的线程。如果将可能耗费较长时间的操作交给后台去执行，那么对前端页面中执行的操作就没有任何影响了。

要创建后台线程，只需要在 Worker 类的构造函数中提供一个指向 JavaScript 文件资源的 URL，就可以创建 Worker 对象了，代码如下：

```
var worker = new Worker("worker.js");
```

通过这种方式创建的线程，属于专用线程，给 Worker 类的构造函数提供的指向 JavaScript 文件资源的 URL，是创建专用线程时 Worker 构造函数所需要的唯一参数。当 Worker 构造函数被调用之后，一个工作线程的实例便会被创建出来。

需要注意的是，在后台线程中是不能访问页面或窗口对象的。如果在后台线程的脚本文件中用到 window 或 document 对象，会引发错误。

另外，可以通过发送和接收消息来与后台线程互相传递数据。通过获取 Worker 对象的 onmessage 事件句柄，可以在后台线程中接收消息，代码如下：

```
worker.onmessage = function(event){
      //处理收到的消息

  }
```

使用 Worker 对象的 postMessage 方法来向后台线程发送消息，代码如下所示。发送的消息是文本数据，但也可以是任何 JavaScript 对象(需要通过 JSON 对象的 stringfy 方法将其转换成文本数据)。

```
worker.postMessage(message);
```

另外，同样可以通过获取 Worker 对象的 onmessage 事件句柄，或通过 Worker 对象的 postMessage 方法，在后台线程内部进行消息的接收和发送。

9.1.3　Web Workers 的使用示例

本节将通过一个累加求和运算的例子，演示 HTML4 在执行耗时操作时的问题，然后再使用 Web Workers 来实现同样的功能，以向读者展现 Web Workers 的优势。

【例 9-1】　单线程方式进行求和运算。

```
<!DOCTYPE html PUBHTML PUBLIC "-//W3C//DTD HTML 4.01 Transitional//EN"
"http://www.w3.org/TR/html4/loose.dtd">
<html>
 <head>
      <meta charset="UTF-8">
      <title>Worker 的使用</title>
      <script type="text/javascript">
          function calculate(){
              var num = parseInt(document.getElementById("num").value,10);
              var result = 0;
              //循环计算求和
              for(var i = 0;i <= num;i++){
                  result += i;
              }
              alert("累加值为：" + result + "。");
          }
      </script>
```

```
    </head>
    <body>
        <h1>累加求和示例</h1>
        输入数值：<input type="text" id="num" />
        <button onclick="calculate()">计算</button>
    </body>
</html>
```

运行以上程序，在文本框中输入数值并单击"计算"按钮后，在弹出合计值消息框之前，用户不能在该页面上进行操作。另外，虽然用户在文本框中输入比较小的数值时不会有什么问题，但是当用户在文本框中输入很大的数值时，浏览器就会卡死。

在 HTML5 中，可以重写以上示例，使用 Web Workers API 让耗时较长的运算在后台运行，这样在文本框中无论输入多大的数值都可以正常运算。

【例 9-2】　使用 Web Workers 优化求和运算。

```
    <!DOCTYPE html>
    <html>
     <head>
        <meta charset="UTF-8">
        <title>Worker 的使用</title>
        <script type="text/javascript">
            //创建执行运算的线程
            var worker = new Worker("js/SumCalculate.js");
            //接收从线程中传出来的计算结果
            worker.onmessage = function(event){
                //把消息文本放置在 data 属性中，可以是任何 JavaScript 对象
                alert("累加值为：" + event.data + "。");
            };
            function calculate(){
                var num = parseInt(document.getElementById("num").value,10);
                //将数值传给线程
                worker.postMessage(num);
            }
        </script>
     </head>
     <body>
        <h1>累加求和示例</h1>
        输入数值：<input type="text" id="num"/>
        <button onclick="calculate()"></button>
     </body>
    </html>
```

以上代码把对给定值的求和运算的处理放到线程中单独执行，并且把线程代码单独书写在 SumCalculate.js 脚本文件中，这个脚本文件中的代码如下：

```
    onmessage = function(event){
      var num = event.data;
      var result = 0;
      for(var i=0;i<=num;i++){
            result += i;
```

```
    }
    //向线程创建源回送消息
    postMessage(result);
}
```

这个求和运算示例在浏览器中能正常运行，除非累加结果受计算机本身的数据类型可表示位数的限制。运行结果如图 9-1 所示。

图 9-1　求和运算结果

9.1.4　Web Workers 的使用场合

在实际项目开发中，Web Workers API 适用于如下一些场合：

- 预先抓取并缓存一些数据以供后期使用。
- 代码高亮处理或其他一些页面上的文字格式化处理。
- 拼写检查。
- 分析视频或音频数据。
- 后台的输入/输出操作。
- 大数据量分析和计算操作。
- canvas 元素中图像数据的运算和生成处理。
- 本地数据库中数据的存取和计算问题。

9.2　使用 Web Workers

从前面介绍的示例可知，使用 Web Workers 的步骤十分简单。只需要在 Worker 类的构造函数中，将需要在后台线程中执行的脚本文件的 URL 地址作为参数，然后创建 Worker 对象。但需要注意的是，在使用 Web Workers 前，需要检查浏览器是否支持，以免用户的浏览器版本不支持 Web Workers，导致应用不能正常运行。本节就来介绍如何检查浏览器对 Web Workers 的支持情况，以及页面如何和线程进行数据交互。

9.2.1　检查浏览器支持情况

在调用 Web Workers API 之前，应该确认当前浏览器是否支持。如果不支持，可以提供一些备用信息，提醒用户使用最新版的浏览器。例如，下面的代码可以用来测试浏览器的支持情况：

```
function testWorker(){
    if(typeof(Worker)!=="undefined"){
        document.getElementById("support").innerHTML="浏览器不支持 HTML5 Web Workers";
    }
}
```

在这段代码中，使用 testWorker 函数来检测浏览器的支持情况，可在页面加载时调用该函数。调用 typeof(Worker)会返回全局 window 对象的 Worker 属性，如果浏览器不支持 Web Workers API，返回结果将是 undefined。上面这段代码在检测了浏览器支持情况之后，会将检测结果反馈回页面。

9.2.2 与线程进行数据交互

前面介绍过，后台线程不能直接访问页面或窗口对象，但是并不代表后台线程不能与页面之间进行数据交互。接下来看一个后台线程与前端页面进行交互的示例。

该例将在页面上随机生成一个整数数组，然后将该数组传入线程，筛选出该数组中可以被 5 整除的数字，然后显示在页面的表格中。如果能够把数组显示在页面的表格中，那么就能够采取同样的方法，把字符串、数组、列表中的数据显示在页面的表格或表单控件中，甚至显示到统计图中。

【例 9-3】　页面与线程进行数据交互。

首先来构建页面显示代码。页面的 HTML 代码部分有一个空白表格，在页面脚本中随机生成整数数组，然后发送到后台线程，筛选出能够被 5 整除的数字，并传回页面。在页面脚本中根据筛选结果动态创建表格中的行和列，并将筛选结果显示在表格中。代码如下：

```
<!DOCTYPE html>
<html>
<head>
<meta charset="UTF-8">
<title>实现前台和后台的线程数据交互</title>
<script>
var intArray=new Array();        //产生随机数组
var intStr="";                   //将随机数组用字符串进行连接
    //生成 200 个随机数
    for(var i=0;i<200;i++){
    intArray[i]=parseInt(Math.random()*200);
    if(i!=0){
    intStr+=";";                 //用分号作为随机数组的分隔符
    }
    intStr+=intArray[i];
    }
    //向后台线程提交随机数组
    var worker=new Worker("js/test.js");
    worker.postMessage(intStr);
    //从线程中取得计算结果
    worker.onmessage=function(event){
    if(event.data!=""){
    var h;                       //行号
```

```
            var l;                     //列号
            var tr;
            var td;
            var intArray=event.data.split(";");
            var table=document.getElementById("table");
            for(var i=0;i<intArray.length;i++){
            //h=parseInt(i/15,0);
            h=parseInt(i/15);
            l=i%15;
            //该行不存在
            if(l==0){
            //添加新行的判断
            tr=document.createElement("tr");
            tr.id="tr"+h;
            table.appendChild(tr);
            }
            //该行已经存在的话
            else{
            //获取该行
            tr=document.getElementById("tr"+h);
            }
            //添加列
            td=document.createElement("td");
            tr.appendChild(td);
            //设置该列的数字内容
            td.innerHTML=intArray[h*15+l];
            //设置该列的背景颜色
            td.style.background="#f56848";
            //设置该列的数字颜色
            td.style.color="#000000";
            //设置宽度
            td.width="30";
            }
            }
        };
</script>
</head>
<body>
<h2 style="text-shadow:3px 3px 6px blue;">从随机生成的数字中抽取 5 的倍数显示实例</h2>
<table id="table" border="" cellspacing="" cellpadding="">
</table>
</body>
</html>
```

该例使用了一个脚本文件 test.js，将后台线程中的代码存放在该文件中，程序代码如下：

```
onmessage=function(event){
  var data=event.data;
  var returnStr;                    //将 5 的倍数组成字符串返回
  var intArray=data.split(";");
```

```
returnStr="";
for(var i=0;i<intArray.length;i++){
    if(parseInt(intArray[i]%5)==0){
        if(returnStr!=""){
            returnStr+=";";
        }
        returnStr+=intArray[i];
    }
}
postMessage(returnStr);        //返回由 5 的倍数拼接成的字符串
};
```

执行以上程序，效果如图 9-2 所示。

图 9-2　程序运行效果

9.3　线程的嵌套

在线程中可以嵌套子线程，从而可以把一个较大的后台线程切分成几个子线程，在每个子线程中各自完成相对独立的一部分工作。

9.3.1　单层嵌套

接下来介绍一个线程单层嵌套的示例，在该例中，修改前面介绍的与线程进行数据交互的那个示例，把生成随机数组的任务放到后台线程中完成，然后使用一个子线程在随机数组中筛选可以被 5 整除的数字。同时，本例对于数组的传递以及筛选结果的传递均采用 JSON对象进行转换，验证是否能在线程之间传递 JavaScript 对象。

【例 9-4】 单层嵌套的线程。

```
<!DOCTYPE html>
<html>
  <head>
        <meta charset="UTF-8">
        <title>单层嵌套示例</title>
        <script type="text/javascript">
            var worker = new Worker("js/script.js");
            worker.postMessage("");
            //从线程中取得计算结果
```

```
            worker.onmessage = function(event){
                if(event.data!=""){
                    var h;          //行号
                    var l;          //列号
                    var tr;
                    var td;
                    var intArray=event.data.split(";");
                    var table=document.getElementById("table");
                    for(var i=0;i<intArray.length;i++){
                      h=parseInt(i/15);
                      l=i%15;
                      //该行不存在
                            if(l==0){
                            //添加新行的判断
                                tr=document.createElement("tr");
                            tr.id="tr"+h;
                            table.appendChild(tr);
                                }
                        //该行已经存在的话
                            else{
                        //获取该行
                            tr=document.getElementById("tr"+h);
                            }
                    //添加列
                    td=document.createElement("td");
                        tr.appendChild(td);
                    //设置该列的数字内容
                    td.innerHTML=intArray[h*15+l];
                    //设置该列的背景颜色
                    td.style.background="#f56848";
                    //设置该列的数字颜色
                    td.style.color="#000000";
                    //设置宽度
                    td.width="30";
                    }
                }
            };
        </script>
    </head>
    <body>
        <h1>从随机生成的数字中抽取 5 的倍数并显示示例</h1>
        <table id="table"></table>
    </body>
</html>
```

接下来介绍该例的后台线程的主线程代码部分，在该线程中随机生成由 100 个整数构成的数组，然后把数组提交到子线程，在子线程中把可以被 5 整除的数字挑选出来，然后送回主线程，主线程再把挑选结果送回页面进行显示：

```
onmessage = function(event){
    var intArray = new Array(100);
    //生成 100 个能被 5 整除的数
    for(var i=0;i<100;i++){
        intArray[i]=parseInt(Math.random()*100);
    }
    var worker = new Worker("worker2.js");
    //把随机数组提交给子线程进行筛选
    worker.postMessage(JSON.stringify(intArray));
    worker.onmessage = function(event){
        //把筛选结果返回给页面
        postMessage(event.data);
    }
}
```

需要注意的是，该例向子线程中提交消息时使用的是 worker.postMessage 方法，而向首页提交消息时使用的是 postMessage 方法。在该线程中，向子线程提交消息时使用子线程对象的 postMessage 方法，而向该线程创建源发送消息时直接使用 postMessage 方法。

接下来介绍该例子线程部分的代码。子线程在接收到的随机数组中筛选能被 5 整除的数字，然后拼接成字符串并返回。

```
onmessage = function(event){
    //还原整数数组
    var intArray = JSON.parse(event.data);
    var returnStr = "";
    for(var i=0;i<intArray.length;i++){
        //能否被 5 整除
        if(parseInt(intArray[i])%3==0){
            if(returnStr!=""){
                returnStr+=";";
            }
            //将能被 5 整除的数字拼接成字符串
            returnStr += intArray[i];
        }
    }
    //返回拼接的字符串
    postMessage(returnStr);
    close();
}
```

需要注意的是，在子线程中向发送源发送回消息后，如果子线程不再使用，最好使用 close 语句关闭子线程。

9.3.2　在多个子线程中进行数据交互

除了页面和子线程之间可以进行数据交互之外，多个子线程之间也可以实现数据交互。要实现子线程之间的数据交互，大致需要以下几个步骤：

(1) 创建发送数据的子线程。

(2) 执行子线程中的任务，然后把要传递的数据发送给主线程。

(3) 主线程接收到子线程传来的消息，创建接收数据的子线程，然后把接收到的消息传递给接收数据的子线程。

(4) 执行接收数据的子线程中的代码。

下面通过示例来进行说明。

【例 9-5】　在多个子线程之间进行数据交互。

首先，HTML 页面代码仍使用之前示例的页面；然后，编写主线程中的代码，如下所示：

```
onmessage = function(event){
    var worker;
    //创建发送数据的子线程
    worker = new Worker("worker1.js");
    worker.postMessage("");
    worker.onmessage = function(event){
        //接收子线程中的数据，本例创建随机数组
        var data = event.data;
        //创建接收数据的子线程
        worker = new Worker("worker4.js");
        //把发送数据子线程返回的消息传递给接收数据子线程
        worker.postMessage(data);
        worker.onmessage = function(event){
            //获取接收数据子线程传回的数据
            var data = event.data;
            //把筛选结果发回页面
            postMessage(data);
        }
    }
}
```

接下来看一下该例中发送数据子线程中的代码。发送数据子线程创建一个由 100 个随机整数构成的数组，代码如下：

```
onmessage = function(event){
    var intArray = new Array(100);
    for(var i=0;i<100;i++){
        intArray[i]=parseInt(Math.random()*100);
    }
    //发送回随机数组
    postMessage(JSON.stringify(intArray));
    close();
}
```

9.4　线程中可用的变量、函数与类

因为 Web Worker 属于一种被后台执行的线程，所以在后台线程中，只能使用 JavaScript 脚本文件中的部分对象与方法，这些对象和方法如下：

- self：用来表示本线程范围内的作用域。
- postMessage(message)：用于向创建线程的源线程发送信息。

- onmessage：获取接收消息的事件句柄。
- importScripts(urls)：导入其他 JavaScript 脚本文件。参数为脚本文件的 URL 地址，可以导入多个脚本文件。例如：

  importScripts('script1.js','scripts/scripts2.js','scripts/script3.js');

  导入的脚本文件必须与使用线程文件的页面在同一个域中，且在同一个端口。
- navigator 对象：与 window.navigator 对象类似，具有 appName、platform、userAgent、appVersion 属性。
- sessionStorage/localStorage：可以在线程中使用 Web 存储。
- XMLHttpRequest：可以在线程中处理 Ajax 请求。
- Web Workers：可以在线程中嵌套线程。
- setTimeout( )/setInterval( )：可以在线程中实现定时处理。
- close：用于结束本线程。
- eval( )、isNaN( )、escape( )等：可以使用所有 JavaScript 核心函数。
- object：可以创建和使用本地对象。
- WebSockets：可以使用 WebSockets API 来向服务器发送和接收消息。
- FileSystem：可以在线程中通过同步 FileSytem API 来实现受沙箱保护的文件系统中文件及目录的创建、更新和删除操作。

9.5　共享线程

　　前面介绍过，Worker 对象仅为一个页面专有，即当前页面创建的 Worker 对象，不能为其他页面提供数据信息。但在实际应用中，需要在多个页面间共享相同的信息。为了解决这个问题，HTML5 提供了 SharedWorker 对象，用于在多个页面间共享信息。

9.5.1　基础知识

　　SharedWorker 对象可以作为提供后台服务的场所。共享线程可以用两种方式来定义：一种是通过指向 JavaScript 脚本资源的 URL 来创建，另一种是通过显式的名称。当通过显式的名称来定义时，在创建共享线程的第一个页面中使用的 URL 会被用作共享线程的 JavaScript 脚本资源 URL。通过这样一种方式，允许相同域中的多个应用程序使用同一个提供公共服务的共享线程，从而不需要所有的应用程序都去与提供公共服务的这个 URL 保持联系。

　　无论在什么情况下，共享线程的作用域或生效范围都由创建它的域定义。因此，两个不同的站点(即域)即使使用相同的共享线程名称，也不会发生冲突。

　　创建共享线程可以通过使用 SharedWorker( )构造函数来实现，这个构造函数使用 URL 作为第一个参数，即指向 JavaScript 资源文件的 URL。同时，如果提供了第二个参数，那么这个参数将被用作这个共享线程的名称。创建方法如下：

  var worker = new SharedWorker(url,[name]);

　　其中，url 参数用于指定后台脚本文件的 URL 地址，在后台脚本文件中定义了在后台线程中所要执行的处理操作；name 参数是可选项，用于指定 Worker 的名称。当创建多个 SharedWorker 对象时，脚本文件将根据创建这些 SharedWorker 对象时使用的 url 参数值与 name

参数值来决定是否创建不同的线程。

以下是几种常见的创建 SharedWorker 对象的情形：

```
//以下两个 SharedWorker 对象共享同一个后台线程
var worker1 = new SharedWorker("worker1.js");
var worker2 = new SharedWorker("worker1.js");
//以下两个 SharedWorker 对象创建两个不同的后台线程
var worker1 = new SharedWorker("worker1.js");
var worker2 = new SharedWorker("worker2.js");
//以下两个 SharedWorker 对象共享同一个后台线程
var worker1 = new SharedWorker("worker1.js","name1");
var worker2 = new SharedWorker("worker1.js","name1");
//为以下两个 SharedWorker 对象创建两个不同的后台线程
var worker1 = new SharedWorker("worker1.js","name1");
var worker2 = new SharedWorker("worker1.js","name2");
```

9.5.2　与共享线程通信

与共享线程的通信跟专用线程一样，也是通过使用隐式的 MessagePort 对象实例来完成的。当使用 SharedWorker( )构造函数时，这个对象将通过一种引用的方式被返回。可以通过这个引用的 port 端口属性来与它进行通信。发送消息与接收消息的代码示例如下：

```
//从端口接收数据，包括文本数据以及结构化数据
worker.port.onmessage = function (event) { define your logic here... };
//向端口发送普通文本数据
worker.port.postMessage('put your message here … ');
//向端口发送结构化数据
worker.port.postMessage({ username: 'usertext'; live_city: ['data-one', 'data-two', 'data-three','data-four']});
```

其中，在上述示例代码中，第一个示例使用 onmessage 事件处理程序来接收消息，第二个示例使用 postMessage 来发送普通文本数据，第三个示例使用 postMessage 来发送结构化数据，这里使用了 JSON 数据格式。

9.6　线程的工作原理

9.6.1　线程事件处理模型

当工作线程由一个具有 URL 参数的构造函数创建时，它需要一系列的处理流程来处理和记录它本身的数据和状态。下面给出了工作线程的处理模型：

(1) 创建独立的并行处理环境，并且在此环境中异步执行接下来的步骤。

(2) 如果它的全局作用域是 SharedWorkerGlobalScope 对象，那么把最合适的应用程序缓存和它联系在一起。

(3) 尝试从它提供的 URL 里面使用 synchronous 和 force same-origin 标志获取脚本资源。

(4) 新脚本在创建时遵照下面的步骤：

① 创建脚本的执行环境。

② 使用脚本的执行环境解析脚本资源。

③ 设置脚本的全局变量为工作线程全局变量。

④ 设置脚本编码为 UTF-8 编码。

(5) 启动线程监视器，关闭孤立线程。

(6) 对于挂起的线程，启动线程监视器，监视挂起线程的状态，及时在并行环境中更改它们的状态。

(7) 跳入脚本初始点，并且启动运行。

(8) 如果全局变量为 DedicatedWorkerGlobalScope 对象，那么在线程的隐式端口中启用端口消息队列。

(9) 对于事件循环，等待直到事件循环列表中出现新的任务。

(10) 首先运行事件循环列表中最先进入的任务，但是用户代理可以选择运行任何一个任务。

(11) 如果事件循环列表拥有 mutex 互斥信号量，那么释放它。

(12) 运行完一个任务后，从事件循环列表中删除它。

(13) 如果事件循环列表中还有任务，那么继续前面的步骤以执行这些任务。

(14) 如果活动超时，清空工作线程的全局作用域列表。

(15) 释放工作线程的端口列表中的所有端口。

9.6.2　线程的应用范围和作用域

线程的全局作用域仅限于工作线程本身，即在线程的生命周期内有效。WorkerGlobalScope 接口代表它的全局作用域，下面来看下这个接口(WorkerGlobalScope 抽象接口)的具体细节：

```
interface WorkerGlobalScope {
  readonly attribute WorkerGlobalScope self;
  readonly attribute WorkerLocation location;
void close();
attribute Function onerror;
};
WorkerGlobalScope implements WorkerUtils;
WorkerGlobalScope implements EventTarget;
```

可以使用 WorkerGlobalScope 的 self 属性来实现对这个对象本身的引用。location 属性返回线程被创建出来时与之关联的 WorkerLocation 对象，表示用于初始化这个工作线程的脚步资源的绝对 URL，即使在页面被多次重定向之后，这个 URL 资源位置也不会改变。

在脚本调用 WorkerGlobalScope 的 close( )方法后，会自动执行下面的两个步骤：

(1) 删除这个工作线程事件队列中的所有任务。

(2) 设置 WorkerGlobalScope 对象的 closing 状态为 true(这将阻止以后任何新的任务继续被添加到事件队列中)。

9.6.3　线程的生命周期

线程之间的通信必须依赖浏览器的上下文环境，并且通过它们的 MessagePort 对象实例传递消息。每个工作线程的全局作用域都拥有这些线程的端口列表，这些列表包括所有线程要用到的 MessagePort 对象。在专用线程的情况下，这个列表还会包含隐式的 MessagePort 对象。

每个工作线程的全局作用域对象 WorkerGlobalScope 还会有一个工作线程的线程列表，在初始化时这个列表为空。当工作线程被创建或者拥有父工作线程时，它们就会被填充进来。

最后，每个工作线程的全局作用域对象 WorkerGlobalScope 还拥有这个线程的文档对象列表，在初始化时这个文档对象列表为空。当工作线程被创建时，文档对象就会被填充进来。无论何时，当一个文档对象被丢弃时，就要从这个文档对象列表中将之删除。

在工作线程的生命周期中，定义了下面四种不同类型的线程名称，用以标识它们在线程的整个生命周期中的不同状态：

- 当一个工作线程的文档对象列表不为空时，这个工作线程被称为许可线程。
- 当一个工作线程是许可线程并且拥有数据库事务，或者拥有网络连接，或者其工作线程列表不为空时，这个工作线程被称为受保护的线程。
- 当一个工作线程的文档对象列表中的任何一个对象都处于完全活动状态时，这个工作线程被称为需要激活的线程。
- 当一个工作线程既是非需要激活的线程，同时又是许可线程时，这个工作线程被称为挂起线程。

9.7　综合实战

9.7.1　使用线程做后台数值计算

工作线程最简单的应用就是用来做后台数值计算，而这种计算并不会中断前台用户的操作。下面我们提供了一个线程的代码片段，用来执行一项相对来说比较复杂的任务：计算两个非常大的数字的最小公倍数和最大公约数。

在这个例子中，我们在主程序页面中创建一个后台工作线程，并且向这个后台工作线程分配任务(即传递两个特别大的数字)。当工作线程执行完这个任务时，便向主程序页面返回计算结果。而在这个过程中，主程序页面不需要等待这个耗时的操作，可以继续进行其他的行为或任务。

【例 9-6】　使用线程做后台数值计算。

本例把这个应用场景分为两个主要部分：一个是主程序页面，可以包含主 JavaScript 应用入口、用户其他操作 UI 等；另一个是后台工作线程脚本，用来执行计算任务。

主程序页面的代码如下：

```
<!DOCTYPE HTML>
<html>
<head>
<title>后台数值计算</title>
</head>
<body>
 <div>最小公倍数和最大公约数:
 <p id="computation_results">请稍后, 正在计算 … </p>
```

```
    </div>
    <script>
        var worker = new Worker('js/numberworker.js');
        worker.postMessage("{first:347734080,second:3423744400}");
        worker.onmessage = function (event)
        {
            document.getElementById('computation_result').textContent = event.data;
        };
    </script>
</body>
</html>
```

后台线程 numberworker.js 的代码如下：

```
/* 这个线程主要用来求最小公倍数和最大公约数   */
onmessage = function (event)
{
    var first=event.data.first;
    var second=event.data.second;
    calculate(first,second);
};
/* 计算最小公倍数和最大公约数   */
function calculate(first,second) {
    var common_divisor=divisor(first,second);
    var common_multiple=multiple(first,second);
        postMessage("Work done! " +
    "The least common multiple is "+common_divisor
    +" and the greatest common divisor is "+common_multiple);
}
/*  求最大公约数   */
function divisor(a, b) {
    if (a % b == 0) {
        return b;
    }else{
        return divisor(b, a % b);
    }
}
/*  求最小公倍数   */
function multiple( a,   b) {
    var multiple = 0;
    multiple = a * b / divisor(a, b);
    return multiple;
}
```

　　在主程序页面中，使用 Worker( )构造函数创建一个新的工作线程，它返回一个代表线程本身的线程对象。接下来使用这个线程对象与后台脚本进行通信。该线程对象有两个主要事件处理程序：postMessage 和 onmessage 。postMessage 用来向后台脚本发送消息，onmessage 用来接收从后台脚本传递过来的消息。

　　在后台工作线程的代码片段中，定义了两个函数：一个是 divisor( )，用以计算最大公约数；另一个是 multiple( )，用以计算最小公倍数。同时，工作线程的 onmessage 事件处理程序用以接收从主程序页面传递过来的数值，然后把这两个数值传递给 calculate( )函数用以计算。计算完成后，调用事件处理程序 postMessage，把计算结果发送到主程序页面。

9.7.2　使用共享线程处理多用户并发连接

由于线程的构建及销毁都要消耗很多系统性能，例如 CPU 处理器的调度、内存的占用及回收等，因此在一般的编程语言中都会有线程池的概念。线程池是一种对多线程进行并发处理的形式，在处理过程中，系统将所有任务添加到一个任务队列中，然后在构建好线程池之后自动启动这些任务。处理完任务后，再把线程回收到线程池中，用于下一次任务调用。线程池也是共享线程的一种应用。

HTML5 也引入了共享线程技术，但是由于每个共享线程可以有多个连接，HTML5 为共享线程提供了和普通工作线程稍微有些区别的 API 接口。下面通过例子来讲述共享线程的用法。

【例 9-7】　创建一个共享线程，用于接收从不同连接发送过来的指令，然后实现指令处理逻辑，指令处理完毕后，将结果返回给各个不同的连接用户。

首先，页面代码如下：

```
<!DOCTYPE html>
<html>
<head>
<meta charset="UTF-8">
<title>在 HTML5 中使用共享线程</title>
<script type="text/javascript">
  var worker = new SharedWorker('js/sharedworker.js');
  var log = document.getElementById('response_from_worker');
  worker.port.addEventListener('message', function(e) {
      log.textContent =e.data;
      }, false);
  worker.port.start();
  worker.port.postMessage('监听用户界面..');
  //发送用户数据到共享线程
  function postMessageToSharedWorker(input)
  {
      //定义一个 JSON 对象来初始化请求
      var instructions={instruction:input.value};
      worker.port.postMessage(instructions);
  }
</script>
</head>
<body onload=''>
  <output id='response_from_worker'>共享线程示例</output>
  发送指令到共享线程：
  <input type="text" autofocus oninput="postMessageToSharedWorker(this);return false;"></input>
</body>
</html>
```

用于处理用户指令的共享线程 sharedworker.js 的代码如下：

```
/* 创建一个共享线程，用于接收从不同连接发送过来的指令，指令处理完毕后，将结果返回到各
个不同的连接用户。*/
/*
* 统计连接数，这个变量可被所有共享线程访问
*/
var connect_number = 0;
onconnect = function(e) {
    connect_number =connect_number+ 1;
    //取得第一个端口
    var port = e.ports[0];
    port.postMessage('一个新的连接! 当前连接 ID 是 ' + connect_number);
    port.onmessage = function(e) {
        //获取请求过来的指令
        var instruction=e.data.instruction;
        var results=execute_instruction(instruction);
        port.postMessage('Request: '+instruction+' Response '+results +' from shared worker...');
            };
};
/*
* 该方法用来执行请求过来的指令
* @param instruction
* @return
*/
function execute_instruction(instruction)
{
    var result_value;
    //实现逻辑代码
    //执行指令
    return result_value;
}
```

　　在上面的共享线程例子中，在主程序页面(即各个用户连接的页面)上构造出一个共享线程对象，然后定义一个方法 postMessageToSharedWorker，向共享线程发送从用户那里得到的指令。同时，在共享线程的实现代码片段中定义 connect_number，用来记录连接到这个共享线程的总数。之后，用 onconnect 事件处理程序接受来自不同用户的连接，解析它们传递过来的指令。最后，定义一个方法 execute_instruction，用于执行用户的指令，指令执行完毕后，将结果返回给各个用户。

　　这里并没有像前面的例子一样用到工作线程的 onmessage 事件处理程序，而是使用了另一种方式 addEventListener。实际上，这两种方式的实现原理基本一致，只是稍有差别。如果使用 addEventListener 来接受来自共享线程的消息，那么就要使用 worker.port.start( )方法来启动这个端口。之后就可以像工作线程那样正常地接收和发送消息。

9.7.3　HTML5 线程代理

　　随着多核处理器的流行，现代计算机一般都拥有多核 CPU，这也使得任务能够在处理器级别并发执行。如果要在一个具有多核 CPU 的客户端用单线程执行程序，即处理业务逻辑，

往往不能最大化地利用系统资源。因此，在这种情况下，我们可以将一个耗时较长或复杂的任务拆分成多个子任务，把每一个子任务分担给一个工作线程，从而让多个工作线程共同承担单个线程的工作负载，同时又能够并发地执行，最大化地利用系统资源(CPU、内存、I/O等)。

【例 9-8】　计算全球人口的数量。

首先，设计主程序页面的代码，如下：

```
<!DOCTYPE html>
<html>
<head>
<meta charset="UTF-8">
<title>在 HTML5 中使用代理线程</title>
<script>
    var worker = new SharedWorker('js/delegationworker.js');
    var log = document.getElementById('response_from_worker');
    worker.onmessage = function (event) {
    //统计来自代理线程的人口
    var resultdata = event.data;
    var population = resultdata.total_population;
    var showtext = 'The total population of the word is '+population;
    document.getElementById('response_from_worker').textContent = showtext;
    };
</script>
</head>
<body onload="">
    <output id='response_from_worker'>共享线程示例：如何在 HTML5 中使用代理线程</output>
</body>
</html>
```

主工作线程 delegationworker.js 的代码如下：

```
/*
* 定义国家列表
*/
var country_list = ['Albania','Algeria','American','Andorra','Angola','Antigua','....'];
// 定义用于记录人口的变量
var total_population = 0;
var country_size = country_list.length;
var processing_size = country_list.length;
for (var i = 0; i < country_size; i++)
{
    var worker = new Worker('js/subworker.js');
    //发送至代理线程
    var command={command:'start',country:country_list[i]};
    worker.postMessage(command);
    worker.onmessage = update_results;
}

/*
```

```
 *  用于更新结果的方法
 * @param event
 * @return
 */
function storeResult(event)
{
  total_population += event.data;
  processing_size -= 1;
  if (processing_size <= 0)
  {
    //完成计算，提交结果至主页面并显示
    postMessage(total_population);
  }
}
```

代理线程 subworker.js 的代码如下：

```
//为代理线程定义 onmessage 事件句柄
onmessage = start_calculate;

/*  开始计算  */
function start_calculate(event)
{
  var command=event.data.command;
  if(command!=null&&command=='start')
  {
    var coutry=event.data.country;
    do_calculate(country);
  }
  onmessage = null;
}

/*  返回国家人口  */
function do_calculate(country)
{
  var population = 0;
  var cities =                  //获取一个国家的所有城市
  for (var i = 0; i < cities.length; i++)
  {
    var city_popu=0;
    population += city_popu;
  }
    postMessage(population);
    close();
}
```

　　综上可知，HTML5 Web Worker 的多线程特性为 Web 应用开发人员提供了强大的并发程序设计功能，允许开发人员设计开发出性能和交互性更好的富客户端应用程序。本章不仅仅详细讲述 HTML5 中的多线程规范，同时也以几种典型的应用场景为例，以实例的形式讲解 HTML5 中的多线程编程及其应用，为用户提供详细而全面的参考，并且指导开发人员设计和构建更为高效和稳定的 Web 多线程应用。

9.8　本章小结

　　本章介绍 HTML5 中新增的与线程相关的 Web Workers 技术，用来实现 Web 平台上的多线程处理功能。通过 Web Workers，可以创建一个不会影响前端处理的后台线程，并且可以在这个后台线程中创建多个子线程。通过 Web Workers，可以将耗时较长的处理交给后台线程去处理。

　　Web Worker 可以分为两种不同的线程类型：一种是专用线程(Dedicated Worker)，另一种是共享线程(Shared Worker)。这两种类型的线程各有不同的用途：专用线程只能为某一页面服务，不能为多个页面共享，而共享线程正好解决了这个问题。

　　在后台线程中，可以通过共享线程让多个页面共享同一个后台线程，从而可以将后台线程作为提供后台服务的场所使用，同时多个页面也可以通过后台线程来实现数据的共享。

　　本章在介绍多线程的过程中，主要详细讲解了多线程处理技术产生的原因，如何检查浏览器对多线程的支持，单个线程的创建，嵌套线程的创建，共享线程的使用，线程的工作原理等；最后讲解了几个示例，教会大家怎么使用学到的多线程技术解决实际问题。

9.9　思考和练习

　　1. HTML5 中 Web Workers 功能的概念及使用场合。

　　2. 利用 Web Workers 技术，实现一个累加求和运算示例。

　　3. 页面和线程如何进行交互？

　　4. 如果存在多个子线程，子线程之间如何进行数据交互？

　　5. 共享线程和专有线程有何区别？

　　6. 简述线程的工作原理。

　　7. 创建一个共享线程，用于接收从不同连接发送过来的指令，处理指令，然后将结果返回到各个不同的连接用户。

第10章 Geolocation地理位置

HTML5 新增了 Geolocation API(地理位置应用编程接口),这组 API 提供了一种可以准确感知浏览器用户当前位置的方法。如果浏览器支持,且设备具有定位功能,就能够直接使用这组 API 来获取当前位置信息。Geolocation API 可以应用于移动设备上的地理位置应用。

Geolocation API 允许用户在 Web 应用程序中共享位置信息,使得用户能够享受位置感知服务。本章将介绍位置信息的来源:纬度、经度和其他属性,以及获取这些数据的途径,如GPS、Wi-Fi 和蜂窝站点等。然后,讨论 HTML5 地理定位数据的隐私问题,以及浏览器如何使用这些数据。最后,深入探讨 Geolocation API 在实际中的应用。目前有两种类型的定位请求:单次定位请求和重复位置更新请求。本章将对这两种请求方式进行介绍,并演示如何构建实用的 Geolocation 应用程序。

本章学习目标:

- 了解位置信息的表示方式
- 熟悉位置信息的来源,包括 IP 定位、GPS 定位、Wi-Fi 定位、手机定位以及自定义定位这 5 种来源
- 掌握 Geolocation API 的使用方法,包括检测浏览器支持情况、获取当前地理位置、持续监视位置信息变化、停止获取位置信息、隐私保护、处理位置信息和 position 对象的使用等。
- 学会使用 Geolocation API 开发实用应用程序。

10.1 Geolocation API 的基本知识

HTML5 Geolocation API 的使用方法比较简单,请求位置信息,如果用户同意,浏览器就会返回位置信息。位置信息是通过支持 HTML5 地理定位功能的底层设备(例如笔记本电脑或手机)提供给浏览器的。位置信息由纬度、经度坐标和其他元数据组成。有了这些位置信息,就可以创建位置感知类应用程序。本节主要介绍位置信息的表示方式及来源。

10.1.1 位置信息的表示方式

位置信息主要由纬度和经度坐标组成,例如:

Latitude: 40.12444, Longitude: -120.11223

在这里,Latitude 表示纬度,Longitude 表示经度。经纬度坐标可以用下面两种方式表示:

- 十进制格式,如 40. 12444。
- DMS 角度格式,如 40°20′。

Geolocation API 返回的坐标格式为十进制格式。

除了纬度和经度坐标,Geolocation API 还提供位置坐标的准确度,并提供其他元数据,

具体情况取决于浏览器所运行的硬件设备，这些元数据包括海拔、海拔准确度、行驶方向和速度等。如果这些元数据不存在，则返回 null。

10.1.2　位置信息的来源

Geolocation API 不指定设备使用哪种底层技术来定位应用程序的用户。相反，Geolocation API 只是用于检索信息的 API，而且通过这组 API 检索到的数据只具有某种程度的准确性，并不能保证设备返回的实际位置是精确的。设备可以使用的数据包括：IP 地址、三维坐标 (GPS 全球定位系统，从 RFID、蓝牙到 Wi-Fi 的 MAC 地址，GSM 或 CDMA 手机的 ID)。

1. IP 定位

在 Geolocation API 之前，基于 IP 地址的地理定位方法是获得位置信息的唯一方式，但返回的位置信息通常不准确。基于 IP 地址的地理定位的实现原理是：自动查找用户的 IP 地址，然后检索其注册的物理地址。因此，如果 IP 地址是由 ISP 提供的，其位置往往就由服务供应商的物理地址决定，该地址可能距离用户数千米。

IP 定位的优点是：任何地方都可用；在服务器端处理。缺点是：不精确，一般精确到城市级；运算代价大，并经常出错。

许多网站会根据 IP 地址得到的位置信息来做广告，所以在实际中可能会遇到这样的情况：你到其他国家旅行，在访问非本地网站时突然看到本地广告，这就基于访问网站所在国家或地区的 IP 地址。

2. GPS 定位

GPS 定位是通过收集运行在地球周围的多个 GPS 卫星的信号实现的，但 GPS 定位时间可能比较长，因此不适合应用于需要快速响应的应用程序。因为获取 GPS 定位数据需要的时间比较长，所以开发人员需要异步查询用户的位置。可以添加一个状态栏来显示正在重新获取应用程序用户的位置。

GPS 定位的优点是：比较精确。缺点是：定位时间长，耗电量大；室内效果不好；需要硬件设备支持。

3. Wi-Fi 定位

基于 Wi-Fi 的地理定位信息是通过三角距离计算得出的，这个三角距离指的是用户当前位置到已知的多个 Wi-Fi 接入点的距离。不同于 GPS，Wi-Fi 定位在室内也非常准确。

Wi-Fi 定位的优点是：精确，在室内使用方便，可以简单、快捷地定位。缺点是：适合大城市，在乡村等无接入点或接入点较少的地区效果不好。

4. 手机定位

基于手机的地理定位信息是通过计算用户到一些基站的三角距离确定的。这种方法可提供相当准确的位置信息。这种方法通常将基于 Wi-Fi 和基于 GPS 的地理定位信息结合使用。

手机定位的优点是：很准确，可以在室内使用，可以简单、快捷地定位。缺点是：在基站较少的偏远地区效果不好。

5. 自定义定位

除了通过编程计算出用户的位置外，也可以允许用户自定义位置。应用程序可能允许用户输入地址、邮政编码和其他详细信息。应用程序可以利用这些信息来提供位置感知服务。

自定义定位的优点是：可以获得比程序定位服务更为准确的位置数据，允许将地理定位服务的结果作为备用的位置信息，用户自行输入可能比自动检测快。缺点是：可能不准确，特别是当用户的位置发生变化时。

10.2　使用 Geolocation API

本节详细介绍 Geolocation API 的使用。在 HTML5 中，为 window.navigator 对象新增了一个 geolocation 属性，可以使用 Geolocation API 对该属性进行访问。window.navigator 对象的 geolocation 属性存在 3 个方法，利用这些方法可以实现对位置信息的读取。

10.2.1　检测浏览器支持情况

由于浏览器的支持情况不同，在使用之前最好检查浏览器是否支持 Geolocation API，以确保浏览器支持其所要完成的所有工作。这样当浏览器不支持时，就可以提供一些替代文本，以提示用户升级浏览器或者安装插件来增强现有浏览器的功能。

检测代码如下：

```
function loadDemo() {
 if (navigator.geolocation) {
      document.getElementById("support").innerHTML = "支持 HTML5 Geolocation";
 } else {
      document.getElementById("support").innerHTML = "当前浏览器不支持 HTML5 Geolocation";
 }
}
```

在上述代码中，loadDemo( )函数测试浏览器对 Geolocation API 的支持情况，这个函数是在页面加载时被调用的。如果存在地理定位对象，navigator.geolocation 调用将返回该对象，否则将触发错误。在页面上预先定义了 support 元素，它会根据检测结果显示支持情况的提示信息。

10.2.2　获取当前地理位置

使用 getCurrentPosition 方法可以取得用户当前的地理位置信息，该方法的使用格式如下：

```
void getCurrentPositon(onSuccess[, onError][, options]);
```

其中，第一个参数为获取当前地理位置信息成功时执行的回调函数，第二个参数为获取当前地理位置信息失败时执行的回调函数，第三个参数是一些可选属性的列表。第二和第三个参数为可选参数。

getCurrentPosition 方法的调用格式如下：

```
navigator.geolocation.getCurrentPosition(function(position) {
     //获取成功时的处理代码
 }
```

在获取地理位置信息成功时执行的回调函数中，用到了参数 position，它代表一个 positon 对象，该对象将在后面章节中进行介绍。

getCurrentPosition 方法的第二个参数为获取当前地理位置信息失败时执行的回调函数。如果获取地理位置信息失败，可以通过该回调函数把错误信息提示给用户。当在浏览器中打开使用 Geolocation API 来获得用户当前位置信息的页面时，浏览器会询问用户是否共享位置信息。如果拒绝共享的话，也会发生错误。

该回调函数使用一个 error 对象作为参数，error 对象具有以下两个属性：

- code 属性：该属性有 1、2、3 这三个可选值。其中，1 表示用户拒绝位置服务；2 表示获取不到位置信息；3 表示获取信息超时。
- message 属性：该属性的值是一个字符串，在该字符串中包含错误信息，错误信息在开发和调试时将很有用，因为有些浏览器不支持 message 属性。

在 getCurrentPositon 方法中使用第二个参数捕获错误信息的方法如下：

```
navigator.geolocation.getCurrentPosition(
        function(position){
                var cords = position.coords;
                showMap(coords.latitude,coords.longitude,coords.accuracy);
        },
        //捕获的错误信息
        function(error){
                var errorTypes = {
                        1:位置服务被拒绝
                        2:获取不到位置信息
                        3:获取信息超时
                }
                alert(errorTypes[error.code]+":,不能确定当前地理位置");
        }
);
```

getCurrentPosition 方法的第三个参数可以省略，它是一些可选属性的列表，这些可选属性说明如下：

- enableHighAccuracy：是否要求高精度的地理位置信息，这个属性在很多设备上被设置为不起作用，因为在设备上使用该属性时需要结合设备电量、具体地理情况来综合考虑。因此，多数情况下把该属性设置为默认值，由设备自身来调整。
- timeout：对地理位置信息的获取操作做超时限制，单位为毫秒。如果在该时间内未获取到地理位置信息，则返回错误。
- maximumAge：对地理位置信息进行缓存的有效时间单位为毫秒。例如 maximumAge:120000(1 分钟是 60000 毫秒)，如果 10 点整的时候获取过一次地理位置信息，那么 10:01 的时候，再次调用 navigator.geolocation.getCurrentPosition 以重新获取地理位置信息，返回的依然为 10 完整时的数据，因为设置的缓存有效时间为两分钟。超过这个时间后，缓存的地理位置信息被废弃，尝试重新获取地理位置信息。如果将该属性的值指定为 0，将无条件重新获取新的地理位置信息。

这些可选属性的具体设置方法如下：

```
navigator.geolocation.getCurrentPosition(
                function(position){
                        //获取地理位置信息成功时所做的处理
                },
                function(error){
                        //获取地理位置信息失败时所做的处理
```

```
            },
            //以下是可选属性
            {
                    //设置缓存的有效时间为两分钟
                    maximumAge:60*1000*2,
                    //5 秒钟内未获取到地理位置信息，则返回错误
                    timeout:5000
            }
    )
```

10.2.3　持续监视位置信息

使用 watchPosition 方法可以持续获取用户的当地地理位置信息，并且会定期地自动获取。watchPosition 方法的使用格式如下：

```
        int watchCurrentPosition(onSuccess,onError,options);
```

该方法的参数说明和使用与 getCurrentPosition 方法相同。调用该方法后会返回一个数字，这个数字的用法与 JavaScript 脚本中 setInterval 方法的返回值的用法类似，可以由 clearWatch 方法使用，以停止对当前地理位置信息的监视。

10.2.4　停止获取位置信息

使用 clearWatch 方法可以停止对当前用户的地理位置信息的监视，使用格式如下：

```
        void clearWatch(watchId);
```

参数 watchId 为调用 watchCurrentPosition 方法来监视地理位置信息时的返回参数。

10.2.5　隐私保护

Geolocation 规范提供了一套保护用户隐私的机制。除非得到用户明确许可，否则不可获得位置信息。具体设置步骤如下：

(1) 用户从浏览器打开位置感知应用程序。

(2) 加载应用程序的 Web 页面，然后通过 Geolocation 函数调用请求位置坐标。浏览器拦截这一请求，然后请求用户授权。

(3) 如果用户同意，浏览器就从其宿主设备中检索坐标信息，如 IP 地址、Wi-Fi 或 GPS 坐标，这是浏览器的内部功能。

(4) 浏览器将坐标发送给受信任的外部定位服务，返回详细的位置信息，并将位置信息发回给 Geolocation 应用程序。

需要注意的是，应用程序不能直接访问设备，而只能请求浏览器来代表它访问设备。

访问使用 Geolocation API 的页面时，会触发隐私保护机制。如果仅仅是添加 Geolocation 代码，而不被任何方法调用，则不会触发隐私保护机制。只要所添加的 Geolocation 代码被执行，浏览器就会提示用户应用程序要共享位置。执行 Geolocation 的方式有很多，例如，可以调用 navigator.geolocation.getCurrentPosition 方法等。

除了询问用户是否允许共享其位置外，一些浏览器还可以让用户选择记住该网站的位置服务权限，以便下次访问时不再弹出提示框，类似于在浏览器中记录某些网站的密码。

10.2.6　处理位置信息

因为位置数据属于敏感信息，所以接收到之后，必须小心地处理、存储和重传。如果用户没有授权存储这些数据，那么应用程序应该在相应任务完成后立即删除它们。如果要重传位置数据，建议先对其进行加密。在手机上获取地理定位数据时，应用程序应该着重提示用户以下内容：会收集位置数据；为什么收集位置数据；位置数据将保存多久；怎样保证数据的安全；位置数据怎样共享，如果同意，则共享；用户怎样检查和更新它们的位置数据。

10.2.7　position 对象

如果获取地理位置信息成功，则可以在获取成功后的回调函数中通过访问 position 对象的属性来得到这些地理位置信息。position 对象具有以下属性：

- latitude：当前地理位置的纬度。
- lngitude：当前地理位置的经度。
- altitude：当前海拔位置的高度，不能获取时值为 null。
- accuracy：获取到的纬度和经度的精度。
- altitudeAccurancy：获取到的海拔高度的精度。
- heading：设备的前进方向。用面朝正北方向的顺时针旋转角度来表示。
- speed：设备的前进速度。
- timestamp：获取地理位置信息时的时间。

【例 10-1】　获取当前地理位置。

```html
<!DOCTYPE html>
<head>
<meta name="viewport" content="initial-scale=1.0, user-scalable=no" />
<title></title>
<script type="text/javascript" src=http://maps.google.com/maps/api/js?sensor=false></script>
<script type="text/javascript">
function showObject(obj,k){
    //递归显示 object
    if(!obj){return;}
    for(var i in obj){
        if(typeof(obj[i])!="object" || obj[i]==null){
            for(var j=0;j<k;j++){
                document.write("    ");
            }
            document.write(i + " : " + obj[i] + "<br/>");
        }
        else
        {
            document.write(i + " : " + "<br/>");
            showObject(obj[i],k+1);
        }
    }
}
function get_location(){
```

```
        if(navigator.geolocation)
            navigator.geolocation.getCurrentPosition(show_map,handle_error,{enableHighAccuracy:true,
                maximumAge:1000});
        else
            alert("你的浏览器不支持使用 HTML5 来获取地理位置信息。");
    }
    function handle_error(err){
        //错误处理
        switch(err.code){
            case 1 :
                alert("位置服务被拒绝。");
                break;
            case 2:
                alert("暂时获取不到位置信息。");
                break;
            case 3:
                alert("获取信息超时。");
                break;
            default:
                alert("未知错误。");
                break;
        }
    }
    function show_map(position){
        //显示地理信息
        var latitude = position.coords.latitude;
        var longitude = position.coords.longitude;
        showObject(position,0);
    }
    get_location();
    </script>
    </head>
    <body>
    <div id="map" style="width:400px; height:400px"></div>
    </body>
```

　　在不同设备的浏览器中运行这段代码，效果会有所不同。当在 PC 上的 Chrome 浏览器中运行时，系统会弹出提示框，询问用户是否允许获取位置信息，如图 10-1 所示。只有在用户允许之后，应用才能取得当前用户的位置信息。

图 10-1　获取位置时的安全提示

10.3　使用百度地图

　　自从 HTML5 标准确定以后，越来越多的网站使用 HTML5 来进行开发。高版本的浏览器对 HTML5 有良好的支持，因此 HTML5 开发热情高涨。本节将介绍使用 HTML5 调用百度地图 API 进行地理定位的示例。

本节的示例将基于百度地图 API，调用百度地图 API，实现以下功能：

(1) 通过 IP 地址获取城市地址(并不完全准确，存在代理 IP 或 IP 中转时定位与实际位置不一致的情况)。

(2) 通过移动端浏览器及 GPS 定位位置坐标。

(3) 根据位置坐标转换百度地图坐标。

(4) 根据位置坐标逆推城市具体地址(存在一定误差)。

(5) 通过使用百度地图 API 展示地理位置及添加标注。

【例 10-2】 使用百度地图。

```
<!DOCTYPE html>
<html>
<head>
    <meta charset="utf-8">
    <title>地理位置测试</title>
    <script type="text/javascript" src="http://api.map.baidu.com/api?v=1.3"></script>
    <script type="text/javascript" src="http://developer.baidu.com/map/jsdemo/demo/convertor.js"></script>
    <script type="text/javascript">
        var map;
        var gpsPoint;
        var baiduPoint;
        var gpsAddress;
        var baiduAddress;

        function getLocation() {
            //根据 IP 获取城市
            var myCity = new BMap.LocalCity();
            myCity.get(getCityByIP);

            //获取 GPS 坐标
            if (navigator.geolocation) {
                navigator.geolocation.getCurrentPosition(showMap, handleError, { enableHighAccuracy:
                    true, maximumAge: 1000 });
            } else {
                alert("您的浏览器不支持使用 HTML 5 来获取地理位置服务");
            }
        }

        function showMap(value) {
            var longitude = value.coords.longitude;
            var latitude = value.coords.latitude;
            map = new BMap.Map("map");
            //alert("坐标经度为：" + latitude + "，  纬度为：" + longitude );
            gpsPoint = new BMap.Point(longitude, latitude);        // 创建点坐标
            map.centerAndZoom(gpsPoint, 15);
```

```
        //根据坐标逆解析地址
        var geoc = new BMap.Geocoder();
        geoc.getLocation(gpsPoint, getCityByCoordinate);

        BMap.Convertor.translate(gpsPoint, 0, translateCallback);
    }

translateCallback = function (point) {
        baiduPoint = point;
        var geoc = new BMap.Geocoder();
        geoc.getLocation(baiduPoint, getCityByBaiduCoordinate);
    }

function getCityByCoordinate(rs) {
        gpsAddress = rs.addressComponents;
        var address = "GPS 标注： " + gpsAddress.province + "," + gpsAddress.city + "," +
            gpsAddress.district + "," + gpsAddress.street + "," + gpsAddress.streetNumber;
        var marker = new BMap.Marker(gpsPoint);        // 创建标注
        map.addOverlay(marker);                         // 将标注添加到地图中
        var labelgps = new BMap.Label(address, { offset: new BMap.Size(20, -10) });
        marker.setLabel(labelgps);                      //添加 GPS 标注
    }

function getCityByBaiduCoordinate(rs) {
        baiduAddress = rs.addressComponents;
        var address = "百度标注： " + baiduAddress.province + "," + baiduAddress.city + "," +
            baiduAddress.district + "," + baiduAddress.street + "," + baiduAddress.streetNumber;
        var marker = new BMap.Marker(baiduPoint);       // 创建标注
        map.addOverlay(marker);                         // 将标注添加到地图中
        var labelbaidu = new BMap.Label(address, { offset: new BMap.Size(20, -10) });
        marker.setLabel(labelbaidu);                    //添加百度标注
    }

//根据 IP 获取城市
function getCityByIP(rs) {
        var cityName = rs.name;
        alert("根据 IP 定位您所在的城市为:" + cityName);
    }

function handleError(value) {
        switch (value.code) {
            case 1:
                alert("位置服务被拒绝");
                break;
            case 2:
                alert("暂时获取不到位置信息");
                break;
            case 3:
```

```
                    alert("获取信息超时");
                    break;
                case 4:
                    alert("未知错误");
                    break;
                }
            }

            function init() {
                getLocation();
            }

            window.onload = init;

        </script>
    </head>
    <body>
        <div id="map" style="width:600px;height:600px;"></div>
    </body>
</html>
```

　　运行以上程序，当浏览器询问是否允许访问地址和是否允许浏览器使用当前位置时，选择"允许"，浏览器将加载百度地图，显示当前位置，还可以移动、放大、缩小地图，效果如图 10-2 所示。

图 10-2　浏览器加载百度地图并显示当前位置

10.4　本章小结

　　HTML5 新增了 Geolocation API(地理位置应用编程接口)，这组 API 提供了一种可以准确感知浏览器用户当前位置的方法。如果浏览器支持，且设备具有定位功能，就能够直接使用这组 API 来获取当前位置信息。Geolocation API 可以应用于移动设备上的地理位置应用。

　　本章首先介绍了 Geolocation 位置信息的来源：纬度、经度和其他属性，以及获取这些数据的途径，如 GPS、Wi-Fi 和蜂窝站点等。然后，讨论了 HTML5 地理定位数据的隐私问题，以及浏览器如何使用这些数据。最后，深入探讨了 Geolocation API 在实际中的应用。目前有两种类型的定位请求：单次定位请求和重复位置更新请求。本章最后通过两个示例，向大家展示了如何综合运用地理位置接口来解决问题。

10.5　思考和练习

1. Geolocation API 的作用是什么？可以返回什么信息？
2. 位置信息的来源有哪几种？请作简单介绍。
3. 在 HTML5 中，如何获取当前地理位置？
4. 如何持续监视位置信息？当不需要监视位置信息时，如何停止位置监视功能？
5. 尝试使用百度地图 API 开发一个计步器。

第11章 CSS3概述

过去 Web 页面的许多视觉效果都由标记元素来描述,直接把表示页面结构的标记与表示页面外观的标记或属性混合在一起,HTML 就是这样的标记语言。然而,之后出现的严格的 XHTML 则不允许出现用于描述外观的元素与属性,标记语言只用于描述页面结构。描述外观的工作则交给用层叠样式表(Cascading Style Sheet,CSS)语法编写的样式表来完成。标记与样式之间的职责区分为 Web 页面的开发、维护甚至运行性能都带来了诸多益处,而这种解决方案与仅使用标记相比,优势巨大。

本章学习目标:
- CSS 的发展历史
- 为文档应用 CSS 的 3 种方式
- 了解 CSS3 的新增特性
- 了解查看 CSS3 兼容性的方法

11.1 CSS 的历史变迁

任何工具的产生都有必然的原因,包括技术,因此 CSS 的产生也不例外。本节从讲解使用 HTML 标记描述网页的结构和外观开始,然后讲解 CSS 产生的原因——结构标记和外观属性的分离,接着介绍 CSS 的发展历史和 CSS3 的新特性,最后用一个例子介绍 CSS3 的应用。

11.1.1 CSS 产生的原因

最初,HTML 是一门描述外观的语言。例如,h1 元素即使表示标题结构,也会让人想到是让文本字号变大,示例代码如下:

```
<h1 align="center">Big Centered Text!</h1>
```

而有些元素是专门用于描述外观的,例如 font:

```
<font size="7" color="red">I am big and red!</font>
```

不仅如此,对于一些浏览器专有的元素而言,也有许多用于描述外观的标记。例如,下面的标记用于在 Firefox 浏览器中创建文本闪烁的功能:

```
<blink>Proprietary HTML Tag Sale: 50% Off for Firefox Users!</blink>
```

然而,HTML 的设计初衷并不是为了描述外观,HTML 本身也并不善于此道。例如,如果只想将一些文本颜色设置为红色,居中对齐,并且背景色设置为黄色,那么就要使用下面的标记来实现:

```
<table align="center" width="100%">
<tr>
<td bgcolor="yellow" align="center">
<font size="7"
```

```
color="red"
face="Arial, Helvetica, sans-serif">
Big Red HTML Text
</font>
</td>
</tr>
</table>
```

由此可见，在使用 HTML 描述 Web 页面的外观时，需要使用大量的标记，而且常常要使用许多复杂堆栈或嵌套表。页面的布局工作涉及隐藏的像素图像、专有元素与属性、图像中的文本和其他隐秘的复杂方式，这些都需要提供高质量、高可靠度的 HTML 标记代码，这简直就是一场噩梦。因此，人们用 HTML 标记语言描述页面的结构，而将表示网页外观的功能标记或属性分离出来，这就形成了表示网页外观的替代方法——层叠样式表(Cascading Style Sheet，CSS)。

11.1.2　CSS 的发展历史

1. CSS 的诞生

从 20 世纪 90 年代初 HTML 被发明开始，样式表就以各种形式出现了，不同的浏览器结合了它们各自的样式语言，浏览者可以使用这些样式语言来调节网页的显示方式(一开始样式表是给浏览者用的)，最初的 HTML 版本只含有很少的显示属性，浏览者决定网页应该怎样显示。

但随着 HTML 的成长，为了满足设计师的要求，HTML 获得了很多显示功能。随着这些功能的增加，用来定义样式的语言越来越没有意义了。

1994 年哈坤·利(Hakun Lee)提出了 CSS 的最初建议。伯特·波斯(Bert Bos)当时正在设计一款名为 Argo 的浏览器，他们决定一起合作设计 CSS。

当时已经有一些样式表语言的建议了，但 CSS 是第一个含有"层叠"含义的。在 CSS 中，一个文件的样式可以从其他样式表中继承下来。浏览者在有些地方可以使用自己更喜欢的样式，在其他地方则继承或"层叠"作者的样式，这种层叠的方式使设计者和读者都可以灵活地加入自己的设计，混合各人的爱好。

哈坤·利于 1994 年在芝加哥的一次会议上第一次展示了 CSS 的建议，1995 年他与伯特·波斯一起再次展示这个建议。当时 W3C 刚刚建立，W3C 对 CSS 的发展很感兴趣，并为此组织了一次讨论会。哈坤·利、伯特·波斯和其他一些人(比如微软的托马斯·雷尔登)是这个项目的主要技术负责人。1996 年底，CSS 已经完成。1996 年 12 月 CSS 的第一版本被发布。

1997 年初，W3C 组织了专门掌管 CSS 的工作组，其负责人是克里斯·里雷。这个工作组开始讨论第一版中没有涉及的问题，其结果是 1998 年 5 月发布了 CSS 的第二版。到目前为止，CSS 已经发展到第三版。

2. 使用 CSS+div 的优点

采用 CSS+div 进行网页重构，相对于传统的表格网页布局方式具有以下 3 个显著优势：

(1) 表现和内容相分离

将设计部分剥离出来放在一个独立的样式文件中，HTML 文件中只存放文本信息。这样的页面对搜索引擎更加友好。

(2) 提高页面浏览速度

对于同一个页面视觉效果，采用 CSS+div 重构的页面容量要比表格编码的页面文件容量小得多，前者一般只有后者的一半大小。浏览器不用去编译大量冗长的标签。

(3) 易于维护和改版

只要简单地修改几个 CSS 文件就可以重新设计整个网站的页面。

3. CSS2

CSS 自从第一版发布之后，又在 1998 年 5 月发布了第二版，CSS 得到了丰富。

CSS 2.0 是一套全新的样式表结构，是由 W3C 推行的，同以往的 CSS 1.0 或 CSS 1.2 完全不一样，CSS 2.0 推荐的是一套内容和表现效果分离的方式，HTML 元素可以通过 CSS 2.0 的样式控制显示效果，可完全不使用以往 HTML 中的 table 和 td 元素来定位表单的外观和样式，只需要使用 div 和 li 之类的 HTML 标签来分割元素，之后即可通过 CSS 2.0 样式来定义表单界面的外观。

CSS 2.0 提供了一个机制，让程序员开发时可以不考虑显示和界面，就可以制作表单，显示问题可由美工或程序员到后期再编写相应的 CSS 2.0 样式来解决。不过，由于没有很好的 CSS 2.0 编辑软件，所以无法做到所见即所得，编写起来不易。

4. CSS3

CSS3 在 CSS2 的基础上，结合业务发展需求，以及过去浏览者操作习惯和开发者习惯，做了大幅改进。

(1) 模块化

CSS3 语言在朝着模块化方向发展。以前的规范作为一个模块实在是太庞大且比较复杂，所以把它分解为一些小的模块，更多新的模块也被加入进来。这些模块包括：盒子模型、列表模块、超链接方式、语言模块、背景和边框、文字特效、多栏布局。

(2) 选择器

CSS3 增加了更多的选择器，可以实现更简单却更强大的功能，比如:nth-child( )等。

(3) 时间表

有几个模块现已完成，包括 SVG(可扩展矢量图形)、媒介资源类型和命名，而其他模块开发工作仍在进行中。Web 浏览器将全面支持 CSS3 的各种新特性，一些新的探索已经开始。针对不同浏览器，新的功能是逐渐应用的，仍然需要一到两年的时间，每一个新的模块才有可能被广泛应用。

(4) CSS3 的影响

首先，CSS3 将完全向后兼容，所以没有必要修改现在的设计来让它们继续运作。网络浏览器也还将继续支持 CSS2。对于开发者来说，CSS3 带来的主要影响是可以使用新的可用的选择器和属性，这会允许你实现新的设计效果(譬如动态和渐变)，而且可以很简单地设计出现有的设计效果(比如使用分栏)。

11.1.3　Hello CSS World

在实际讲解 CSS 之前，首先来看一个示例，该例将在一个 HTML 文档的<head>元素中使用<style>标签定义一个样式，该样式将作用于整个文档。

【例 11-1】　一个使用 CSS 样式表现网页外观的例子。

```
<!DOCTYPE html>
<html>
```

```
<head>
        <meta http-equiv="Content-Type" content="text/html; charset=utf-8">
        <title>Hello CSS World</title>
        <style type="text/css">
                /* sample style sheet */
                body {background-color: black;color: white;}
                h1  {color: red;font-size: xx-large;text-align: center;}
                #heart {color: red;font-size: xx-large;}
                .fancy {background-color: orange;color: black;font-weight: bold;}
        </style>
</head>
<body>
        <h1>Welcome to the World of CSS</h1>
        <hr>
        <p>CSS<em class="fancy really </em> isn't so hard either! </p>
        <p>Soon you will also<span id=" heart ">&hearts; </span> <using CSS</p>.
        <p>You can put lots of text here if you want.
        We could go on and on with<span class="fancy ">fake </span>text for you
        to read, but let's get back to the book. </p>
</body>
</html>
```

这个示例文档使用了一些常见的 CSS 特性，其中文档的结构与前面略有不同：

- 使用 background-color 和 color 设置颜色
- 使用 font-size 设置文本大小
- 使用 font-weight 设置文本的粗细
- 使用 text-align 设置基本的文本对齐方式
- 使用 id 和 class 属性指定绑定样式规则的元素
- 使用<em>这样的逻辑标记，与显示外观的标记相对应，例如<i>
- 根据普通的标签容器(如<span>)，来定义任意部分文本的样式

此外，除了这里看到的 CSS 特性，接下来可能还会用到其他更多的 CSS 特性。如图 11-1 所示，可以看到 Web 页面的 CSS 版本与 HTML 版本的对比。

纯 HTML

使用 CSS 样式的 HTML

图 11-1　　Hello CSS World 示例的显示效果

从示例呈现出来的 CSS 代码可以看出，CSS 既独立于 HTML，又依赖 HTML。CSS 不是标记语言的替代品，它实际上依赖标记语言，规定了标记语言显示的外观。例如，如果一个 HTML 文档格式不正确、结束标签不正确或有其他错误，CSS 就可能不正确，页面外观就会扭曲。然而，CSS 规则也可能出错，一般是由于浏览器解析比较严格，从而造成视觉呈现问题。显然，CSS 和 HTML 之间存在一种共生关系，但这一关系也随时间发生了变化。

11.1.4　为文档应用 CSS 的方式

如何使用 CSS 样式来规定网页外观呢？在规定网页外观的时候，又是如何将样式和 HTML 标记关联起来的？本节主要介绍这些内容。

首先，CSS 提供了三种使用方式：第一，内联样式表，通过 HTML 元素的 style 属性直接将样式嵌入 HTML 标记；第二，样式规则块，将表示样式的 style 属性的内容，全部提到公共的样式规则块中，以方便管理和扩展；第三，外部链接样式文件，将样式彻底独立成文件，供任何页面调用。

1. 内联样式表

CSS 规则要求属性名的后面紧跟一个冒号，然后是属性值。每一个样式规则以分号结束，而最后一个样式规则的结尾可以不加分号。格式如下：

```
property-name1 : value1; ... property-nameN : valueN;
```

通过将样式规则赋值给核心属性 style，CSS 规则可以直接放入大多数 HTML 标签中。下面的例子给一个 h1 标题设置颜色，并且居中对齐：

```
<h1 style="color: red; text-align: center;">Big Red CSS Text!</h1>
```

这种直接使用 CSS 的方法叫做内联样式表，在实际项目中，不提倡这种使用 CSS 的方式，因为与 HTML 标签结合得太紧密。

2. 样式规则块

为了避免样式和标签的关系过于紧密，可以采用另外一种更合适的方法来避免直接在标记元素中添加样式规则，那就是创建与一个特定元素或一组元素绑定的样式规则，这样可以重复使用样式规则。不在特定标签中创建的 CSS 规则由一个选择器和后面包含在大括号中相关联的样式规则组成。语法格式如下：

```
selector {property1 : value1; ... propertyN : valueN;}
```

图 11-2 对符合 CSS 语法的正确样式规则进行了分解说明。

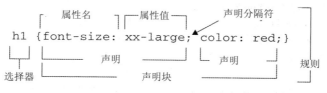

图 11-2　CSS 语法分解图

当 CSS 属性名是多个单词时，应该用短横线分隔，例如 font-face、font-size、line-height 等。CSS 属性值允许多种形式，例如关键字(xx-small)、字符串(Arial)、数字(0)、带单位的数字(100px 或 2cm)和特殊值，如 URL(url(../styles/fancy.css))等。

参考【例 11-1】，样式规则块要放在文档 head 元素的<style>标签中，示例如下：

```
<head>
    <meta http-equiv="Content-Type" content="text/html; charset=utf-8">
    <title>Hello CSS World</title>
    <style type="text/css">
        /* sample style sheet */
        ......
    </style>
</head>
```

3. 外部链接样式文件

以上面两种方式定义的 CSS 样式，只能在当前页面中使用。但在实际网站建设中，整个网站有统一的风格，因此不同的页面肯定会有一样的样式。这时候，可以将共同的样式抽取出来，保存到单独的 CSS 文件中。在页面中使用时，通过在文档的 head 部分使用<link>标签，引用外部链接样式，示例代码如下：

```
<link href="mystyle.css" rel="stylesheet" type="text/css">
```

上面提到的外部样式表 mystyle.css 只包括 CSS 规则，而没有 HTML 标记，例如：

```
/* mystyle.css - a sample style sheet */
h1 {color: red; text-align: center;}
p {line-height: 150%;}
```

11.2　了解 CSS3 新增特性

在 Web 开发中采用 CSS 技术，可以有效地控制页面的布局、字体、颜色、背景和其他效果。只需要做一些简单的修改，就可以改变网页的外观和格式。CSS3 是 CSS 的升级版本，这套新标准提供了更加丰富且实用的规范，如盒子模型、列表模块、超链接方式、语言模块、背景和边框、文字特效、多栏布局等，目前有很多浏览器已经相继支持这项升级的规范，如 Firefox、Chrome、Safari、Opera 等。在 Web 开发中采用 CSS3 技术将会显著美化应用程序，提高用户体验，同时也能极大提高程序的性能。本节将重点介绍一些 CSS3 新特性。

11.2.1　CSS3 选择器

CSS 属性之所以能应用到相应的节点上，就是因为 CSS 选择器模式。首先来看一下 CSS2 提供的主要定位方式。代码如下：

```
body > .mainTabContainer div> span[5]{
    Border: 1px solod red;
    Background-color: white;
    Cursor: pointer;
}
```

以上 CSS 选择器 "body>.mainTabContainer div>span[5]" 代表这样一条路径：

（1）body 标签的直接子元素中 class 属性值为 "mainTabContainer" 的所有元素 A。

（2）A 的后代元素中标签为 div 的所有元素 B。

（3）B 的直接子元素中第 5 个标签为 span 的元素 C。C 元素(可能为多个)即为选择器定位到的目标元素，以上 CSS 属性会被全部应用到 C 元素。

CSS3 提供了更多、更加方便快捷的选择器，例如：

```
body >.mainTabContainer tbody:nth-child(even){
    Background-color: white;
}
body >.mainTabContainer tr:nth-child(odd){
    Background-color: black;
}


:not(.textinput){
    Font-size: 12px;
 }
div:first-child{
    Border-color: red;
}
```

以上列举的 CSS3 选择器，是 CSS3 的新特性，解决了很多之前需要用 JavaScript 脚本才能解决的问题。例如：

- tbody:nth-child(even)、nth-child(odd)：此处它们分别代表表格(tbody)下方的偶数行和奇数行(tr)，这种样式非常适合于表格，让人能非常清楚地看到表格的行与行之间的差别，让用户易于浏览。
- :not(.textinput)：表示所有 class 不是 textinput 的节点。
- div:first-child：表示所有 div 节点下的第一个直接子节点。

另外，CSS3 还新添加了以下选择器：E:nth-last-child(n)、E:nth-of-type(n)、E:nth-last-of-type(n)、E:last-child、E:first-of-type、E:only-child、E:only-of-type、E:empty、E:checked、E:enabled、E:disabled、E::selection、E:not(s)。这些标记将在后面介绍。利用这些新特性，可以极大程度地减少不必要代码。

11.2.2　引用服务器端字体

CSS3 中的 font-face 可以用来加载字体样式，而且还能够加载服务器端的字体文件，可避免因客户端没有安装需要的字体而产生的问题。

加载客户端字体的方式如下：

```
<p><font face="arial">arial courier verdana</font></p>
```

或：

```
<p><font style="font-family: arial">arial courier verdana</font></p>
```

可以通过这种方式直接加载字体样式，因为这些字体已经安装到客户端了。

当未在客户端安装字体样式时，在 CSS3 中，可以使用服务器端字体，代码如下：

```
@font-face {
    font-family: BorderWeb;
    src:url(BORDERW0.eot);
}
@font-face {
    font-family: Runic;
    src:url(RUNICMT0.eot);
}
.border { FONT-SIZE: 35px; COLOR: black; FONT-FAMILY:"BorderWeb"}
.event { FONT-SIZE: 110px; COLOR: black; FONT-FAMILY:"Runic"}
```

以上代码声明了两个服务器端字体，其字体源指向"BORDERW0.eot"和"RUNICMT0.eot"文件，并分别冠以"BorderWeb"和"Runic"字体名称。声明之后，即可在页面中使用："FONT-FAMILY:"BorderWeb""和"FONT-FAMILY:"Runic""。

这种做法使得在开发中，当需要使用一些特殊字体，但又不确定客户端是否已安装时，便可以使用这种方式。

11.2.3　换行处理

1.word-wrap 属性

word-wrap属性主要用于指定在当前行超过指定容器的边界时如何处理。示例代码如下：

```
<div style="width:300px; border:1px solid #999999; overflow: hidden">
    wordwrapbreakwordwordwrapbreakwordwordwrapbreakwordwordwrapbreakword
</div>
<div style="width:300px; border:1px solid #999999; word-wrap:break-word;">
    wordwrapbreakwordwordwrapbreakwordwordwrapbreakwordwordwrapbreakword
</div>
```

以上代码中的两个 div 标签的运行效果如图 11-3 所示。

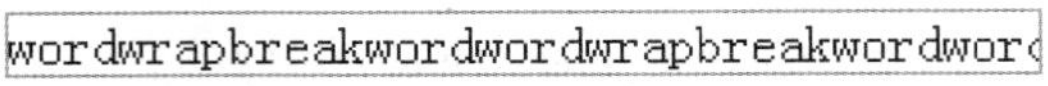

(a) 第一个没有 word-wrap 属性的 div 效果

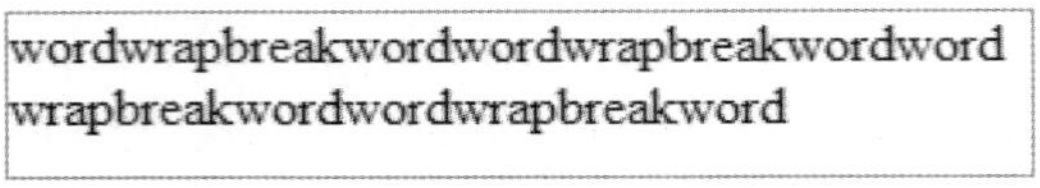

(b) 第二个有 word-wrap 属性的 div 效果

图 11-3　有无 word-wrap 属性的区别

2. text-overflow

text-overflow 与 word-wrap 是协同工作的，word-wrap 用于设置或检索在当前行超过指定容器的边界时是否断开转行，而 text-overflow 则用于设置或检索在当前行超过指定容器的边界时如何显示，示例代码如下：

```
.clip{text-overflow:clip; overflow:hidden; white-space:nowrap; width:200px;background:#ccc;}
.ellipsis{text-overflow:ellipsis; overflow:hidden; white-space:nowrap; width:200px; background:#ccc;}
<div class="clip">
    不显示省略标记，而是简单的裁切条
</div>
<div class="ellipsis">
    当对象内的文本溢出时显示省略标记
</div>
```

这里使用 overflow:hidden 来设置内容超过指定容器的边界时如何显示。对于 text-overflow 属性，有 clip 和 ellipsis 两种方式可供选择，前者为不显示超出的内容，后者是用 "…" 来表示有内容超出容器的边界，效果如图 11-4 所示。

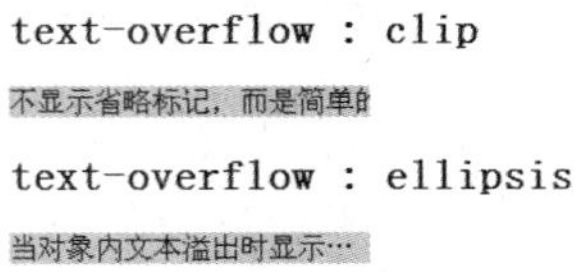

图 11-4　text-overflow 属性取值为 clip 和 ellipsis 时的区别

11.2.4　文字渲染

CSS3 开始支持对文字进行更深层次的渲染，示例代码如下：

```
div {
    -webkit-text-fill-color: black;
    -webkit-text-stroke-color: red;
    -webkit-text-stroke-width: 2.75px;
}
```

其中，text-fill-color 属性指定文字内部填充颜色；text-stroke-color 属性指定文字边界填充颜色；text-stroke-width 属性指定文字边界宽度。这段代码在 webkit 内核浏览器中的运行效果如图 11-5 所示。

文本渲染效果

图 11-5　文字渲染效果

11.2.5　多栏布局

CSS3 可以做简单的布局处理了，这个新特性又一次减少了页面的 JavaScript 代码量。示例代码如下：

```
.multi_column_style{
    -webkit-column-count: 3;
    -webkit-column-rule: 1px solid #bbb;
    -webkit-column-gap: 2em;
}
<div class="multi_column_style">
......

</div>
```

在上面这段代码中，column-count 属性表示布局几列；column-rule 属性表示列与列之间的间隔条的样式；column-gap 属性表示列与列之间的间隔。这段代码在 webkit 内核浏览器中的运行效果如图 11-6 所示。

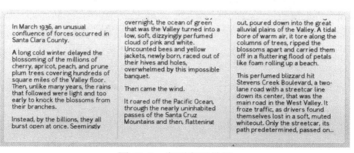

图 11-6　多列布局效果

11.2.6　边框和颜色

CSS3 对颜色提供了透明度支持，示例代码如下：

```
color: rgba(255, 0, 0, 0.75);
background: rgba(0, 0, 255, 0.75);
```

这里的 rgba 属性中的 a 代表透明度，也就是这里的 0.75。同时 CSS3 还支持 HSLA 颜色声明方式及透明度，示例代码如下：

```
color: hsla( 112, 72%, 33%, 0.68);
```

对于边框，CSS3 提供了圆角支持，示例代码如下：

```
border-radius: 15px;
```

效果如图 11-7 所示。

图 11-7　圆角效果

11.2.7　渐变效果

1. 线性渐变

绘制左上(0% 0%)到右上(0% 100%)，即从左到右的水平渐变，代码如下：

```
background-image:-webkit-gradient(linear,0% 0%,100% 0%,from(#2A8BBE),to(#FE280E));
```

其中，linear 表示线性渐变，从左到右，由蓝色(#2A8BBE)到红色(#FE280E)渐变，效果如图 11-8 所示。

图 11-8　从左到右的线性渐变效果

同理，也可以绘制从上到下、任何颜色间的渐变转换，效果如图 11-9 所示。

图 11-9　各种不同线性渐变的效果图

还可以绘制更复杂的渐变，如水平渐变，33%处为绿色，66%处为橙色，示例代码如下，效果如图 11-10 所示。

```
background-image:-webkit-gradient(linear,0% 0%,100% 0%,from(#2A8BBE), color-stop(0.33,#AAD010),
color-stop(0.33,#FF7F00),to(#FE280E));
```

图 11-10　复杂线性渐变的效果图

2. 径向渐变

除了线性渐变，还可以绘制径向渐变。径向渐变不是从一个点到另一个点的渐变，而从一个圆到另一个圆的渐变，不是放射渐变，而是径向渐变。例如，下面是目标半径为 0 的渐变的代码：

```
backgroud:-webkit-gradient(radial,50 50,50,50 50,0,from(black),color-stop(0.5,red),to(blue));
```

前面的"50,50,50"是起始圆的圆心坐标和半径，随后的"50,50,0"是目标圆的圆心坐标和半径，"color-stop(0.5,red)"是断点的位置和色彩。这里需要注意的是，和放射由内至外不一样，径向渐变刚好相反，是由外到内的渐变。这里是两个同心圆，外圆半径为 50px，内圆半径为 0，那么就是从黑色到红色，再到蓝色的正圆形渐变。这段代码的运行效果如图 11-11 所示。

图 11-11　目标圆半径为 0 的径向渐变效果图

11.2.8　阴影和反射效果

阴影效果既可用于普通元素，也可用于文字，例如：

```
.class1{
text-shadow:5px 2px 6px rgba(64, 64, 64, 0.5);
}
.class2{
box-shadow:3px 3px 3px rgba(0, 64, 128, 0.3);
}
```

在以上代码中，对于文字阴影，表示 X 轴方向阴影向右 5px，Y 轴方向阴影向下 2px，而阴影的模糊半径为 6px、颜色为 rgba(64,64,64,0.5)。其中，偏移量可以为负值，负值表示反向。与为元素设置阴影类似。运行以上代码，效果如图 11-12 所示。

图 11-12　元素和文字的阴影

还可以使用新增的反射功能来绘制出水中倒影的效果，示例代码如下：

```
.classReflect{
-webkit-box-reflect: below 10px
-webkit-gradient(linear, left top, left bottom, from(transparent), to(rgba(255, 255, 255, 0.51)));
}
```

在以上代码中，"-webkit-box-reflect: below 10px"表示反射到元素下方 10px 的位置，再配上渐变效果，效果如图 11-13 所示。

图 11-13　反射效果

11.2.9　背景效果

CSS3 中新增了一些关于背景的属性。例如，Background Clip 属性用于确定背景区域，取值如下：

- border-box：背景从 border 开始显示。
- padding-box：背景从 padding 开始显示。
- content-box：背景从 content 区域开始显示。
- no-clip：默认属性，等同于 border-box。

通常情况下，背景都是覆盖整个元素，CSS3 允许开发者设置是否一定要这样覆盖整个元素。因此，开发者可以设置背景颜色或图片的覆盖范围。

其次，Background Origin 属性用于确定背景的位置，通常与 background-position 联合使用，可以从 border、padding、content 来计算 background-position(就像 background-clip)。Background Origin 属性的取值如下：

- border-box：从 border 开始计算 background-position。
- padding-box：从 padding 开始计算 background-position。
- content-box：从 content 开始计算 background-position。

还有，Background Size 属性常用来调整背景图片的大小，注意别和 Background Clip 弄混，这个属性主要用于设定图片本身，取值如下：

- contain：缩小图片以适合元素(维持像素长宽比)。
- cover：扩展元素以填补元素(维持像素长宽比)。
- 100px 100px：缩小图片至指定的大小。
- 50% 100%：缩小图片至指定的大小，百分比是相对包含元素的尺寸。

最后，CSS3 还新增了 Background Break 属性，使元素可以被分成几个独立的盒子，如使内联元素 span 跨越多行。Background Break 属性用来控制背景怎样在这些不同的盒子中显示，取值如下：

- continuous：默认值。忽略盒子之间的距离(就像元素没有被分成多个盒子，依然是一个整体一样)。
- bounding-box：把盒子之间的距离计算在内。
- each-box：为每个盒子单独重绘背景。

以上这些属性使开发者可以为页面或元素设置复杂的背景，并支持多背景图片，示例代码如下：

```
div {
        background: url(src/zippy-plus.png) 10px center no-repeat,
        url(src/gray_lines_bg.png) 10px center repeat-x;
}
```

以上代码为同一元素设置了两个背景，其中一个背景重复显示，另一个背景不重复。运行效果如图 11-14 所示。

图 11-14　多背景效果

11.2.10　盒子模型

盒子模型为开发者提供了一种非常灵活的布局方式，但是支持这一特性的浏览器并不多，目前只有采用 webkit 内核的新版 Safari 和 Chrome 浏览器以及采用 gecko 内核的新版 Firefox 浏览器。

下面是一个盒子模型的示例代码：

```
<div class="boxcontainer">
        <div class="item"> 1   </div>
        <div class="item"> 2   </div>
        <div class="item"> 3   </div>
        <div class="item flex">4   </div>
</div>
```

默认情况下，boxcontainer 和 item 这两个 class 元素里面没有特殊属性，由于 div 是块状元素，因此其排列应如图 11-15 所示。

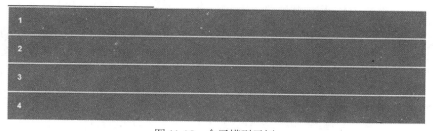

图 11-15　盒子模型示例

下面加入 CSS3 盒子模型属性，代码如下：

```
.boxcontainer {
                width: 1000px;
                display: -webkit-box;
                display: -moz-box;
                -webkit-box-orient: horizontal;
```

```
                    -moz-box-orient: horizontal;
            }

            .item {
                background: #357c96;
                font-weight: bold;
                margin: 2px;
                padding: 20px;
                color: #fff;
                font-family: Arial, sans-serif;
            }
```

注意这里的"display:-webkit-box;display:-moz-box;"，它针对 webkit 和 gecko 浏览器定义了元素的盒子模型。"-webkit-box-orient:horizontal;"表示水平排列的盒子模型。

运行代码，效果如图 11-16 所示。

图 11-16　水平显示的盒子模型效果

细心的读者会看到，"盒子"的右侧多出来很大一块，这是怎么回事呢？下面介绍一个比较有特点的属性：flex。示例代码如下：

```
<div class="boxcontainer">
        <div class="item"> 1 </div>
        <div class="item"> 2 </div>
        <div class="item"> 3 </div>
        <div class="item flex"> 4 </div>
    </div>
.flex {
    -webkit-box-flex: 1;
    -moz-box-flex: 1;
}
```

运行以上程序，效果如图 11-17 所示，可以看到，第 4 个"盒子"铺满右侧所有的空间。

图 11-17　铺满右侧空间的盒子模型效果

下面再来调整一下 box-flex 属性的值，示例代码如下：

```
<div class="boxcontainer">
        <div class="item"> 1    </div>
        <div class="item"> 2 </div>
        <div class="item flex2"> 3 </div>
        <div class="item flex">    4 </div>
    </div>
.flex {
    -webkit-box-flex: 1;
    -moz-box-flex: 1;
```

```
    }
    .flex2 {
        -webkit-box-flex: 2;
        -moz-box-flex: 2;
    }
```

这里为倒数第二个元素(元素 3)也加上"box-flex"属性，并将其值设为 2，运行效果如图 11-18 所示。由此可见，元素 3 和元素 4 按 2:1 比例的方式填充外层"容器"的余下区域，这就是 box-flex 属性的进阶应用。

图 11-18　添加多个 box-flex 属性的效果

另外，box-direction 属性可以用来翻转这 4 个盒子的排序，box-ordinal-group 可以用来改变每个盒子的位置：盒子的 box-ordinal-group 属性值越高，就越排在后面。盒子的对齐方式可以用 box-align 和 box-pack 来设定。

11.2.11　过渡、形变与动画

在 CSS3 中，可以通过 transition 实现过渡，通过 transform 实现形变，通过 animation 实现动画。

1. 过渡

过渡相关的选项主要有 transition-property、transition-duration、transition-delay、transition-timing-function，含义分别如下：

- transition-property：用于指定过渡的性质，比如 transition-property:background 是指 background 参与这个过渡。
- transition-duration：用于指定过渡的持续时间。
- transition-delay：用于指定延迟过渡的时间。
- transition-timing-function：用于指定过渡类型，有 ease、linear、ease-in、ease-out、ease-in-out、cubic-bezier。

下面是一个使用过渡的例子：

```
<div id="transDiv" class="transStart"> transition </div>
.transStart {
    background-color: white;
    -webkit-transition: background-color 0.3s linear;
    -moz-transition: background-color 0.3s linear;
    -o-transition: background-color 0.3s linear;
    transition: background-color 0.3s linear;
}
.transEnd {
    background-color: red;
}
```

这里的 id 为 transDiv，初始 background-color 属性发生变化时，会呈现出一种变化效果，持续时间为 0.3 秒，效果为均匀变换(linear)。若将该 div 的 class 属性由 transStart 改为 transEnd，背景会由白渐变到红。

2. 形变

形变其实就是拉伸、压缩、旋转、偏移等一些图形学中的基本变换。代码如下：

```
.skew {
    -webkit-transform: skew(50deg);
}
.scale {
    -webkit-transform: scale(2, 0.5);
}
.rotate {
    -webkit-transform: rotate(30deg);
}
.translate {
    -webkit-transform: translate(50px, 50px);
}
.all_in_one_transform {
    -webkit-transform: skew(20deg) scale(1.1, 1.1) rotate(40deg) translate(10px, 15px);
}
```

skew 是倾斜，scale 是缩放，rotate 是旋转，translate 是平移。最后需要说明一点，形变支持综合变换，效果如图 11-19 所示。

图 11-19　形变效果

结合之前介绍的过渡，将形变和过渡结合起来，能产生类似于旋转、缩放等的效果，可令人耳目一新。

3. animation

CSS3 中的 animation 用于实现动画效果。这可以说是开辟了 CSS 的新纪元，使 CSS 脱离了"静止"这一约定俗成的前提。以 webkit 内核浏览器为例，示例代码如下：

```
@-webkit-keyframes anim1 {
    0% {
        opacity: 0;
        font-size: 12px;
    }
    100% {
        opacity: 1;
        font-size: 24px;
    }
}
.anim1Div {
```

```
    -webkit-animation-name: anim1 ;
    -webkit-animation-duration: 1.5s;
    -webkit-animation-iteration-count: 4;
    -webkit-animation-direction: alternate;
    -webkit-animation-timing-function: ease-in-out;
}
```

首先，定义动画的内容，定义动画 anim1，变化方式为由"透明"(opacity:0)变到"不透明"(opacity:1)，同时，内部字体的大小由 12px 变到 24px。然后，定义动画的变化参数，其中，duration 表示动画持续时间，iteration-count 表示动画重复次数，direction 表示动画执行完一次后方向的变化方式(如第一次从右向左，第二次则从左向右)。最后，timing-function 表示变化的模式。

其实，CSS3 动画几乎支持所有的变化，可以定义各种各样的动画效果以满足用户体验的需要。

以上介绍的 CSS3 的这些主要新特性，在 Chrome 和 Safari 浏览器中基本都是支持的，Firefox 只支持其中的一部分，IE 和 Opera 支持的较少。读者可以根据具体情况选择使用。

11.3　CSS3 兼容性速查

并不是所有的浏览器都支持 CSS3 的特性，若想知道浏览器是否支持某个属性，本书推荐使用常用的 CSS3 兼容性速查表：http://caniuse.com/。在搜索框中输入需要了解其兼容性的指定的 CSS3 属性，即可显示该属性的浏览器支持列表，如图 11-20 所示。

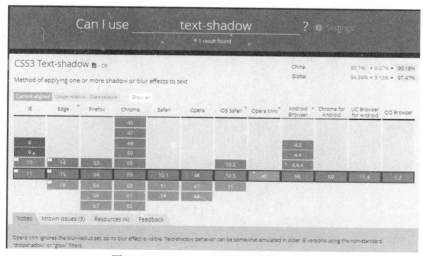

图 11-20　text-shadow 属性的兼容性列表

11.4　本章小结

过去 Web 页面的许多视觉效果都由标记元素来描述，直接把表示页面结构的标记与表示页面外观的标记或属性混合在一起，HTML 就是这样的标记语言。然而，之后出现的严格的

XHTML 则不允许出现用于描述外观的元素与属性，标记语言只用于描述页面结构，描述外观的工作则交给用层叠样式表(Cascading Style Sheet，CSS)语法编写的样式表来完成。本章主要介绍了 CSS 的历史变迁与使用方法、CSS3 的新增特性、CSS3 兼容性速查等内容。

11.5　思考和练习

1. CSS 产生的原因是什么？
2. 编写一个简单的 Hello CSS World 程序。
3. 简述 CSS3 新增特性。
4. 如何快速查看 CSS3 的兼容性。

第12章 CSS3选择器

选择器是 W3C 在 CSS3 工作草案中独立设计的一个模块。CSS1 和 CSS2 定义了大部分常用的选择器，这些选择器能满足设计师的常规设计需求。但是没有对它们进行系统化，也没有形成独立模块，不利于扩展。

为此，CSS3 增加并完善了选择器的功能，以便更灵活地匹配页面元素。

本章学习目标：

- 了解选择器的基本概念
- 掌握属性选择器的使用，包括 CSS2 和 CSS3 这两个版本的属性选择器
- 掌握结构伪类选择器的使用
- 掌握 UI 元素状态伪类选择器的使用

12.1 选择器的用法

选择器是 CSS 中十分重要的内容。使用它可以大幅提高开发人员书写及修改样式表时的工作效率。在样式表中，一般会书写大量的代码。在大型网站中，样式表中的代码可能会达到几千行。麻烦的是，在整个网站或 Web 应用程序全部书写好之后，需要针对样式表进行修改时，在一大篇 CSS 代码中，并没有说明什么样式服务于什么元素，只是使用了 class 属性，然后在页面中指定了元素的 class 属性。使用元素的 class 属性有两个缺点：第一，class 属性本身没有语义，它纯粹用来为 CSS 样式服务，属于多余属性；第二，使用 class 属性，并没有把样式和元素绑定起来，针对同一个 class 属性，文本框也可以使用，下拉框也可以使用，甚至按钮也可以使用，这是非常混乱的，修改样式表时也不方便。在 CSS3 中，提倡使用选择器将样式和元素直接绑定起来，这样在样式表中什么样式与什么元素相匹配变得一目了然，修改起来也很方便。不仅如此，通过选择器还可以实现各种复杂的指定，同时也能大量减少样式表的代码量，最终书写出来的样式表也简洁明了。

使用选择器进行样式的指定时，采用类似 E[foo$="val"]这种正则表达式的形式。在样式中，声明该样式应用于什么元素，该元素的某个属性的值必须是什么。例如，可以指定将页面中 id 为 div_big 的 div 元素的背景色设置为蓝色，代码如下：

```
div[id="div_big"]{background: blue;}
```

这样，符合这个条件的 div 元素的背景色将被设置为蓝色，不符合这个条件的 div 元素不使用这个样式。

另外，还可以在指定样式时使用通配符^(开头字符匹配)、?(结尾字符匹配)、*(包含字符匹配)。例如指定 id 末尾字符为 o 的 div 元素的背景色为绿色，代码如下：

```
div[id$="o"]{background: green;}
```

使用通配符可以大大提高样式表的书写效率。

12.2　属性选择器

在 HTML 中，通过各种各样的属性，可以给元素增加很多附加信息。例如，通过 width 属性，可以指定 div 元素的宽度；通过 id 属性，可以对不同的 div 元素进行区分，并且通过 JavaScript 来控制 div 元素的内容和状态。

12.2.1　CSS2 定义的属性选择器

CSS2 定义了以下 4 个属性选择器：

E[foo]：选择匹配 E 的元素，且该元素定义了 foo 属性。E 选择符可以省略，表示选择定义了 foo 属性的任意类型的元素。

E[foo="bar"]：选择匹配 E 的元素，且该元素定义 foo 属性的值为 bar。

E[foo~="bar"]：选择匹配 E 的元素，且该元素定义了 foo 属性，foo 属性的值是一个以空格符分隔的列表，其中一个列表值为 "bar"。例如，a[title~="bar"]匹配\<a title="bar1bar2bar3"\>\</a\>，而不匹配\<a title="bar2 bar3 bar4"\>\</a\>。

E[foo|="en"]：选择匹配 E 的元素，且该元素定义了 foo 属性，foo 属性的值是一个以连字符(-)分隔的列表，开头的字符为 "en"。例如，[lang|="en"]匹配\<body lang="en-us"\>\<body\>，而不匹配\<body lang="fr-argot"\>\<body\>。

12.2.2　CSS3 定义的属性选择器

CSS3 在 CSS2 的基础上新增加了 3 个属性选择器，与已经定义的 4 个属性选择器构成强大的标签属性过滤器。

E[foo^="bar"]：选择匹配 E 的元素，且该元素定义了 foo 属性，foo 属性的值包含前缀为 "bar" 的子字符串。例如，body[lang^="en"]匹配\<body lang="en-us"\>\<body\>，而不匹配\<bodylang= "fr-argot"\>\<body\>。

E[foo$="bar"]：选择匹配 E 的元素，且该元素定义了 foo 属性，foo 属性的值包含后缀为 "bar" 的子字符串。例如，img[src$="jpg"]匹配\<img src="pic.jpg" /\>，而不匹配\<img src="pic.gif" /\>。

E[foo*="bar"]：选择匹配 E 的元素，且该元素定义了 foo 属性，foo 属性的值包含 "bar" 的子字符串。例如，img[src*="jpg"]匹配\<img src="pic.jpg" /\>，而不匹配\<img src="pic.gif"/\>。

CSS3 遵循通用编码规则，选用^、$和*这 3 个通用匹配运算符，其中^表示匹配起始符，$表示匹配终止符，*表示匹配任意字符，使用它们更符合编码习惯和惯用编程思想。CSS3 草案还保留了对 E[foo~="bar"]和 E[foo|="bar"]选择器的支持。实际上，E[foo*="bar"]和 E[foo^="bar"]选择器更符合用户使用习惯，读者可以使用 E[foo*="bar"]替换 E[foo~="bar"]和 E[foo|="bar"]选择器，或者使用 E[foo^="bar"]选择器替换 E[foo|="bar"]选择器，两者在执行效率上相差不大。

检测显示，新增的 3 个属性选择器可以在实践中放心使用，不用担心浏览器兼容问题，也不用考虑 IE 浏览器的版本问题。

12.2.3　案例实战

　　由于链接文档的类型不同，链接文档的扩展名也会不同。根据扩展名的不同，分别为不同链接文档类型的超链接增加不同的显示图标，这样能方便浏览者知道所选择的超链接类型。使用属性选择器匹配 a 元素中 href 属性值的最后几个字符，即可为不同类型的超链接添加不同的显示图标。

【例 12-1】　为不同类型的超链接添加不同的显示图标。

```
<!DOCTYPE html PUBLIC "-//W3C//DTD XHTML 1.0 Transitional//EN" "http://www.w3.org/TR/
xhtml1/DTD/xhtml1-transitional.dtd">
<html xmlns="http://www.w3.org/1999/xhtml">
<head>
<meta http-equiv="Content-Type" content="text/html; charset=gb2312" />
<title>上机练习</title>
<style type="text/css">
        p {
                margin: 4px;
        }
        a[href^="http:"] {
                background: url(images/window.gif) no-repeat left center;
                padding-left: 18px;
        }
        a[href$="pdf"] {
                background: url(images/icon_pdf.gif) no-repeat left center;
                padding-left: 18px;
        }
        a[href$="xls"] {
                background: url(images/icon_xls.gif) no-repeat left center;
                padding-left: 18px;
        }
        a[href$="ppt"] {
                background: url(images/icon_ppt.gif) no-repeat left center;
                padding-left: 18px;
        }
        a[href$="rar"] {
                background: url(images/icon_rar.gif) no-repeat left center;
                padding-left: 18px;
        }
        a[href$="gif"] {
                background: url(images/icon_img.gif) no-repeat left center;
                padding-left: 18px;
        }
        a[href$="jpg"] {
                background: url(images/icon_img.gif) no-repeat left center;
                padding-left: 18px;
        }
        a[href$="png"] {
                background: url(images/icon_img.gif) no-repeat left center;
```

```
                        padding-left: 18px;
                    }
                a[href$="txt"] {
                        background: url(images/icon_txt.gif) no-repeat left center;
                        padding-left: 18px;
                    }
            </style>
    </head>
    <body>
            <p><a href="http://www.baidu.com/name.pdf">PDF 文件</a> </p>
            <p><a href="http://www.baidu.com/name.ppt">PPT 文件</a> </p>
            <p><a href="http://www.baidu.com/name.xls">XLS 文件</a> </p>
            <p><a href="http://www.baidu.com/name.rar">RAR 文件</a> </p>
            <p><a href="http://www.baidu.com/name.gif">GIF 文件</a> </p>
            <p><a href="http://www.baidu.com/name.jpg">JPG 文件</a> </p>
            <p><a href="http://www.baidu.com/name.png">PNG 文件</a> </p>
            <p><a href="http://www.baidu.com/name.txt">TXT 文件</a> </p>
            <p><a href="http://www.baidu.com/#anchor">#锚点超链接</a></p>
            <p><a href="http://www.baidu.com/">http://www.baidu.com/</a></p>
    </body>
</html>
```

执行以上代码，效果如图 12-1 所示。

图 12-1　使用属性选择器设计不同的超链接图标样式

如果不想借助 CSS3 中这些新添加的属性选择器，用户可以使用脚本来实现，但会比较麻烦，代码如下：

```
<script type="text/javascript" src="images/jquery.js"></script>
<script type="text/javascript">
$(function(){
        $("a[href$=pdf]").addClass("pdf");
        $("a[href$=xls]").addClass("xls");
        $("a[href$=ppt]").addClass("ppt");
        $("a[href$=rar]").addClass("rar");
        $("a[href$=gif]").addClass("img");
        $("a[href$=jpg]").addClass("img");
        $("a[href$=png]").addClass("img");
```

```
            $("a[href$=txt]").addClass("txt");
            $("a:not([href*=http://www.])").not("[href^=#]")
                    .addClass("external")
                    .attr({ target: "_blank" });
    });
    </script>
```

12.3　结构伪类选择器

结构伪类选择器是 CSS3 新增的类型选择器，它们利用 DOM 树实现元素过滤，通过文档结构的相互关系来匹配元素，可以减少 class 和 id 属性的定义，使文档变得更加简洁。

12.3.1　CSS 中的伪类选择器及伪元素

在学习结构伪类选择器之前，先了解两个概念，即 CSS 中的伪类选择器和伪元素：

● 伪类选择器：CSS 中已经定义好的选择器，不能随便取名。常用的伪类选择器是用在 a 元素上的几种选择器，如 a:link|a:visited|a:hover|a:active。

● 伪元素选择器：并不是针对真正的元素使用的选择器，而是针对 CSS 中已经定义好的伪元素使用的选择器。CSS 中有如下 4 种伪元素选择器：

➢ first-line：为某个元素的第一行文字使用样式。

➢ first-letter：为某个元素中文字的首字母或第一个字母使用样式。

➢ before：在某个元素之前插入一些内容。

➢ after：在某个元素之后插入一些内容。

使用方法如下：

选择器：伪元素{样式}

例如：

p:first-line{ color:#ff0000;}

后续会详细介绍伪类选择器的具体使用方法，本节主要介绍以下 4 种结构伪类选择器：

● 四个最基本的结构伪类选择器：root、not、empty、target

● first-child 、 last-child 、 nth-child 、 nth-last-child 、 nth-child(odd) 、 nth-child(even) 、nth-last-child(odd)、nth-last-child(even)

● nth-of-type 和 nth-last-of-type

● only-child

结构伪类选择器的公共特征是允许开发者根据文档结构来指定元素的样式。

12.3.2　root、not、empty 和 target

1. root、not

root 将样式绑定到页面的根元素。所谓根元素，是指位于文档树中最顶层结构的元素，在 HTML 页面中是指包含整个页面的<html>部分。

要想对某个结构元素使用样式，但想排除这个结构元素下的子结构元素，可以使用 not 样式。

【例 12-2】　使用 root 和 not 结构伪类选择器。

例如，有以下 HTML 代码：

```
<div id="header">页头</div>
<div id="page">页体</div>
<div id="footer">页脚</div>
```

对以上页面元素使用如下样式表：

```
div{
    padding: 10px 20px;
    min-height: 50px;
}
div:not([id="footer"]){
    background: pink;
}
```

运行代码，效果如图 12-2 所示。

图 12-2　使用 root 和 not 选择器的效果

2. empty

empty 用来选择没有任何内容的元素，这里没有内容指的是一点内容都没有，哪怕是一个空格都不行。例如，文档中有 3 个段落元素 p，要把没有任何内容的 p 元素隐藏起来，可以使用 empty 选择器来控制。

例如，有以下 HTML 代码：

```
<p>我是一个段落</p>
<p> </p>
<p></p>
```

对以上 HTML 元素使用 empty 选择器进行样式控制，代码如下：

```
p{
    background: orange;
    min-height: 30px;
}
p:empty {
    display: none;
}
```

运行代码，效果如图 12-3 所示。

3. target

target 选择器又称为目标选择器，用来匹配文档(页面)URL 的某个标志符的目标元素。target 选择器为页面中的某个 target 元素指定样式，该样式只在用户单击了页

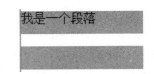

图 12-3　使用 empty 选择器的效果

面中的链接，并且跳转到 target 元素后生效。

例如，使用 target 选择器控制样式，单击链接以显示隐藏的段落。首先设计 HTML 代码如下：

```
<h2><a href="#brand">Brand</a></h2>
<div class="menuSection" id="brand">
    content for Brand
</div>
```

CSS 代码如下：

```
.menuSection{
    display: none;
}
:target{/*这里的:target 就是 id="brand"的 div 对象*/
    display:block;
}
```

图 12-4　使用 target 选择器的效果

运行程序，效果如图 12-4 所示。

12.3.3　first-child、last-child、nth-child(n)和 nth-last-child(n)

1. first-child 和 last-child

first-child 选择器用来选择第一个子元素(所有的第一个子元素都会被选择)。例如，有以下 HTML 代码：

```
<body>
    <div id="selector1">
        <span>我是第一个 span</span>
        <p>我是第一个 p，在 span 后面</p>
        <div><p>第二个 p</p></div>
        <p>第三个 p</p>
        <p>第四个 p</p>
        <em>I am em</em>
        <p>iewnvk</p>
        <ul>
            <li>1</li>
            <li>2</li>
            <li>3</li>
            <li>4</li>
            <li>5</li>
        </ul>
    </div>
</body>
```

这里作为 selector1 的第一个子元素的有 span 元素、div 标签里的 p 元素以及 ul 标签里的第一个 li 元素。为以上 HTML 元素设计如下样式：

```
#selector1 :first-child{
    color: pink;
}
```

运行效果如图 12-5 所示。

需要注意的是，first-child 的冒号与前面的元素间要有一个空格的距离，否则会把父元素里的所有子元素都选上。

last-child 选择最后一个子元素，其各种变化和 first-child 一样，这里不再举例说明。

2. nth-child(n)和 nth-last-child(n)

nth-child(n)用来定位父元素的一个或多个特定的子元素。其中 "n" 是参数，可以是整数值(1、2、3、4 等)，也可以是表达式(2n+1、-n+5 等)和关键词(odd、even 等)，参数 n 的起始值始终是 1。也就是说，参数 n 的值为 0 时，选择器将选择不到任何匹配的元素。

图 12-5　使用 first-child 选择器的效果

- tr:nth-child(2n+1)：匹配奇数行的 tr。
- tr:nth-child(2n)：匹配偶数行的 tr。
- tr:nth-child(odd)：匹配奇数行的 tr。
- tr:nth-child(even)：匹配偶数行的 tr。
- tr:nth-child(4)：匹配第四行的 tr。

例如，有以下 HTML 代码：

```
<body>
    <ol>
        <li>item1</li>
        <li>item2</li>
        <li>item3</li>
        <li>item4</li>
        <li>item5</li>
        <li>item6</li>
        <li>item7</li>
        <li>item8</li>
        <li>item9</li>
        <li>item10</li>
    </ol>
</body>
```

设计 CSS 代码如下：

```
ol > li:nth-child(2n-1){
    background: pink;
}
```

运行代码，效果如图 12-6 所示。

图 12-6　使用 nth-child 选择器的效果

nth-last-child(n)选择器用于选择父元素中倒数第 n 个位置的元素或特定元素，计算顺序与 nth-child 不同，其余用法相同，在此不再举例说明，读者可自行对上面的程序修改并观察效果。

12.3.4　first-of-type 和 last-of-type

first-of-type 选择器类似于 first-child 选择器，不同之处在于指定元素的类型，主要用来定位父元素下的某个类型的第一个子元素。first-of-type 选择器的功能类似于 nth-of-type 选择器。

例如，有以下 HTML 代码：

```
<body>
    <div class="wrapper">
        <p>我是第一个段落</p>
        <p>我是第二个段落</p>
        <div>我是第一个 Div 元素</div>
        <div>我是第二个 Div 元素</div>
        <p>我是第三个段落</p>
        <p>我是第四个段落</p>
        <div>我是第三个 Div 元素</div>
        <div>我是第四个 Div 元素</div>
    </div>
</body>
```

应用如下 CSS 样式：

```
.wrapper > p,
.wrapper > div {
    margin: 10px 0;
    background:#89c3eb;
    color: #fff;
    padding: 5px;
}

.wrapper > div:first-of-type {
    background: #928178;
}
```

运行程序，效果如图 12-7 所示。

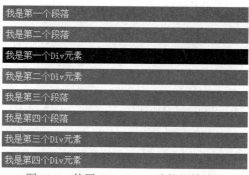

图 12-7　使用 first-of-type 选择器的效果

　　　last-of-type 选择器和 first-of-type 选择器的功能是一样的，不同之处在于选择的是父元素下某个类型的最后一个子元素。这里不再赘述，读者可自行在上述代码的基础上进行修改，观察效果。

12.3.5　nth-of-type(n)和 nth-last-of-type(n)

　　　nth-of-type(n)选择器和 nth-child(n)选择器非常类似，不同之处在于只计算父元素中指定的某种类型的子元素。当某个元素中的子元素不单是同一种类型的子元素时，使用 nth-of-type(n)选择器来定位父元素中某种类型的子元素是非常方便和有用的。nth-of-type(n)选择器中的"n"和"nth-child(n)"选择器中的"n"一样，可以是具体的整数，也可以是表达式，还可以是关键词。

　　　下面来演示以下所有匹配的子元素被分离出来单独排序，不匹配的不参与排序。HTML代码如下：

```
<body>
    <div class="wrapper">
        <div>我是一个 Div 元素</div>
        <p>我是一个段落元素</p>
        <div>我是一个 Div 元素</div>
        <p>我是一个段落</p>
        <div>我是一个 Div 元素</div>
        <p>我是一个段落</p>
        <div>我是一个 Div 元素</div>
        <p>我是一个段落</p>
        <div>我是一个 Div 元素</div>
        <p>我是一个段落</p>
        <div>我是一个 Div 元素</div>
        <p>我是一个段落</p>
        <div>我是一个 Div 元素</div>
        <p>我是一个段落</p>
        <div>我是一个 Div 元素</div>
        <p>我是一个段落</p>
    </div>
</body>
```

为上述 HTML 代码使用如下 CSS 样式：

```
.wrapper > div:nth-of-type(odd),
.wrapper > p:nth-of-type(even){
    background: #59b9c6;
}
```

运行程序，效果如图 12-8 所示。

　　　nth-last-of-type(n)选择器和 nth-of-type(n)选择器一样，选择父元素中指定的某种子元素类型，但起始方向是从最后一个子元素开始，而且使用方法与 nth-last-child(n)选择器一样，因此不再举例说明，读者可自行在以上代码的基础上加以修改，观察效果。

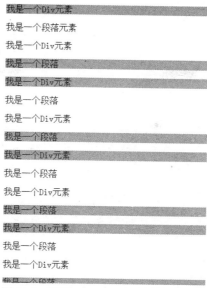

图 12-8　使用 nth-of-type(n)选择器的效果

12.3.6　only-child 选择器

在 only-child 选择器匹配的元素的父元素中有且仅有一个子元素。例如，E:only-child 选择的是这个 E 元素，也就是子元素。

例如，有以下 HTML 代码：

```
<body>
    <ul>
        <li>Item1</li>
        <li>Item2</li>
        <li>Item3</li>
    </ul>
    <ul>
        <li>Item1</li>
    </ul>
    <ol>
        <li>Item1</li>
    </ol>
    <ol>
        <li>Item1</li>
        <li>Item2</li>
        <li>Item3</li>
    </ol>
</body>
```

为以上 HTML 元素设置如下样式：

```
li {
    background: #84b9cb;
    padding: 10px;
    margin-bottom: 5px;
```

```
    }
    li:only-child {
        background: #a99e93;
    }
```

运行以上程序，效果如图 12-9 所示。

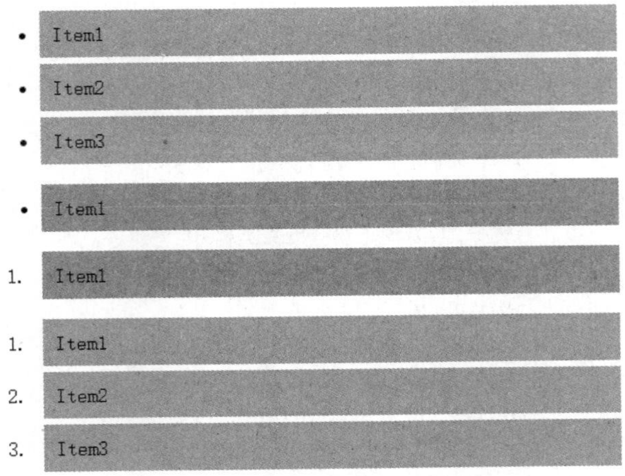

图 12-9　使用 only-child 选择器的效果

12.4　UI 元素状态伪类选择器

在 CSS3 选择器中，除了结构伪类选择器之外，还有一种 UI 元素状态伪类选择器，这些选择器的共同特征是：指定的样式只在元素处于某种状态时才起作用，在默认状态下不起作用。UI 元素状态伪类选择器也是 CSS3 选择器模块组中的一部分，主要用于表单元素，以提高网页的人机交互能力、操作逻辑以及页面的整体美观程度，使表单页面更具个性与品位，使用户操作页面表单更加便利和简单。

12.4.1　UI 元素状态伪类选择器的语法

UI 元素的状态一般包括：启用、禁用、选中、未选中、获得焦点、失去焦点、锁定和待机等。在 HTML 元素中有可用和不可用状态，例如表单中的文本输入框；在 HTML 元素中还有选中和未选中状态，例如表单中的复选框和单选按钮。这几种状态都是 CSS3 选择器中常用的状态伪类选择器，详细说明如表 12-1 所示。

表 12-1　UI 元素状态伪选择器的语法

选择器	类型	功能描述
E:checked	选中状态伪类选择器	匹配在表单元素中选中的复选框或单选按钮
E:enabled	启用状态伪类选择器	匹配所有启用的表单元素
E:disabled	禁用状态伪类选择器	匹配所有禁用的表单元素

在 CSS3 中共有 11 种 UI 元素伪类选择器，分别为：E:hover、E:active、E:focus、E:enabled、E:disabled、E:read-only、E:read-write、E:checked、E::selection、E:default、E:indeterminate。

这些 UI 元素伪类选择器的作用分别如下：

- E:hover 选择器用来指定当鼠标指针移动到元素上时元素所使用的样式。
- E:active 选择器用来指定元素被激活时(鼠标在元素上按下还没有松开时)使用的样式。
- E:focus 选择器用来指定当元素获得焦点时使用的样式，主要在文本框控件获得焦点并进行文字输入时使用。
- E:enabled 选择器用来指定当元素处于可用状态时的样式
- E:disabled 选择器用来指定当元素处于不可用状态时的样式
- E:read-only 选择器用来指定当元素处于只读状态时的样式，在 Firefox 下需要写成 -moz-read-only 的形式。
- E:read-write 选择器用来指定当元素处于非只读状态时的样式，在 Firefox 下需要写成 -moz-read-write 的形式。
- E:checked 选择器用来指定当表单中的单选按钮或复选框处于选中状态时的样式，在 Firefox 下需要写成-moz-checked 的形式。
- E:default 选择器用来指定当页面打开时默认处于选中状态的单选按钮或复选框的样式。需要注意的是，即使用户将默认设定为选中状态的单选按钮或复选框修改为非选中状态，使用 E:default 选择器设定的样式也依然有效。
- E:indeterminate 选择器用来指定当页面打开时，如果一组单选按钮中的任何一个单选按钮都没有被设定为选中状态时整组单选按钮的样式。如果用户选中这组单选按钮中的任何一个单选按钮，那么整组单选按钮的样式将被取消。
- E::selection 选择器用来指定当元素处于选中状态时的样式。这里需要注意的是：在 Firefox 下使用时，需要写成-moz-selection 的形式。

12.4.2　E:hover、E:active 和 E:focus

E:hover 选择器被用来指定当鼠标指针移动到元素上时元素所使用的样式，使用方法如下：

```
<元素>:hover{
CSS 样式
}
```

可以在"<元素>"中添加元素的 type 属性，例如：

```
input[type="text"]:hover{
CSS 样式
}
```

E:active 选择器被用来指定元素被激活时使用的样式。E:focus 选择器被用来指定元素获得光标聚焦点使用的样式，主要在文本框控件获得聚焦点并进行文字输入时使用。

例如，有以下 HTML 代码：

```
<form>
    姓名： <input type="text" placeholder="请输入姓名">
    <br/>
    <br/>
    密码： <input type="password" placeholder="请输入密码">
</form>
```

为这个表单设计以下 CSS 样式：

```
<style>
        input[type="text"]:hover{
            background: green;
        }
        input[type="text"]:focus{
            background: #ff6600;
            color: #fff;
        }
        input[type="text"]:active{
            background: blue;
        }
        input[type="password"]:hover{
            background: red;
        }
</style>
```

运行以上程序，效果如图 12-10 所示，页面根据鼠标对文本框的操作类型显示不同的颜色。

图 12-10　使用 hover、active 和 focus 选择器的效果

12.4.3　E:enabled 与 E:disabled

E:enabled 选择器被用来指定当元素处于可用状态时的样式。E:disabled 选择器被用来指定当元素处于不可用状态时的样式。例如，为 12.4.2 节中的 HTML 代码添加如下 CSS 样式：

```
<style>
        input[type="text"]:enabled{
            background: green;
            color: #ffffff;
        }
        input[type="text"]:disabled{
            background: #727272;
        }
</style>
```

运行程序，效果如图 12-11 所示。

图 12-11　使用 enabled 和 disabled 选择器的效果

12.4.4　E:read-only 与 E:read-write

E:read-only 选择器被用来指定当元素处于只读状态时的样式；E:read-write 选择器被用来指定当元素处于非只读状态时的样式。

例如，有以下 HTML 代码：

```
<form>
        姓名：<input type="text" placeholder="请输入姓名" value="winson" readonly>
```

```
            <br/>
            <br/>
            学校：<input type="text" placeholder="请输入学校">
        </form>
```

对以上 HTML 代码添加以下 CSS 样式：

```
<style>
        input[type="text"]:read-only{
            background: #000;
            color: green;
        }
        input[type="text"]:read-write{
            color: #ff6600;
        }
</style>
```

运行程序，效果如图 12-12 所示。

图 12-12　使用 read-only 和 read-write 选择器的效果

12.4.5　E:checked、E:default 和 E:indeterminate

1. E:checked 伪类选择器

E:checked 伪类选择器用来指定当表单中的单选按钮或复选框处于选中状态时的样式。例如，有以下 HTML 代码：

```
<form>
    房屋状态：
    <input type="checkbox">水
    <input type="checkbox">电
    <input type="checkbox">天然气
    <input type="checkbox">宽带
</form>
```

为以上 HTML 元素添加以下 CSS 样式：

```
<style>
        input[type="checkbox"]:checked{
            outline: 2px solid green;
        }
</style>
```

运行以上程序，效果如图 12-13 所示。

图 12-13　使用 checked 选择器的效果

2. E:default 选择器

E:default 选择器用来指定当页面打开时默认处于选中状态的单选按钮或复选框控件的样式。将以上样式表改成默认样式，代码如下：

```
input[type="checkbox"]:default{
            outline: 2px solid green;
        }
```

程序运行效果如图 12-14 所示。

3. E:indeterminate 选择器

E:indeterminate 选择器用来指定当页面打开时，一组单选按钮中没有任何一个单选按钮被设定为选中状态时整组单选按钮的样式。

例如，设计以下 HTML 代码：

```
<form>
    性别：
    <input type="radio">男
    <input type="radio">女
</form>
```

为这个表单设计如下 CSS 样式：

```
<style>
        input[type="radio"]:indeterminate{
            outline: 2px solid green;
        }
</style>
```

运行以上程序，效果如图 12-15 所示。

房屋状态：☑水 ☐电 ☐天然气 ☐宽带   性别：☐男 ☐女

图 12-14　使用 default 选择器的效果 　　　图 12-15　使用 indeterminate 选择器的效果

12.4.6　E::selection

E:selection 选择器用来指定当元素处于选中状态时的样式。例如：

```
<head lang="en">
    <meta charset="UTF-8">
    <title>伪类选择器 E::selection</title>
    <style>
        ::selection{
            background: green;
            color: #ffffff;
        }
        input[type="text"]::selection{
            background: #ff6600;
            color: #ffffff;
        }
    </style>
</head>
<body>
<h1>伪类选择器 E::selection</h1>
    <p>今天，开发搜索框，出现了 bug，现在没有找到原因！今天，开发搜索框，出现了 bug，现在没有找到原因！今天，开发搜索框，出现了 bug，现在没有找到原因！今天，开发搜索框，出现了 bug，现在没有找到原因！今天，开发搜索框，出现了 bug，现在没有找到原因！</p>
```

```
    <input type="text" placeholder="文本">
    </body>
```

运行以上程序，效果如图 12-16 所示。

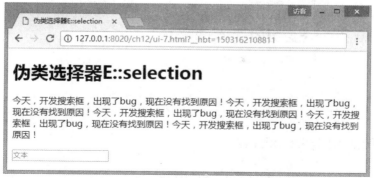

图 12-16　使用 selection 选择器的效果

12.4.7　E:invalid 与 E:valid

E:valid 伪类选择器的作用和 E:invalid 恰好相反，用来指定当元素中输入的内容通过所指定的检查，或元素内容符合元素规定的格式时的样式。例如，当在密码框中输入的密码正确时，在文本框右侧显示绿色的√标记。

例如，以下是使用这两个选择器的页面：

```
<!DOCTYPE html>
<html>
<head lang="en">
    <meta charset="UTF-8">
    <title>E:invalid 伪类选择器与 E:valid 伪类选择器</title>
    <style>
        input[type="email"]:invalid{
            color: red;
        }
        input[type="email"]:valid{
            color: green;
        }
    </style>
</head>
<body>
<h1>E:invalid 伪类选择器与 E:valid 伪类选择器</h1>
<form>
    <input type="email" placeholder="请输入 E-mail">
</form>
</body>
</html>
```

运行以上程序，效果如图 12-17 所示。

图 12-17　使用 invalid 和 valid 选择器的效果

12.4.8　E:required 与 E:optional

E:required 选择器用来指定允许使用 required 属性，而且已经指定 required 属性的 input 元素、select 元素以及 textarea 元素的样式。

E:optional 选择器用来指定允许使用 required 属性，但是未指定 required 属性的 input 元素、select 元素以及 textarea 元素的样式。

例如，有以下 HTML 代码：

```
<form>
    姓名：<input type="text" placeholder="请输入姓名" required>
    <br/>
    <br/>
    学校：<input type="text" placeholder="请输入学校">
</form>
```

为这些 HTML 代码使用如下样式：

```
<style>
    input[type="text"]:required{
        background: red;
        color: #ffffff;
    }
    input[type="text"]:optional{
        background: green;
        color: #ffffff;
    }
</style>
```

运行以上程序，效果如图 12-18 所示。

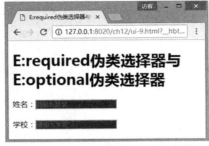

图 12-18　使用 required 和 optional 选择器的效果

12.4.9 E:in-range 与 E:out-of-range

E:in-range 选择器用来指定当元素的有效值被限定在一段范围之内，且实际的输入值在该范围之内时的样式。

E:out-of-range 选择器用来指定当元素的有效值被限定在一段范围之内，但实际的输入值超出该范围时使用的样式。

例如，有以下 HTML 代码：

```
<h1>E:in-range 伪类选择器与 E:out-of-range 伪类选择器</h1>
<input type="number" min="0" max="100" value="0">
```

添加如下 CSS 样式：

```
<style>
        input[type="number"]:in-range{
            color: #ffffff;
            background: green;
        }
        input[type="number"]:out-of-range{
            background: red;
            color: #ffffff;
        }
</style>
```

运行以上程序，效果如图 12-19 所示。

图 12-19 使用 in-range 和 out-of-range 选择器的效果

12.5   本章小结

选择器是 CSS 中十分重要的内容。使用它可以大幅提高开发人员书写及修改样式表时的工作效率。选择器同时也是 W3C 在 CSS3 工作草案中独立设计的一个模块，CSS1 和 CSS2 定义了大部分常用的选择器，但它们没有形成独立模块，不利于扩展。

在大型网站中，CSS 样式表中的代码可能会达到几千行。过去的 CSS 版本只是为元素指定 class 等属性，但是使用元素的 class 属性有两个缺点：第一，class 属性本身没有语义，它纯粹用来为 CSS 样式服务，属于多余属性；第二，使用 class 属性，并没有把样式和元素绑定起来，针对同一个 class 属性，文本框也可以使用，下拉框也可以使用，甚至按钮也可以使用，这是非常混乱的，修改样式表时也不方便。

　　本章对 CSS3 新增的属性进行了系统介绍，包括选择器的概念、常用的属性选择器、结构伪类选择器、UI 元素状态伪类选择器等。

12.6　思考和练习

　　1. 为什么要在 CSS 技术中使用选择器？

　　2. 简述 CSS3 新增的属性选择器。

　　3. 写一个 HTML 页面，在页面上列出不同的电脑品牌名，为这些电脑品牌名添加不同的 LOGO。

　　4. 常见的结构伪类选择器有哪些？作用分别是什么？

　　5. 常见的 UI 元素状态伪类选择器有哪些？作用分别是什么？

第13章 CSS3文本属性

在文本样式控制方面，CSS3 新增了几个文本属性，同时完善了颜色控制，实现了对不透明效果的支持。可以说，对颜色的不透明度支持是 CSS3 革新的最大亮点。CSS3 定义了功能强大的文本属性，例如：用于控制文本阴影或模糊效果的 text-shadow 属性；用于控制省略文本的处理方式的 text-overflow 属性；用于控制文本超过指定容器的边界时是否断开转行的 word-wrap属性。

另外，CSS3 增强了颜色功能。例如：HSL 颜色表示方式通过对色调(H)、饱和度(S)和亮度(L)3 个颜色通道的变化以及它们相互之间的叠加来表示各式各样的颜色；HSLA 颜色表示方式则在 HSL 颜色表示方式的基础上增加了透明度(A)设置。

本章学习目标：

- 掌握设置文本阴影的 text-shadow 属性的用法，能够使用该属性设置文本阴影的位移、模糊和半径等
- 掌握文本样式的设置方法，包括文本溢出、文本换行、粗斜体等
- 掌握常用颜色值的用法，包括 RGBA、HSL、HSLA 颜色值，以及 opacity 属性的设置，定义 transparent 颜色值的方法等
- 了解 CSS3 中字体兼容性处理的常用方法

13.1 CSS3 文本属性概述

本章主要介绍 CSS3 的各种文本属性。CSS3 增加了丰富的文本修饰效果，使得网页更加美观舒适。下面列出了常用的 CSS3 文本属性，如表 13-1 所示。

表 13-1 常用 CSS3 文本属性

属性	说明
text-shadow	文字阴影
text-stroke	文字描边
text-overflow	文本溢出处理
word-wrap	长单词或 URL 强制换行
@font-face	嵌入服务器字体
font-size-adjust	调整字体尺寸

接下来一一详细介绍 CSS3 新增的这些文本属性。

13.2 设计文本阴影

在 CSS3 中，可以使用 text-shadow 属性给页面上的文字添加阴影效果，到目前为止，

Safari、Firefox、Chrome 和 Opera 等主流浏览器都支持该功能。text-shadow 属性是在 CSS2 中定义的，在 CSS 2.1 中被删除了，在 CSS3 中又得以启用。

13.2.1　text-shadow 属性的使用方法

在 CSS2 中，如果想要实现文字的阴影效果，一般都是使用 Photoshop 等工具来实现。但是在 CSS3 中，这种效果用 text-shadow 属性就能实现了。语法如下：

```
text-shadow:x-offset y-offset blur color;
```

其中各参数作用如下：

● x-offset：水平阴影，表示阴影的水平偏移距离，单位可以是 px、em 或百分比等。如果值为正，则阴影向右偏移；如果值为负，则阴影向左偏移。

● y-offset：垂直阴影，表示阴影的垂直偏移距离，单位可以是 px、em 或百分比等。如果值为正，则阴影向下偏移；如果值为负，则阴影向上偏移。

● blur：模糊距离，表示阴影的模糊程度，单位可以是 px、em 或百分比等。Blur 参数的值不能为负。值越大，阴影越模糊；值越小，阴影越清晰。当然，如果不需要阴影模糊效果，可以把 blur 参数的值设置为 0。

● color：表示阴影的颜色。

13.2.2　一般文字阴影效果

下面通过一个文字阴影示例来讲解 text-shadow 属性的使用。

【例 13-1】　使用 text-shadow 属性制作一般文字阴影效果。

```
<!DOCTYPE html>
<html>
<head>
  <meta charset="utf-8" />
    <title>CSS3 text-shadow 属性</title>
    <style type="text/css">
        #ivy
        {
            font-size:40px;
            text-shadow:4px 4px 2px gray;
            -webkit-text-shadow: 4px 4px 2px gray;
            -moz-text-shadow: 4px 4px 2px gray;
        }
    </style>
</head>
<body>
    <div id="ivy">文字阴影效果</div>
</body>
</html>
```

运行以上程序，效果如图 13-1 所示。

结合代码与呈现的阴影效果，可以得出以下结论：

(1) 阴影偏移分为水平方向和垂直方向这两个方向，x-offset 参数值指的是阴影到原文本的水平距离，y-offset 参数值指的是阴影到原文本的垂直距离。

图 13-1　一般文字阴影效果

(2) x-offset 与 y-offset 参数允许为负值。

(3) 添加阴影偏移距离之后，可以指定模糊半径 blur。模糊半径是一个长度值，表示阴影模糊效果的范围。

13.2.3　文字凹凸效果

在实际项目中，很多时候需要给文本添加一些立体感。使用 CSS3 的 shadow 属性，可以方便地制作出文字凹凸效果，呈现出立体的感觉。下面通过一个示例来说明文字凹凸效果的制作。

【例 13-2】　制作文字凹凸效果。

首先，设计 HTML 页面代码，其中的<body>标签含有如下 div 元素：

```
<div>文字凹凸效果</div>
```

然后，设计如下 CSS 样式：

```
<style type="text/css">
        div
        {
                display:inline-block;
                padding:20px;
                font-size:40px;
                font-family:Verdana;
                font-weight:bold;
                background-color:#CCC;
                color:#ddd;
                text-shadow:-1px 0 #333, /*向左阴影*/
                            0 -1px #333,/*向上阴影*/
                            1px 0 #333, /*向右阴影*/
                            0 1px #333 ;/*向下阴影*/
        }
    </style>
```

运行程序，效果如图 13-2 所示。

如果需要表现更加丰富的效果，那儿每个方向上阴影的颜色可以有不同的设置。如果将向左和向上的阴影颜色设置为白色，文字就会有凸起的效果。修改 text-shadow 属性，如下所示：

```
text-shadow:-1px 0 #FFF, /*向左阴影*/
            0 -1px #FFF, /*向上阴影*/
            1px 0 #333,   /*向右阴影*/
            0 1px #333;   /*向下阴影*/
```

运行程序后，效果如图 13-3 所示。

图 13-2　文字凹凸效果　　　　　　　　　　图 13-3　更加细腻的凹凸效果

如果将向右和向下的阴影颜色设置为白色，文字就会有凹陷的效果。修改 text-shadow

属性，如下所示：

```
text-shadow:-1px 0 #333, /*向左阴影*/
            0 -1px #333, /*向上阴影*/
            1px 0 #FFF,  /*向右阴影*/
            0 1px #FFF;  /*向下阴影*/
```

运行程序后，效果如图 13-4 所示。

图 13-4　凹陷的文字效果

13.2.4　为文本指定多个阴影

在 CSS3 中，可以使用 text-shadow 属性来给文字指定多个阴影，并且针对每个阴影使用不同的颜色。也就是说，text-shadow 属性的值可以是一个以英文逗号隔开的"值列表"，例如：

```
text-shadow:0 0 4px white,0 -5px 4px #ff3,2px -10px 6px #fd3;
```

当 text-shadow 属性的值为"值列表"时，阴影效果会按照给定的值的顺序应用到元素的文本上，因此有可能出现互相覆盖的现象。但是 text-shadow 属性永远不会覆盖文本本身，阴影效果也不会改变边框的尺寸。

【例 13-3】　为文本指定多个阴影。

首先设计 HTML 页面，在<body>标签中添加以下元素：

```
<div id="ivy">多阴影效果</div>
```

然后为页面添加以下样式：

```
<style type="text/css">
    #ivy
    {
        font-size:40px;
        text-shadow:4px 4px 2px gray, 6px 6px 2px gray, 8px 8px 8px gray;
        -webkit-text-shadow: 4px 4px 2px gray, 6px 6px 2px gray, 8px 8px 8px gray;
        -moz-text-shadow: 4px 4px 2px gray, 6px 6px 2px gray, 8px 8px 8px gray;
    }
</style>
```

运行程序，效果如图 13-5 所示。

图 13-5　多阴影效果

13.3　设置文本样式

HTML5 中增加了许多属性，用于设置文本样式，使得文本的显示效果更加丰富。

13.3.1　text-stroke 属性

在 CSS3 中，可以使用 text-stroke 属性为文字添加描边效果。描边就是给文字添加边框。这是 CSS3 新增的一个功能，CSS3 的出现使得"文字"也能添加边框了。

text-stroke 是一个复合属性，由 text-stroke-width 和 text-stroke-color 两个子属性组成。该属性的使用语法如下：

```
text-stroke:宽度值  颜色值;
```

其中，text-stroke-width 属性用于设置描边的宽度，可以为一般的长度值；text-stroke-color 属性用于设置描边的颜色。

【例 13-4】　给文本添加描边效果。

```
<!DOCTYPE html>
<html>
<head>
    <title>CSS3 text-stroke 属性</title>
    <style type="text/css">
        div
        {
            font-size:30px;
            font-weight:bold;
        }
        #div2
        {
            text-stroke:1px red;
            -webkit-text-stroke:1px red;
            -moz-text-stroke:1px red;
            -o-text-stroke:1px red;
        }
    </style>
</head>
<body>
    <div id="div1">没有描边</div>
    <div id="div2">文字描边 </div>
</body>
</html>
```

运行以上程序，效果如图 13-6 所示。

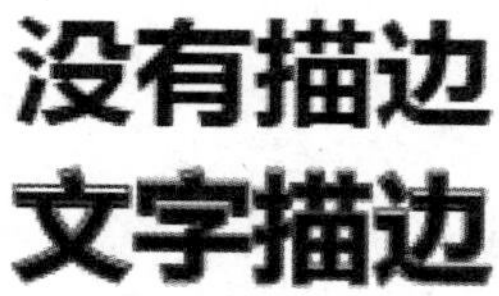

没有描边
文字描边

图 13-6　文字无描边与有描边的效果对比

13.3.2　文本溢出

在浏览网页的时候，我们经常能看到这样的效果：当文字超出一定范围时会以省略号显示，并隐藏多余的文本。这是一个用户体验非常好的设计细节，可以让用户知道还有更多的内容未显示出来。

在 CSS3 中，文本溢出属性 text-overflow 用于设置是否使用省略标记(...)标识对象内文本的溢出。text-overflow 属性的语法格式如下：

```
text-overflow:取值;
```

其中，text-overflow 属性的取值只有两个：ellipsis 和 clip。ellipsis 表示当对象内的文本溢出时显示省略标记(...)；clip 表示当对象内的文本溢出时不显示省略标记(…)，而是将溢出的部分裁掉。

单独使用 text-overflow 属性是无法实现以省略号表示多余文本的效果的，因为 text-overflow 属性只是说明文字溢出时用什么方式显示，要实现在文本溢出时产生省略号效果，还须定义以下两个内容：

1) white-space:nowrap;(强制文本在一行显示)

2) overflow:hidden;(将溢出内容隐藏)

完整语法如下：

```
text-overflow:ellipsis;
overflow:hidden;
white-space:nowrap;
```

这 3 个属性必须一起使用才能实现需要的溢出提示效果。

【例 13-5】 文本溢出效果。

```
<!DOCTYPE html>
<html>
<head>
  <meta charset="utf-8" />
    <title>CSS3 text-overflow 属性</title>
    <style type="text/css">
        #div1
        {
            width:200px;
            height:100px;
            border:1px solid gray;
            text-overflow:ellipsis;
            overflow:hidden;
            white-space:nowrap;
        }
    </style>
</head>
<body>
    <div id="div1">中国铁路总公司有关负责人介绍，"复兴号"是按照时速 350 公里运营研发制造
```

的中国标准动车组，集成了大量现代高新技术，其安全性、经济性、舒适性以及节能环保等性能有较大提升。今年 7 月，"复兴号"动车组在京沪高铁开展了时速 350 公里实车、实重和实速检验检测、可行性研究和运营安全评估，组织专家进行了评审咨询。通过全面系统的科学论证和综合评估，表明京沪高铁满足按设计速度 350 公里/小时的运营要求。中国铁路总公司组织京沪高速铁路公司及北京、济南、上海铁路局，在技术、设备、人员、运营等方面做了大量准备工作，"复兴号"动车组已具备在京沪高铁按时速 350 公里运营的能力和条件。从 9 月 21 日起，铁路部门将安排 7 对"复兴号"动车组在京沪

```
高铁按时速 350 公里运行。</div>
    </body>
    </html>
```

运行以上程序，效果如图 13-7 所示。由于使用了 "white-space:nowrap;"，所有文字都放在了同一行(不换行)，然后使用 "text-overflow:ellipsis;"，使得溢出该行的部分以省略号形式显示。

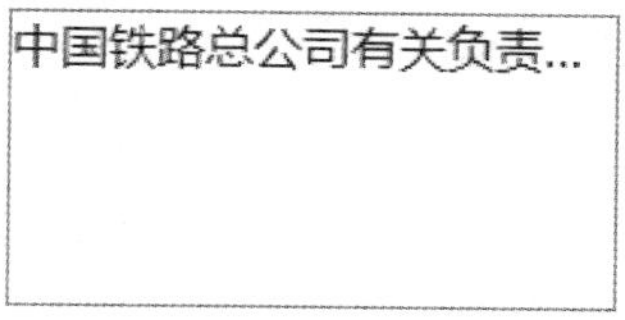

```
┌─────────────────────┐
│中国铁路总公司有关负责...│
│                     │
│                     │
│                     │
└─────────────────────┘
```

图 13-7　文本溢出效果

对于下面这种效果：限定容器的高度和宽度，在显示多行之后，只对一行进行溢出处理，该怎么实现呢？要想实现这种效果，暂时还无法使用 CSS 来直接实现，必须借助 JavaScript 或 jQuery 才行。这里不再介绍，感兴趣的读者可以查阅相关资料。

13.3.3　强制换行——word-wrap 属性

在 CSS3 中，可以使用 word-wrap 属性来设置"长单词"或"URL 地址"是否换行到下一行，语法格式如下：

```
word-wrap:取值;
```

其中，word-wrap 属性只有两个取值：normal 和 break-word。normal 为默认值，文本自动换行；break-word 表示对长单词或 URL 地址强制换行。

【例 13-6】　强制换行。

下面首先来看一段没有进行换行处理的 HTML 代码：

```
<!DOCTYPE html>
<html>
<head>
  <meta charset="utf-8" />
    <title>CSS3 word-wrap 属性</title>
    <style type="text/css">
        #ivy
        {
            width:200px;
            height:120px;
            border:1px solid gray;
        }
    </style>
</head>
<body>
    <div id="ivy">Welcome,everyone!Please remenber our home page website is http://www.vrpie.
            vrp3d.com/</div>
</body>
</html>
```

运行以上程序，效果如图 13-8 所示。

默认情况下，文本是自动换行的，但是如果单词或 URL 地址太长，就会超出区域范围。在上面的例子中，当为 div 元素加上"word-wrap:break-word;"属性时，效果如图 13-9 所示。

Welcome,everyone!Please remenber our home page website is http://www.vrpie.vrp3d.com/

Welcome,everyone!Please remenber our home page website is http://www.vrpie.vrp3d.co m/

图 13-8　无强制换行的效果 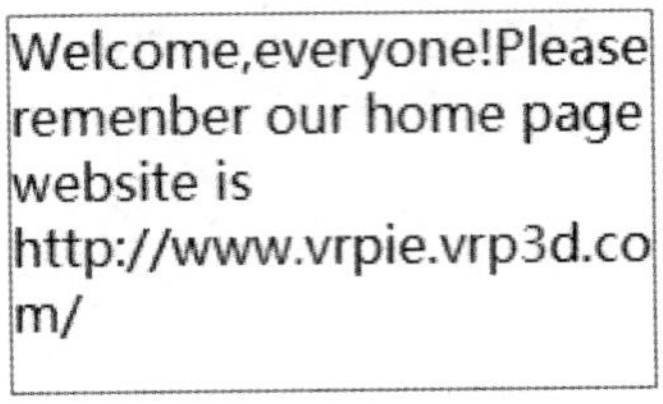　　　　　　　图 13-9　添加换行处理之后的效果

word-wrap 属性允许开发人员设置文本强制换行，这意味着会对"长单词"或"URL 地址"进行拆分换行。

word-wrap 属性在中文网站中使用比较少，因为这个属性是针对英文设计的，中文中没有所谓的"长单词"之说。一般情况下，在中文网站开发中，word-wrap 属性只要采用默认值即可。如果开发的是英文网站，就会经常用到 word-wrap 属性。

13.3.4　嵌入字体——@font-face

在实际项目开发中，服务器上的字体与本地计算机中的字体往往是不一致的。例如：

```
font-family:Verdana,Arial,Times New Roman;
```

每个人的计算机上安装的字体都不一样，当定义"p{font-family:微软雅黑,Arial,Times New Roman;}"时，意思是 p 元素优先用 Verdana 字体来显示。如果用户的计算机上没有安装 Verdana 字体，那么接着就用 Arial 字体来显示；如果也没有安装 Arial 字体，就用 Times New Roman 字体来显示，以此类推。

假如希望"所有用户"的计算机上都能正常显示 Verdana 字体，该怎么办呢？这个时候就用到了嵌入字体。

所谓"嵌入字体"，就是加载服务器端的字体文件，让浏览器可以显示用户计算机上没有安装的字体。

在 CSS3 之前，Web 设计师必须使用已在用户计算机上安装好的字体，所以在设计中会有诸多限制。通过 CSS3，Web 设计师可以使用他们喜欢的任意字体。因此，当开发人员找到或购买希望使用的字体时，可以将字体文件存放到 Web 服务器上，在需要时将字体文件自动下载到用户的计算机上。

在 CSS3 中，可以使用@font-face 来使得所有客户端加载服务器端的字体文件，从而使得所有用户的浏览器都能正常显示字体，语法格式如下：

```
@font-face
{
    font-family : 字体名称;
    src :url("字体文件路径");
}
```

其中，参数 src 可以是相对地址，也可以是绝对地址。如果要引用第三方网站的字体文件，那就使用绝对路径；如果使用的是自己网站目录下的字体，那就使用相对路径。

【例 13-7】　嵌入字体的使用。

```
<!DOCTYPE html>
<html>
<head>
 <meta charset="utf-8" />
    <title>嵌入字体@font-face</title>
    <style type="text/css">
        /*定义字体*/
        @font-face
        {
            font-family: myfont;    /*定义字体名称为 myfont*/
            src: url("../font/Horst-Blackletter.ttf");
        }
        div
        {
            font-family:myfont;       /*使用自定义的 myfont 字体作为 p 元素的字体类型*/
            font-size:60px;
            background-color:#ECE2D6;
            color:#626C3D;
            padding:20px;
        }
    </style>
</head>
<body>
    <div>lvyestudy</div>
</body>
</html>
```

运行以上程序，效果如图 13-10 所示。

这里使用@font-face 定义了名为 myfont 的字体，然后在 div 元素中使用 font-family 属性来使用这个字体。从以上程序可知，如果想要定义字体，步骤如下：

(1) 使用@font-face 定义字体名称。

(2) 使用 font-family 属性引用该字体。

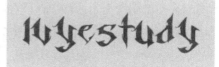

图 13-10　嵌入字体效果

在使用时，通过@font-face 即可使得所有用户都能展示相同的字体效果。

注意：

通过@font-face 使用服务器字体这种方法，不建议应用于中文网站。因为中文的字体文件都是几 MB 到十几 MB，这么大的字体文件，会严重影响网页的加载速度。如果是少量的特殊字体，建议使用图片来代替。英文的字体文件只有几十 KB，非常适合使用@font-face。之所以中文的字体文件大而英文的字体文件小，原因很简单：中文汉字多，而英文只有 26 个英文字母。

13.3.5　字体尺寸——font-size-adjust 属性

有一定实践经验的前端开发者都知道：在网页中，如果改变字体类型，那么页面中使用该字体类型的文字的大小都有可能发生变化，从而可能导致原来设定好的页面布局产生混乱。

【**例 13-8**】　改变字体类型导致页面布局混乱。

```html
<!DOCTYPE html>
<html>
<head>
<meta charset="utf-8" />
    <title>CSS3 font-size-adjust 属性</title>
    <style type="text/css">
        /*定义整体样式*/
        div{font-size:16px;}
        #div1{font-family:Times New Roman;}
        #div2{font-family:Arial}
        #div3{font-family:Comic Sans MS}
        #div4{font-family:Calibri}
        #div5{font-family:Verdana}
    </style>
</head>
<body>
    <div id="div1">welcome to lvyestudy !</div>
    <div id="div2">welcome to lvyestudy !</div>
    <div id="div3">welcome to lvyestudy !</div>
    <div id="div4">welcome to lvyestudy !</div>
    <div id="div5">welcome to lvyestudy !</div>
</body>
</html>
```

运行以上程序，效果如图 13-11 所示。

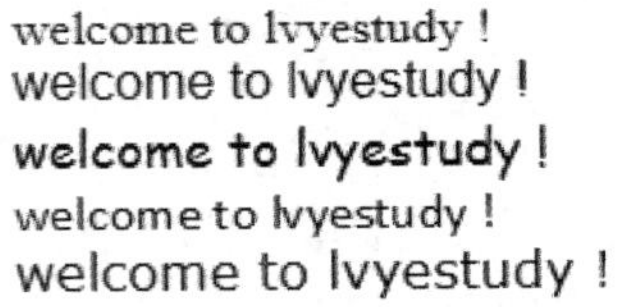

从上面的预览效果可以看出，即使设置了相同的 font-size 属性值，但是由于字体类型——font-family 属性的不同，字体在浏览器中显示的"实际大小"同样会不一样。这样在实际开发中，就很可能会因为文字大小的变换导致原来的页面布局发生混乱。

welcome to lvyestudy !
welcome to lvyestudy !
welcome to lvyestudy !
welcome to lvyestudy !
welcome to lvyestudy !

图 13-11　因字体类型改变导致页面布局混乱

在 CSS3 中，可以使用 font-size-adjust 属性在字体类型(font-family)改变的情况下保持字体大小不变。语法格式如下：

font-size-adjust:属性值;

font-size-adjust 属性的值为一个 aspect 值，也就是字体的小写字母 x 的高度(即 x-height)与该字体 font-size 高度之间的比率：

$$aspect =(x\text{-}height)/(font\text{-}size)$$

从这个公式可知，如果某个字体类型的 aspect 值比较大，那么在 font-size 属性值相同的情况下，x-height 比较大，因此该字体类型在浏览器中会显得比较大。例如，Times New Roman 字体类型的 aspect 值为 0.46，这意味着当字体大小为 100px 时，它的 x-height 为 46px。而 Verdana 字体类型的 aspect 值为 0.58，这意味着当字体大小为 100px 时，它的 x-height 为 58px。因此，在 font-size 属性值相同的情况下，Verdana 字体类型在浏览器中的显示效果会显得比 New Times Roman 字体类型的大。

例如以下代码：

```
<!DOCTYPE html>
<html>
<head>
 <meta charset="utf-8" />
    <title>CSS3 font-size-adjust 属性</title>
    <style type="text/css">
        /*定义整体样式*/
        div{font-size:16px;}
        #div1{font-family:Times New Roman;}
        #div2{font-family:Verdana}
    </style>
</head>
<body>
    <div id="div1">welcome to VRPIE !</div>
    <div id="div2">welcome to VRPIE !</div>
</body>
</html>
```

运行以上程序，效果如图 13-12 所示。

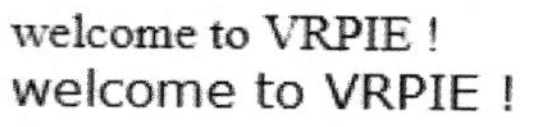

从图 13-12 中可以看出，相同的 font-size 属性值，由于字体类型 font-family 不同，在浏览器中的显示效果差别非常大。可以想象，如果网站换字体类型，布局一定会乱。

welcome to VRPIE !
welcome to VRPIE !

图 13-12　程序运行效果图

下面介绍如何使用 aspect 值解决这个问题。

从 aspect 值的计算公式 aspect =(x-height)/(font-size)引出以下公式：

$$c = (a/b)s$$

其中，各参数的含义如下：

- a：表示原来字体类型的 aspect 值。
- b：表示现在字体类型的 aspect 值。
- s：表示原来字体类型的 font-size 属性值。
- c：表示现在字体类型的 font-size 属性值。

由于想要前后字体类型在浏览器中的实际大小都相同，也就是 x-height 相同；因此用 aspect1 和 font-size1 表示"原来字体类型"的 aspect 值和 font-size 属性值，用 aspect2 和 font-size2 表示"现在字体类型"的 aspect 值和 font-size 属性值，由此得到如下两个公式：

```
aspect1 =(x-height)/(font-size1)
aspect2 =(x-height)/(font-size2)
```

从上面两个公式，我们得到：

```
(aspect1)/(aspect2)=(font-size2)/(font-size1)
```

自此，公式已经生成。如果想将"fontsize:16px;"的 Times New Roman 字体修改为 Verdana 字体，并且浏览器显示的字体大小仍然保持"fontsize:16px;"的 Times New Roman 字体的大小，步骤如下：

(1) 查询得到 Times New Roman 字体的 aspect 值为 0.46、Verdana 字体的 aspect 值为 0.58。

(2) 将 0.58 除以 0.46，得到近似值 1.26。

（3）因为需要让浏览器实际显示的字体大小为 16px，所以将 16px 除以 1.26，得到近似值 13px。然后在样式中指定字体大小为 13px。也就是说，13px 的 Verdana 字体相当于 16px 的 Times New Roman 字体。

【例 13-9】 字体尺寸自适应。

```html
<!DOCTYPE html>
<html>
<head>
    <title>CSS3 font-size-adjust 属性</title>
    <style type="text/css">
        #div1
        {
            font-size:16px;
            font-family:Times New Roman;
            font-size-adjust:0.46;
        }
        #div2
        {
            font-size:13px;
            font-family:Verdana;
            font-size-adjust:0.58;
        }
    </style>
</head>
<body>
    <div id="div1">welcome to VRPIE !</div>
    <div id="div2">welcome to VRPIE !</div>
</body>
</html>
```

运行以上程序，效果如图 13-13 所示。可以看到，更换字体前后的字体大小一致。通过使用 font-size 属性与 font-size-adjust 属性，字体从 Times New Roman 修改为 Verdana 后，浏览器中的字体大小没有改变。

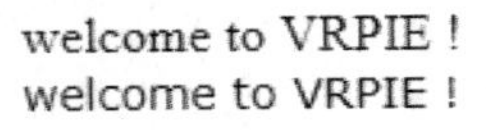

welcome to VRPIE !
welcome to VRPIE !

图 13-13　字体大小调整效果

13.4　颜色模式

赏心悦目的颜色搭配让人感到舒服，修改元素颜色的功能让人趋之若鹜。但颜色规划不当，会让网站用户无所适从。颜色从 <font color=""> 发展至今，保留了很多内容，也增加了新的内容，本节将介绍关于颜色模式的内容。

以前主要采用关键字、十六进制和 RGB 这三种颜色设置方式。CSS3 出现后，增加了 RGBA、HSL、HSLA 这三种模式，极大地丰富了 CSS 的颜色设置方式。

13.4.1　关键字

CSS 颜色关键字包括命名颜色、transparent、currentColor 属性值 3 种。

- 命名颜色：指的是直接使用名字的颜色值。CSS 支持 17 种合法命名颜色(标准颜色)，
  分别是：aqua、fuchsia、lime、olive red、white、black、gray、maroon、orange、silver、
  yellow、blue、green、navy、purple、teal。
- transparent：用来表示文本的颜色纯透明，可以近似认为是 rgba(0,0,0,0)。
- currentColor：顾名思义，指当前颜色，准确来说是指当前的文字颜色。

13.4.2　十六进制

十六进制是设置颜色值的常用方式，将三个介于 00 和 FF 的十六进制数连接起来。若十
六进制的 3 组数各自成对，则可简写为 3 位：

```
#abcdef
#aabbcc <=> #abc
```

Web 安全色是指在 256 色计算机系统上总能避免抖动的颜色，表示为 RGB 值 20%和
51(相应的十六进制值为 33)的倍数。因此，采用十六进制时，00\33\66\99\cc\ff 被认为是 Web
安全色，一共 6×6×6=216 种。

13.4.3　RGB 模式

通过组合不同的红色、绿色、蓝色分量创造出的颜色被为 RGB 模式的颜色。显示器由
一个个像素构成，利用电子束来表现色彩。像素把光的三原色——红色(R)、绿色(G)、蓝色
(B)组合起来。每像素包含 8 位元色彩的信息量，有 0~255 共 256 个单元，其中 0 是完全无光
状态，255 是最亮状态。书写方法如下：

```
rgb(x%,y%,z%)
rgb(a,b,c)
```

13.4.4　RGBA 模式

RGBA 模式在 RGB 模式的基础上增加了 alpha 通道，用来设置颜色的透明度，alpha 通
道值的范围是 0~1。0 代表完全透明，1 代表完全不透明。RGBA 颜色的表示方法如下：

```
rgba(r,g,b,a)
```

IE8 浏览器不支持 RGBA 模式的颜色。事实上，IE8 浏览器对新增的颜色模式并不支持，
需要使用 gradient 滤镜。gradient 滤镜的前两位表示 alpha 透明度值(00 至 ff)，其中 00 表示全
透明，ff 表示完全不透明。后六位代表的是 RGB 模式。

如果使用#A6DADC 并且透明度为 0.6 的透明色(0.6*255=153，转换成十六进制是 99)，
用 gradient 滤镜表示为：

```
filter:progid:DXImageTransform.Microsoft.gradient(enabled = 'true',startColorstr="#99A6DADC",
endColorstr="#99A6DADC")
```

13.4.5　HSL 模式

HSL 模式通过对色调(H)、饱和度(S)、亮度(L)三个颜色通道的变化以及它们的相互叠加
来得到各式各样的颜色。HSL 标准几乎可以包括人类视力所能感知的所有颜色。HSL 颜色模
式的表示方法如下：

```
hsl(h,s,l)
```

其中，各参数的含义如下：

- h 表示色调(hue)，色调可以为任意整数。0(以及 360 或-360)表示红色，60 表示黄色，120 表示绿色，180 表示青色，240 表示蓝色，300 表示洋红(当 h 值大于 360 时，实际的值等于该值模 360 后的值)。
- s 表示饱和度(saturation)，是指颜色的深浅度和鲜艳程度。取值范围为 0~100%，其中 0 表示灰度(没有该颜色)，100%表示饱和度最高(颜色最鲜艳)。
- l 表示亮度(lightness)，取值范围为 0~100%，其中 0 表示最暗(黑色)，100%表示最亮(白色)。

13.4.6 HSLA 模式

HSLA 模式是 HSL 的扩展模式，在 HSL 模式的基础上增加了透明度通道 alpha 来设置透明度，表示方法如下：

hsla(\<length\>,\<percentage\>,\<percentage\>,\<opacity\>)

其中，前 3 个参数和 HSL 的 3 个参数相同，最后一个参数 opacity 表示透明度。

13.5 本章小结

本章介绍了 CSS3 新增的几个文本属性、颜色控制以及不透明效果支持。CSS3 定义了功能强大的文本属性，本章主要介绍了用于控制文本阴影或模糊效果的 text-shadow 属性；用于控制省略文本的处理方式的 text-overflow 属性；用于控制文本超过指定容器的边界时是否断开转行的 word-wrap 属性。

另外，本章还介绍了 CSS3 版本增强的颜色功能。例如：HSL 颜色表示方式通过对色调(H)、饱和度(S)和亮度(L)3 个颜色通道的变化以及它们相互之间的叠加来表示各式各样的颜色；HSLA 颜色表示方式则在 HSL 颜色表示方式的基础上增加了透明度(A)设置。

通过本章的学习，读者应能掌握设置文本阴影的 text-shadow 属性的用法，能够使用该属性设置文本阴影的位移、模糊和半径等；掌握文本样式的设置方法，包括文本溢出、文本换行、粗斜体等；掌握常用颜色值的用法，包括 RGBA、HSL、HSLA 颜色值，以及 opacity 属性的设置，定义 transparent 颜色值的方法等；知道如何处理字体兼容性问题。

13.6 思考和练习

1. 列出 CSS3 中常见的文本属性，并描述其功能。
2. 使用 text-shadow 属性制作文字阴影效果。
3. 写一个程序，制作文字浮雕效果。
4. 如何为同一个文本指定多个阴影。
5. 在页面上添加文本，然后给文本添加描边效果。
6. 简述常用的文本溢出的处理方法。
7. 常用的颜色模式有哪些？

第14章　背景和边框

过去 CSS 可以制作简单效果的背景和边框，若需要做一些效果比较丰富的背景和边框，则需要设计师首先通过 PhotoShop 去设计图片，然后通过 CSS 代码将图片导入网页，作为背景和边框效果图片。CSS3 增强了背景和边框的设计功能。CSS3 也对原有的盒模型进行了完善，例如，增强了元素边框和背景样式的控制能力，新增了不少 UI 特性，用于解决用户界面设置问题。本章将要介绍的就是 CSS3 中与背景和边框相关的一些样式，其中包括与背景相关的几个属性，以及如何在一个元素的背景中使用多个图像文件，如何绘制圆角边框，如何给元素添加图像边框等。

本章学习目标：
- 掌握多色边框的设置方法
- 掌握边框背景的设置方法
- 掌握圆角边框的设置方法
- 掌握阴影的设置方法
- 掌握背景的设置方法

14.1　设计多色边框

在 CSS2 中，我们可以用 border-color 设置边框的颜色。在 CSS3 中，可以使用 border-colors 属性来实现多色边框，使得开发人员可以更加灵活地设置边框的颜色。

14.1.1　用法详解

border-colors 属性的基本语法如下：

```
-moz-border-top-colors:颜色值;
-moz-border-right-colors:颜色值;
-moz-border-bottom-colors:颜色值;
-moz-border-left-colors:颜色值;
```

这个属性适用于所有元素，无初始值。颜色取值可以是任意合法的颜色值或颜色值列表，支持不透明参数设置，与 CSS2 中的 border-color 属性可以混合使用。当为该属性设置一个颜色值时，表示为边框设置纯色。如果设置 n 个颜色值，且边框宽度为 n 像素，那么就可以在边框上使用 n 种颜色，每种颜色显示 1 像素的宽度。如果边框宽度是 10 像素，但是只声明了 5 种颜色，那么最后一种颜色将被应用于剩下的宽度。

对于 CSSS3 中的 border-colors 属性，需要注意 3 点：

1) border-colors 属性并没有得到各大主流浏览器的支持，目前仅有 Mozilla Gecko 引擎 (Firefox 浏览器)支持，因此需要加上浏览器前缀 "-moz-"。

2) 不能使用-moz-border-colors 属性为 4 条边同时设定颜色，必须像上述语法那样分别为

4 条边设定颜色。

3) 如果边框宽度(border-width)为 n 像素，那么该边框可以使用 n 种颜色，每种颜色显示 1 像素的宽度。

上述第二条主要是为了避免与 border-color 属性的原始功能发生冲突。因此，CSS3 在这个属性的基础上派生了 4 个边框颜色属性：

- border-top-color：指定元素顶部边框的颜色。
- border-right-color：指定元素右侧边框的颜色。
- border-bottom-color：指定元素底部边框的颜色。
- border-left-color：指定元素左侧边框的颜色。

14.1.2 案例实战

本节主要使用 border-colors 属性来实现多色边框及渐变边框。

【例 14-1】实现多色边框。

```
<!DOCTYPE html>
<html>
<head>
 <meta charset="utf-8" />
  <title>CSS3 border-colors 属性</title>
  <style type="text/css">
  #div1
  {
      width:200px;
      height:100px;
      border-width:8px;
      border-style:solid;
      -moz-border-top-colors:#D0EDFD #B8E4FD #9DD9FC #8DD4FC #71C9FC #4ABBFC
          #1DACFE #00A2FF;
      -moz-border-right-colors:#D0EDFD #B8E4FD #9DD9FC #8DD4FC #71C9FC #4ABBFC
          #1DACFE #00A2FF;
      -moz-border-bottom-colors:#D0EDFD #B8E4FD #9DD9FC #8DD4FC #71C9FC #4ABBFC
          #1DACFE #00A2FF;
      -moz-border-left-colors:#D0EDFD #B8E4FD #9DD9FC #8DD4FC #71C9FC #4ABBFC
          #1DACFE #00A2FF;
  }
  </style>
</head>
<body>
    <div id="div1">
    </div>
</body>
```

运行以上代码，效果如图 14-1 所示。此处边框宽度为 8px，每条边框使用 border-colors 属性定义 8 个渐变颜色值。

图 14-1　多色边框效果图

14.2　设计边框背景

有前端开发经验的开发人员都知道，边框样式可通过 border-style 属性来实现，过去边框只有实线、虚线、点状线等几种简单形式。假如开发人员想要为边框添加漂亮的背景图片，就需要通过其他方式来实现。在 CSS3 中，可以使用 border-image 属性为边框添加背景图片。

14.2.1　border-image 属性

border-image 属性的最简单使用方法如下：

```
border-image:url(图像文件的路径) A B C D　平铺方式;
```

其中，参数 url 用于指定背景图片；A、B、C、D 四个参数表示当浏览器自动对边框用到的图像进行分割时的上边距、右边距、下边距、左边距；平铺方式用于指定图片的平铺方式，有 repeat(重复)、round(平铺)和 stretch(拉伸)3 个取值。例如：

```
border-image: url(borderimage.png) 18 18 18 18 repeat;
```

这条语句将边框背景分割成图 14-2 所示效果。

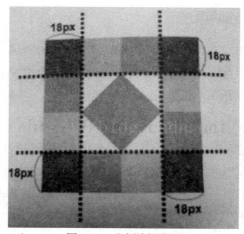

图 14-2　分割边框背景

由此可见，图像被分割成 9 部分，犹如九宫格。这 9 部分图像的名称如下所示：

border-top-left-image	border-top-image	border-top-right-image
border-left-image		border-right-image
border-bottom-left-image	border-bottom-image	border-bottom-right-image

具体显示的时候，border-top-left-image、border-top-right-image、border-bottom-left-image、border-bottom-right-image 这 4 部分没有任何展示效果，不会平铺、不会重复、也不会拉伸，类似于视觉中的盲点。

对于 border-top-image、border-right-image、border-bottom-image、border-left-image 这 4 部分，浏览器分别作为上边框使用的图像、右边框使用的图像、下边框使用的图像、左边框使用的图像进行显示，必要时可以对这 4 部分图像进行平铺或拉伸。

使用 border-image 属性指定边框宽度的方法为：

border-image:url(图像文件的路径)　A B C D/border-width

例如：

border-image:url(borderimage.png) 18/5px 18 18 18/10px;

border-image 属性的使用示例如下：

```
.border_image{
        width:400px;
        height:100px;
        border:1em double orange;
        border-image:url(img/border.png) 27 round;
}
```

显示效果如图 14-3 所示。

图 14-3　显示效果

14.2.2　border-image 绘制原理简述

在 border-image 切割中，共存在两个九宫格：一个是边框图片，另一个就是边框本身，九个方位的关系一一对应。边框本身的特性让其变成一个九宫格，四条边框交错，加上其围住的区域，正好形成一个九宫格。边框图片则通过图片裁剪实现了九宫格。这是理解绘制原理的基础。

(1) 首先调用边框图片：border-image 的 url 属性，通过相对或绝对路径链接图片。

(2) 进行边框图片的裁剪：用 border-image 的数值参数裁剪边框图片，形成九宫格。

(3) 接着裁剪图片填充边框：边框图片被切割成 9 部分，以一一对应的关系放到 div 边框的九宫格中，然后压缩(或拉伸)至边框(border-width 或 border-image-width)的宽度大小。

(4) 执行重复属性：被填充至边框九宫格四个角落的边框图片不执行重复属性。上下的九宫格执行水平方向的重复属性(拉伸或平铺)，左右的九宫格执行垂直方向的重复属性，而中间的九宫格则水平和垂直方向的重复属性都要执行。

(5) 完成绘制，实现边框背景效果。

14.3　设计圆角

我们在浏览网站的时候，经常能看到圆角的效果。在 CSS 2.1 中，为元素实现圆角效果是很头疼的一件事。老办法都是使用背景图片来实现，制作起来相对麻烦。但是 CSS3 中 border-radius 属性的出现，完美地解决了圆角效果难以实现的问题。

14.3.1　border-radius 属性

在前端开发中，对于网页设计，一般都是秉着"尽量少用图片"的原则，能用 CSS 实现的效果，就尽量不要使用图片。因为图片需要引发 HTTP 请求，并且传输量大，影响网页加载速度。但在过去，在 CSS2 中为了实现一些圆角效果，只能用背景图片。而在 CSS3 中，可以使用 border-radius 属性为元素添加圆角效果。语法格式如下：

　　　border-radius:长度值;

　　其中，长度值可以是 px、百分比、em 等。下面来看一个使用 border-radius 属性设置圆角效果的简单例子。

【例 14-2】　设计圆角效果。

```
<!DOCTYPE html>
<html>
<head>
 <meta charset="utf-8" />
    <title>CSS3 border-radius 属性</title>
    <style type="text/css">
    #div1
    {
        width:100px;
        height:50px;
        border:1px solid gray;
        border-radius:10px;
    }
    </style>
</head>
<body>
    <div id="div1"></div>
</body>
</html>
```

运行以上程序，效果如图 14-4 所示。其中，border-radius:10px;"指定元素四个角的圆角半径都是 10px。

图 14-4　圆角效果

14.3.2　border-radius 属性的 4 种写法

　　与 border、padding、margin 等属性类似，圆角属性 border-radius 也有 4 种写法，分别如下：

　　1）设置 border-radius 为 1 个值

　　当设置 border-radius 为 1 个值时，例如"border-radius:10px;"，表示 4 个角的圆角半径都是 10px。

　　2）设置 border-radius 为 2 个值

　　当设置 border-radius 为 2 个值时，例如"border-radius:10px 20px;"，表示左上角和右下角的圆角半径是 10px，右上角和左下角的圆角半径都是 20px。

　　3）设置 border-radius 为 3 个值

　　当设置 border-radius 为 3 个值时，例如"border-radius:10px 20px 30px;"，表示左上角的圆角半径是 10px，左下角和右上角的圆角半径都是 20px，右下角的圆角半径是 30px。

　　4）设置 border-radius 为 4 个值

　　当设置 border-radius 为 4 个值时，例如"border-radius:10px 20px 30px 40px;"，表示左上角、右上角、右下角和左下角的圆角半径依次是 10px、20px、30px、40px。

　　这里的"左上角、右上角、右下角和左下角"，大家按照顺时针方向记忆就可以记住了。

【例 14-3】　设置复杂的圆角效果。

```
<!DOCTYPE html>
<html>
<head>
 <meta charset="utf-8" />
    <title>CSS3 border-radius 属性</title>
    <style type="text/css">
    #div1
    {
        width:200px;
        height:100px;
        border:1px solid red;
        border-radius:10px 20px 30px 40px;
        background-color:#FCE9B8;
    }
    </style>
</head>
<body>
    <div id="div1">
    </div>
</body>
</html>
```

运行以上程序，效果如图 14-5 所示。感兴趣的读者可以改变属性值来查看当 border-radius 属性为不同值时的效果。

14.3.3　用 border-radius 属性画实心半圆和实心圆

1. 画实心半圆

图 14-5　不同半径的圆角效果

实心半圆分为：实心上半圆、实心下半圆、实心左半圆、实心右半圆。只要掌握制作一个方向的实心半圆的方法，其他方向的实心半圆即可轻松实现，因为原理都一样。

下面来制作实心上半圆，实现方法为：把高度(height)设为宽度(width)的一半，并且只设置左上角和右上角的圆角半径与元素的高度一致，而将右下角和左下角的圆角半径设置为 0。

【例 14-4】　绘制实心上半圆。

```
<!DOCTYPE html>
<html>
<head>
 <meta charset="utf-8" />
    <title>CSS3 border-radius 属性</title>
    <style type="text/css">
    #div1
    {
        width:200px;
        height:100px;
        border:1px solid red;
        border-radius:100px 100px 0 0;
```

```
            background-color:#FCE9B8;
        }
        </style>
    </head>
    <body>
        <div id="div1">
        </div>
    </body>
</html>
```

运行程序，效果如图 14-6 所示。

border-radius 属性值是圆角的半径，大家结合圆和矩形的数学知识，稍微想一想就能够知道实心半圆的实现原理。

图 14-6　实心上半圆

2. 画实心圆

在 CSS3 中，使用 border-radius 属性实现实心圆的方法为：把宽度(width)与高度(height)设置为相同的值，也就是正方形，并且四个圆角的值都设置为宽度或高度值的一半。

【例 14-5】 绘制实心圆。

```
<!DOCTYPE html>
<html>
<head>
<meta charset="utf-8" />
    <title>CSS3 border-radius 属性</title>
    <style type="text/css">
    #div1
    {
        width:100px;
        height:100px;
        border:1px solid red;
        border-radius:50px;
        background-color:#FCE9B8;
    }
    </style>
</head>
<body>
    <div id="div1">
    </div>
</body>
</html>
```

运行以上程序，效果如图 14-7 所示。

3. border-radius 属性的派生子属性

以上介绍的 border-radius 属性，都是作为整体进行设置，各个圆角的半径设置都放在一条语句里。事实上，border-radius 属性可以分开，分别为四个角设置相应的半径，这些子属性如下：

图 14-7　实心圆

- border-top-right-radius：设置右上角。
- border-bottom-right-radius：设置右下角。

- border-bottom-left-radius：设置左下角。
- border-top-left-radius：设置左上角。

14.4　设计阴影

前面介绍了为文字添加阴影的 text-shadow 属性，本节介绍 box-shadow 属性。CSS3 的 box-shadow 属性有点类似于 text-shadow 属性，只不过不同的是：text-shadow 属性是为文本设置阴影，而 box-shadow 属性是为对象实现图层阴影效果。

14.4.1　box-shadow 属性

box-shadow 属性的使用语法如下：

```
E {box-shadow: <length> <length> <length>?<length>?||<color>}
```

也就是：

```
E {box-shadow:inset x-offset y-offset blur-radius spread-radius color}
```

其中，E 代表对象选择器，box-shadow 代表阴影类型，x-offset 为 X 轴偏移量，y-offset 为 Y 轴偏移量，blur-radius 为阴影模糊半径，spread-radius 为阴影扩展半径，color 为阴影的颜色。各参数的具体作用如下：

- box-shadow：此参数是一个可选值，如果不设置，那么默认的投影方式是外阴影；如果设置为唯一值 inset，就是将外阴影变成内阴影。也就是说，设置阴影类型为 inset 时，其投影就是内阴影。
- x-offset：指阴影水平偏移量，值可以是正负值。如果为正值，那么阴影在对象的右边；反之为负值时，阴影在对象的左边。
- y-offset：指阴影的垂直偏移量，值也可以是正负值。如果为正值，那么阴影在对象的底部；反之为负值时，阴影在对象的顶部。
- blur-radius：此参数可选，但值只能是正值。值为 0 时，表示阴影不具有模糊效果。值越大，阴影的边缘就越模糊。
- spread-radius：此参数可选，值可以是正负值。如果为正值，那么整个阴影都延展扩大；反之为负值时，则缩小。
- color：此参数可选，不设定任何颜色时，浏览器会取默认色，但各浏览器的默认色不一样，特别是采用 webkit 内核的 Safari 和 Chrome 浏览器将无色，也就是透明，建议不要省略此参数。

box-shadow 和 text-shadow 属性一样，可以使用一个或多个投影。使用多个投影时，必须将它们用逗号"，"分开。

14.4.2　box-shadow 兼容性处理

为了兼容各主流浏览器并支持这些主流浏览器的较低版本，在基于 webkit 内核的 Chrome 和 Safari 等浏览器中使用 box-shadow 属性时，需要将属性的名称写成-webkit-box-shadow 的形式。Firefox 浏览器则需要写成-moz-box-shadow 的形式，书写格式如下：

```
.box-shadow{
    -moz-box-shadow:投影方式 X 轴偏移量 Y 轴偏移量　阴影模糊半径 阴影扩展半径 阴影颜色;
```

```
    -webkit-box-shadow:投影方式 X轴偏移量 Y轴偏移量　阴影模糊半径 阴影扩展半径 阴影颜色;
    box-shadow:投影方式 X轴偏移量 Y轴偏移量 阴影模糊半径 阴影扩展半径 阴影颜色;
}
```

　　出于方便因素的考虑，后面的 CSS 属性只写了 box-shadow 属性，没有写-moz-和-webkit-前缀的形式，在实际项目中不要忘记加上。

14.4.2　案例实战

【例 14-6】　制作简单的阴影效果。

```
<!DOCTYPE html>
<html>
<head>
<meta http-equiv="Content-Type" content="text/html; charset=utf-8" />
<title>box-shadow</title>
<style type="text/css">
 img{
    height:300px;
    -moz-box-shadow:5px 5px;
    -webkit-box-shadow:5px 5px;
    box-shadow:5px 5px;
 }
</style>
</head>
<body>
 <img src="img/1.png"   />
</body>
</html>
```

运行以上程序，效果如图 14-8 所示。

图 14-8　简单的阴影效果

【例 14-7】　定义位移、阴影大小和阴影颜色。

```
<!DOCTYPE html>
<html>
<head>
<meta http-equiv="Content-Type" content="text/html; charset=utf-8" />
<title>box-shadow</title>
<style type="text/css">
img{
    height:300px;
    -moz-box-shadow:2px 2px 10px #06C;
```

```
        -webkit-box-shadow:2px 2px 10px #06C;
        box-shadow:2px 2px 10px #06C;
   }
   </style>
   </head>
   <body>
     <img src="img/1.png"    />
   </body>
   </html>
```

运行以上程序，效果如图 14-9 所示。

图 14-9　复杂的阴影效果

【例 14-8】　制作多色阴影。

```
   <!DOCTYPE html>
   <html>
   <head>
   <meta charset=utf-8" />
   <title>box-shadow</title>
   <style type="text/css">
   body {
        margin:24px;
   }
   img{
        height:300px;
        -moz-box-shadow:-10px 0 12px red,
                        10px 0 12px blue,
                        0 -10px 12px yellow,
                        0 10px 12px green;
        -webkit-box-shadow:-10px 0 12px red,
                        10px 0 12px blue,
                        0 -10px 12px yellow,
                        0 10px 12px green;
        box-shadow:-10px 0 12px red,
                        10px 0 12px blue,
                        0 -10px 12px yellow,
                        0 10px 12px green;
   }
   </style>
   </head>
   <body>
```

```
        <img src="img/1.png"  />
    </body>
</html>
```

运行以上程序，效果如图 14-10 所示。

图 14-10　多色阴影效果

14.5　设计背景

为了方便、灵活地设计网页效果，CSS3 增强了 background 属性的功能，允许在同一个元素内叠加多个背景图像。该属性的基本语法如下：

background:[<bg-layer>,]*<final-bg-layer>;

尽管与在 CSS2 中的用法基本相同，不过 CSS3 允许在 background 属性中添加多个背景图像组，背景图像之间通过逗号进行分隔。其中，<bg-layer>表示一个背景图像层。每个背景图像层都可以包含下面的值：

[background-color] | [background-position] | [background-size] | [background-repeat] | [background-origin] | [background-clip] | [background-attachment] | [background-image]

为了方便定义背景图像，background 属性又派生了 8 个子属性，如表 14-1 所示。

表 14-1　background 派生子属性

子属性	描述
background-color	规定要使用的背景颜色
background-position	规定背景图像的位置
background-size	规定背景图片的尺寸
background-repeat	规定如何重复背景图像
background-origin	规定背景图片的定位区域
background-clip	规定背景的绘制区域
background-attachment	规定背景图像是否固定或随着页面的其余部分滚动
background-image	规定要使用的背景图像

在 Firefox 浏览器中，支持除了 background-size 属性之外的其他 3 个新属性，在书写样式代码时，需要在属性的前面加上-moz-前缀。而在使用 background-break 属性时，在样式代码中不使用-moz-background-break，而使用-moz-background-inline-policy，这一点需要注意。在 Safari、Chrome 和 Opera 浏览器中，支持除了 background-break 之外的其他 3 个新属性，在样式代码中需要在属性的前面加上-webkit-前缀。

14.5.1　background-image 属性

background-image 属性用于为元素设置背景图像。元素的背景占据元素的全部尺寸，包括内边距和边框，但不包括外边距。默认情况下，背景图像位于元素的左上角，并在水平和垂直方向上重复。

background-image 属性会在元素的背景中设置一幅图像。根据 background-repeat 属性的值，图像可以无限平铺、沿着某个轴(X 轴或 Y 轴)平铺，或者根本不平铺。初始背景图像根据 background-position 属性的值放置。

需要注意的是，在设置背景图像时，最好设置一种可用的背景颜色。这样的话，即使背景图像不可用，页面也可获得良好的视觉效果。

background-image 属性的语法格式如下：

```
background-image: url(图片路径);
```

例如：

```
background-image:url(/i/eg_bg_04.gif
```

14.5.2　background-position 属性

background-position 属性用于设置背景图像(由 background-image 属性定义)的起始位置，背景图像如果要重复，将从这一位置开始。

需要注意的是，把 background-attachment 属性设置为 fixed，才能保证该属性能在 Firefox 和 Opera 浏览器中正常工作。

background-position 属性的语法格式如下：

```
background-position:起始位置;
```

起始位置的取值如表 14-2 所示。

表 14-2　起始位置的取值

值	描述
top left top center top right center left center center center right bottom left bottom center bottom right	如果仅规定了一个关键词，那么第二个值将是"center"，默认值为 0%　0%
x%　y%	第一个值是水平位置，第二个值是垂直位置 左上角是 0%　0%，右下角是 100%　100% 如果仅规定了一个值，另一个值将是 50%
xpos ypos	第一个值是水平位置，第二个值是垂直位置 左上角是 0 0，单位是像素(0px 0px)或任何其他 CSS 单位 如果仅规定了一个值，另一个值将是 50% 可以混合使用%和 position 值

例如，定位背景图像到中间位置，代码如下：

```
<style type="text/css">
body
{
    background-image:url('/i/eg_bg_03.gif');
    background-position:center;
}
</style>
```

14.5.3 background-size 属性

background-size 属性用于规定背景图像的尺寸，语法格式如下：

```
background-size: length|percentage|cover|contain;
```

其中，各参数说明如下：

- length：设置背景图像的高度和宽度。第一个值设置宽度，第二个值设置高度。如果只设置一个值，第二个值会被设置为 auto。
- percentage：以父元素的百分比来设置背景图像的宽度和高度。第一个值设置宽度，第二个值设置高度。如果只设置一个值，第二个值会被设置为 auto。
- cover：把背景图像扩展至足够大，以使背景图像完全覆盖背景区域。背景图像的某些部分也许无法显示在背景区域内。
- contain：把背景图像扩展至最大尺寸，以使其宽度和高度完全适应内容区域。

【例 14-9】 拉伸背景图像。

```
<!DOCTYPE html>
<html>
<head>
<style>
 div
 {
        background:url(img/2.png);
        background-size:35% 100%;
        -moz-background-size:35% 100%; /* 老版本的 Firefox */
        background-repeat:no-repeat;
 }
</style>
</head>
<body>
 <div>
        <p>这是一个段落。</p>
        <p>这是一个段落。</p>
        <p>这是一个段落。</p>
        <p>这是一个段落。</p>
        <p>这是一个段落。</p>
        <p>这是一个段落。</p>
        <p>这是一个段落。</p>
```

```
        <p>这是一个段落。</p>
        <p>这是一个段落。</p>
    </div>
    </body>
    </html>
```

运行以上程序，效果如图 14-11 所示，拉伸背景图像来完全覆盖内容区域。

图 14-11　拉伸背景图像

【例 14-10】　复制背景图像。

```
<!DOCTYPE html>
<html>
 <head>
    <style>
        div {
            background: url(img/2.png);
            background-size: 25%;
            border: 2px solid #92b901;
        }
    </style>
 </head>
 <body>
 <div>
        <p>这是一个段落。这是一个段落。这是一个段落。这是一个段落。这是一个段落。</p>
        <p>这是一个段落。这是一个段落。这是一个段落。这是一个段落。这是一个段落。</p>
        <p>这是一个段落。这是一个段落。这是一个段落。这是一个段落。这是一个段落。</p>
        <p>这是一个段落。这是一个段落。这是一个段落。这是一个段落。这是一个段落。</p>
        <p>这是一个段落。这是一个段落。这是一个段落。这是一个段落。这是一个段落。</p>
        <p>这是一个段落。这是一个段落。这是一个段落。这是一个段落。这是一个段落。</p>
    </div>
    </body>
    </html>
```

运行以上程序，效果如图 14-12 所示。拉伸背景图像，可以看到背景图像在水平和垂直方向上分别复制了多次。

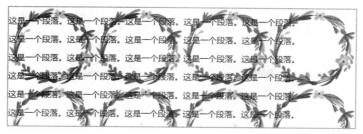

图 14-12　复制背景图像效果

14.5.4　background-origin 属性

background-origin 属性规定 background-position 属性相对于什么位置来定位。如果背景图像的 background-attachment 属性为 fixed，那么该属性不生效。

background-origin 属性的语法格式如下：

```
background-origin: padding-box|border-box|content-box;
```

其中，padding-box 用于指定背景图像相对于内边距框来定位；border-box 指定背景图像相对于边框盒来定位；content-box 指定背景图像相对于内容框来定位。

【例 14-11】 指定背景图像相对于内容框来定位。

```
……
    <style>
        div {
            border: 1px solid black;
            padding: 35px;
            background-image: url('img/2.png');
            background-repeat: no-repeat;
            background-position: left;
        }
        #div1 {
            background-origin: border-box;
        }
        #div2 {
            background-origin: content-box;
        }
    </style>
……
<body>
        <p>background-origin:border-box:</p>
        <div id="div1">背景定位。背景定位。背景定位。背景定位。背景定位。背景定位。背景定位。背景定位。背景定位。背景定位。背景定位。背景定位。背景定位。背景定位。背景定位。背景定位。背景定位。背景定位。背景定位。背景定位。背景定位。背景定位。背景定位。背景定位。背景定位。背景定位。背景定位。背景定位。背景定位。背景定位。背景定位。背景定位。背景定位。背景定位。背景定位。</div>
        <p>background-origin:content-box:</p>
        <div id="div2">背景定位。背景定位。背景定位。背景定位。背景定位。背景定位。背景定位。背景定位。背景定位。背景定位。背景定位。背景定位。背景定位。背景定位。背景定位。背景定位。背景定位。背景定位。背景定位。背景定位。背景定位。背景定位。背景定位。背景定位。背景定
```

位。背景定位。背景定位。背景定位。背景定位。背景定位。背景定位。背景定位。背景定位。背景定位。背景定位。背景定位。背景定位。</div>
　　　</body>
　　</html>

运行程序，效果如图 14-13 所示。

图 14-13　背景图像定位效果

14.5.5　background-repeat 属性

background-repeat 属性规定了图像的平铺模式。该属性设置是否以及如何重复背景图像。默认情况下，背景图像在水平和垂直方向上重复。需要注意的是，背景图像的位置是根据 background-position 属性设置的。如果未指定 background-position 属性，图像会被放置在元素的左上角。该属性的语法格式如下：

　　　background-repeat:重复方式;

其中，"重复方式"可以取如下值：

- repeat：默认。背景图像将在垂直方向和水平方向上重复。
- repeat-x：背景图像将在水平方向上重复。
- repeat-y：背景图像将在垂直方向上重复。
- no-repeat：背景图像将仅显示一次。

例如，以下代码将在水平和垂直方向上重复背景：

　　　background-image: url(img/2.png);
　　　background-repeat: repeat

如果要在水平方向上重复背景，代码如下：

　　　background-repeat: repeat-x

要在垂直方向上重复背景，那么 background-repeat 属性取值为 repeat-y。要想让背景图像只显示一次，那么 background-repeat 取值为 no-repeat。

14.5.6　background-clip 属性

background-clip 属性用于规定背景的绘制区域。该属性的语法格式如下：

　　　background-clip: border-box|padding-box|content-box;

其中，border-box 指的是背景被裁剪到边框盒；padding-box 指的是背景被裁剪到内边距框；content-box 指的是背景被裁剪到内容框。

【例 14-12】　裁切背景图像。

```html
<!DOCTYPE html>
<html>
  <head>
        <meta charset="utf-8" />
        <title>background-clip 属性的使用</title>
        <style>
              div {
                    width: 300px;
                    height: 300px;
                    padding: 50px;
                    background-color: yellow;
                    background-clip: content-box;
                    border: 2px solid #92b901;
              }
        </style>
  </head>
  <body>

        <div>
              裁切背景。裁切背景。裁切背景。裁切背景。裁切背景。裁切背景。裁切背景。裁切
背景。裁切背景。裁切背景。裁切背景。裁切背景。裁切背景。裁切背景。裁切背景。裁切背景。裁切
背景。裁切背景。裁切背景。裁切背景。裁切背景。裁切背景。裁切背景。裁切背景。裁切背景。裁切
背景。裁切背景。裁切背景。裁切背景。裁切背景。裁切背景。裁切背景。裁切背景。裁切背景。裁切
背景。裁切背景。裁切背景。裁切背景。裁切背景。裁切背景。裁切背景。裁切背景。裁切背景。裁切
背景。裁切背景。裁切背景。裁切背景。裁切背景。裁切背景。裁切背景。裁切背景。裁切背景。裁切
背景。裁切背景。裁切背景。裁切背景。裁切背景。裁切背景。裁切背景。裁切背景。裁切背景。裁切
背景。裁切背景。裁切背景。裁切背景。裁切背景。
        </div>
  </body>
</html>
```

运行以上程序，效果如图 14-14 所示。从效果图可知，黄色背景只裁切到内容框边界，超出边框的文字则没有背景颜色。

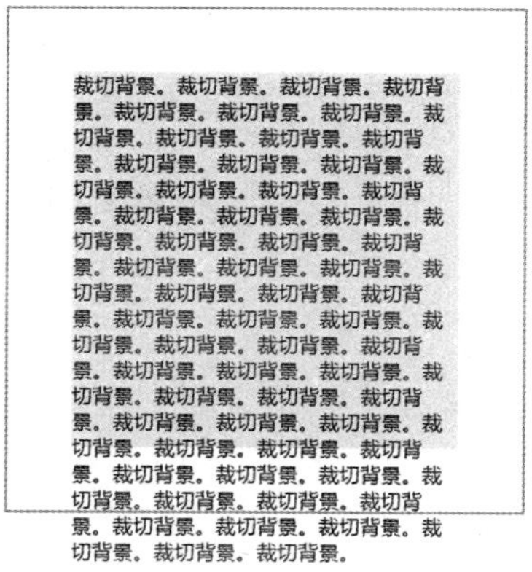

图 14-14　裁切背景

14.5.7　background-attachment 属性

background-attachment 属性用于设置背景图像是否固定或随着页面的其余部分滚动。该属性的语法格式如下：

```
background-attachment: 固定方式;
```

其中，有两种固定方式，分别是：scroll，背景图像会随着页面其余部分的滚动而移动，scroll 为默认值 fixed，当页面的其余部分滚动时，背景图像不会移动。

例如，以下示例代码可以将背景图像固定住：

```
{
background-image:url(img/2.png);
background-repeat:no-repeat;
background-attachment:fixed
}
```

上述示例代码将背景图像的平铺方式设置为不平铺，然后将背景图像设置为不跟随内容的滚动而滚动。

14.6　本章小结

CSS3 中新增的关于背景和边框的一些属性，彻底改变了过去 CSS 只可以制作简单效果的背景和边框的局面。过去，受 CSS2 技术限制，如果需要做一些效果比较丰富的背景和边框，就需要设计师通过 PhotoShop 去设计图片，然后通过 CSS 代码将图片导入网页，作为背景和边框效果图片。CSS3 中这些新增的背景和边框属性可以增强元素边框和背景样式的控制能力，新增了不少 UI 特性，包括 border-image、border-radius、box-shadow 以及 background 系列属性。

14.7　思考和练习

1. 在 CSS3 中，使用哪个属性来设置多色边框？请举例说明。
2. 在 CSS3 中，使用哪个属性来设置边框背景？请举例说明。
3. border-radius 属性的作用是什么？请举例说明。
4. box-shadow 属性的作用是什么？请举例说明。
5. 请列出 CSS3 中可以用来设计背景的属性。

第15章 变形处理

在 CSS3 中，可以使用变形功能实现文字或图像的旋转、缩放、倾斜和移动这 4 种类型的变形处理。在变形处理中，会用到 deg 这个单位，这是一种角度单位。旋转操作通过使用 rotate 方法来实现。缩放操作通过使用 scale 方法来实现。倾斜操作通过使用 skew 方法来实现。移动操作通过使用 translate 方法来实现。在使用变形功能实现变形操作时，可以指定变形的基准点。

本章学习目标：

- 掌握 CSS3 中变形功能的使用方法，能够使用变形功能来实现文字或图像的旋转、缩放、倾斜和移动
- 能够将旋转、缩放、倾斜和移动这 4 种变形效果结合使用，并知道使用的先后顺序不同，页面显示结果会有什么样的区别
- 掌握 3D 变形功能的概念和实现方法
- 掌握变形矩阵的基本概念和使用方法

15.1 认识 transform 属性

在 CSS3 中，使用 transform 属性来实现文字或图像的旋转、缩放、倾斜、移动这 4 种类型的变形处理。

- 旋转：通过在样式代码中使用 transform: rotate(45deg)语句使元素顺时针旋转 45°。deg 是在 CSS3 的 Values and Units 模块中定义的一个角度单位。
- 缩放：通过 scale 方法来实现文字或图像的缩放处理，在参数中指定缩放倍数。例如，transform: scale(0.5)表示使元素缩小 50%。
- 倾斜：通过 skew 来实现文字或图像的倾斜处理，在参数中分别指定水平方向上的倾斜角度与垂直方向上的倾斜角度。例如，skew(30deg,30deg)表示水平方向上倾斜 30 度，垂直方向上倾斜 30°。另外，skew 方法的两个参数可以修改成只使用一个参数，省略另一个参数(这种情况被视为只在水平方向上进行倾斜，在垂直方向上不倾斜)。
- 移动：通过 translate 方法对文字或图像进行移动，在参数中分别指定水平方向上的移动距离与垂直方向上的移动距离。例如，transform:translate(50px, 50px)表示水平方向上移动 50 个像素，垂直方向上移动 50 个像素。另外，translate 方法中的两个参数也可以修改成只使用一个参数，省略另一个参数(这种情况被视为只在水平方向上进行移动，在垂直方向上不移动)。
- 指定变形的基准点：默认情况下，使用 transform 方法进行文字或图像的变形时，以元素的中心为基准点。使用 transform-origin 属性可以改变变形的基准点。

需要注意的是，Firefox 浏览器需要书写成-moz-transform；Safari 或 Chrome 浏览器需要

书写成-webkit-transform；使用 Opera 浏览器时，需要书写成-o-transform。

15.2　2D 变形

在 CSS3 中，可以使用变形功能实现 4 种文字或图像的变形处理，分别是旋转、缩放、倾斜以及移动。本节主要介绍 2D 变形有关的功能。

15.2.1　旋转

旋转通过 rotate 方法来实现，使用格式如下：

```
rotate(<angle>);
```

通过指定的 angle 参数对元素进行 2D 旋转，在此之前需要先指定 transform-origin 属性，transform-origin 属性定义的是旋转的基点。angle 参数设置为正数，表示顺时针旋转；设置为负数，表示逆时针旋转，如 transform:rotate(30deg)。

例 15-1 是一个使用 transform 属性实现变形的简单例子。在该例中，有一个绿色的 div 元素，通过在样式代码中使用 transform:rotate(60deg)语句使该 div 元素顺时针旋转 60°。

【例 15-1】 一个简单的变形示例。

```
<!DOCTYPE html>
<html>
  <head>
        <meta charset="UTF-8">
        <title>transform 示例</title>
        <style>
            div{
                width:400px;
                margin: 150px auto;
                background-color: green;
                text-align: center;
                transform: rotate(60deg);
            }
        </style>
  </head>
  <body>
        <div>变形处理</div>
  </body>
</html>
```

运行以上代码，效果如图 15-1 所示。

15.2.2　缩放

缩放有 3 种情况：scale(x,y)使元素在水平方向和垂直方向同时缩放(也就是 X 轴和 Y 轴同时缩放)；scaleX(x)使元素仅水平方向缩放(X 轴缩放)；scaleY(y)使元素仅垂直方向缩放(Y 轴缩放)，但它们具有相同的缩放中心点和基数，其中心点就是元素的中心位置，缩放基数为 1。如果缩放基数大于 1，元素就放大，反之

图 15-1　简单的旋转操作

元素就缩小。下面具体来看看这 3 种情况：

```
transform:scale(2,1.5); //水平方向放大 2 倍，垂直方向放大 1.5 倍
transform:scaleX(2);    //水平方向放大 2 倍
transform:scaleY(2);    //垂直方向放大 2 倍
```

在 CSS3 中使用 scale 方法来实现文字或图像的缩放处理，在参数中指定缩放倍率。例如，scale(0.5)表示缩小 50%。例 15-2 是使用 scale 方法实现缩放处理的一个例子，其中有一个 div 元素，使用 scale 方法使该 div 元素缩小一半。

【例 15-2】　缩小元素。

该例的 HTML 代码与例 15-1 相同。CSS 样式代码如下：

```
div {
    width: 250px;
    background-color: pink;
    text-align: center;
    -webkit-transform: scale(0.5);    /*兼容 Chrome、Safari*/
    -moz-transform: scale(0.5);       /*兼容 Firefox*/
    -o-transform: scale(0.5);         /*兼容 Opera*/
}
```

运行以上程序，效果如图 15-2 所示，可以看到，div 元素被缩小了一半。另外，还可以分别指定元素在水平方向和垂直方向的放大倍数。例如，把以上代码修改成以下样式代码，使水平方向缩小一半、垂直方向放大一倍，修改后重新运行该例，结果如图 15-3 所示。

```
div{
    width: 250px;
    background-color: pink;
    text-align: center;
    -webkit-transform: scale(0.5,2);    /*兼容 Chrome、Safari*/
    -moz-transform: scale(0.5,2);       /*兼容 Firefox*/
    -o-transform: scale(0.5,2);         /*兼容 Opera*/
}
```

图 15-2　缩放变形 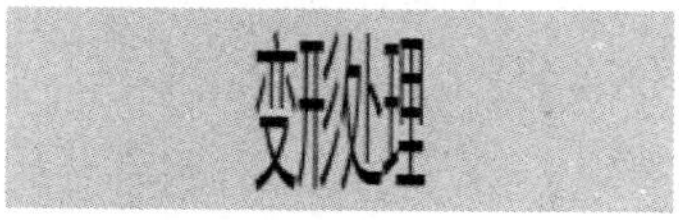　　　　　　　图 15-3　在水平和垂直方向分别进行缩放的效果

15.2.3　移动

文字或图像的移动通过 translate 方法来实现，和缩放类似，也分为 3 种情况：translate(x,y) 在水平方向和垂直方向同时移动(也就是 X 轴和 Y 轴同时移动)；translateX(x)仅在水平方向移动(X 轴移动)；translateY(Y)仅在垂直方向移动(Y 轴移动)。具体使用方法如下：

```
transform:translate(100px,20px); //水平方向移动 100 像素，垂直方向移动 20 像素
transform:translateX(100px);     //水平方向移动 100 像素
transform:translateY(20px);      //垂直方向移动 20 像素
```

下面是移动操作的一个示例，该例有一个 div 元素，通过 translate 方法使元素在水平方向上移动 50px，在垂直方向上移动 50px。

【例 15-3】　移动元素。

```
<style>
  div{
        width: 250px;
        margin: 150px auto;
        background-color: pink;
        text-align: center;
        -webkit-transform: translate(50,50);   /*兼容 Chrome、Safari*/
        -moz-transform: translate(50,50);       /*兼容 Firefox*/
        -o-transform: translate(50,50);         /*兼容 Opera*/
  }
</style>
</head>
<body>
  <div>变形处理</div>
</body>
```

运行程序，效果如图 15-4 所示。

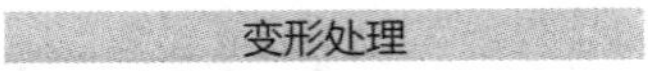

变形处理

图 15-4　移动元素

15.2.4　扭曲

扭曲有时候也称为倾斜操作，通过 skew 方法来实现。和 translate、scale 方法一样，skew 方法也有 3 种情况：skew(x,y)使元素在水平和垂直方向同时扭曲(X 轴和 Y 轴同时按一定的角度进行扭曲变形)；skewX(x)仅使元素在水平方向扭曲变形(X 轴扭曲变形)；skewY(y)仅使元素在垂直方向扭曲变形(Y 轴扭曲变形)。具体使用方法如下：

```
transform:skew(30deg,10deg);     //水平和垂直方向各扭曲 30 度、10 度
transform:skewX(30deg);          //水平方向扭曲 30 度
transform:skewY(10deg);          //垂直方向扭曲 10 度
```

【例 15-4】　扭曲元素。

```
<style>
  div{
        width: 250px;
        margin: 150px auto;
        background-color: pink;
        text-align: center;
        -webkit-transform: skew(30deg,30deg);    /*兼容 Chrome、Safari*/
        -moz-transform:skew(30deg,30deg);        /*兼容 Firefox*/
        -o-transform: skew(30deg,30deg);         /*兼容 Opera*/
  }
</style>
</head>
<body>
  <div>变形处理</div>
</body>
```

运行以上程序，效果如图 15-5 所示。该例通过 skew 方法将一个 div 元素在水平方向向上倾斜 30°，在垂直方向向上倾斜 30°。

图 15-5　扭曲效果

15.2.5　复杂变形

1. 对一个元素使用多种变形方法

上一节介绍了使用 transform 元素对文本或图像进行旋转、缩放、移动和扭曲的操作，本节介绍如何综合使用这几种方法来对一个元素使用多重变形。

首先来看两个示例。例 15-5 对元素先移动，然后旋转，最后缩放；例 15-6 对元素先旋转，然后缩放，最后移动。这两个示例是对同一个页面中同一个元素进行多重变形，而且在各种变形方法中使用的参数也都相同，旋转时都是顺时针旋转 45°，缩放时都是将元素放大 1.5 倍，移动时都是向右移动 150px、向下移动 200px。这两个示例的差别仅仅在于使用 3 种变形方法的先后顺序不一样。

【例 15-5】　综合变形示例：先移动，然后旋转，最后缩放。

```
<head>
<meta charset="UTF-8">
<title>综合示例 1</title>
<style>
    div{
            width: 250px;
            background-color: pink;
            text-align: center;
            -webkit-transform: translate(150px,200px) rotate(45deg) scale(1.5);   /*兼容 Chrome、Safari*/
            -moz-transform:translate(150px,200px) rotate(45deg) scale(1.5);        /*兼容 Firefox*/
            -o-transform: translate(150px,200px) rotate(45deg) scale(1.5);         /*兼容 Opera*/
    }
</style>
</head>
<body>
  <div>变形处理</div>
</body>
```

运行以上程序，效果如图 15-6 所示。

图 15-6　程序运行效果图(一)

【例 15-6】　综合变形示例：先旋转，然后缩放，最后移动。

```
<head>
        <meta charset="UTF-8">
        <title>综合示例 1</title>
        <style>
        div{
                width: 250px;
                background-color: pink;
                text-align: center;
                -webkit-transform:rotate(45deg) scale(1.5) translate(150px,200px);    /*兼容 Chrome、Safari*/
                -moz-transform:rotate(45deg) scale(1.5) translate(150px,200px);       /*兼容 Firefox*/
                -o-transform:rotate(45deg) scale(1.5) translate(150px,200px);         /*兼容 Opera*/
        }
</style>
</head>
<body>
        <div>变形处理</div>
</body>
```

运行以上程序，效果如图 15-7 所示。

图 15-7　程序运行效果图(二)

2. 指定变形的基准点

在使用 transform 元素进行文字或图像变形时，是以元素的中心点为基准进行的。使用 transform-origin 属性，可以改变变形的基准点。

在下面的示例中有两个 div 元素，首先不改变变形的基准点，并且对第二个 div 元素进行旋转。

【例 15-7】 不改变变形的基准点，直接进行变形操作。

```html
<html>
<head>
 <meta charset="UTF-8">
 <title>综合示例 1</title>
 <style>
        div{
                width: 100px;
                height: 100px;
                display: inline-block;
        }
        div#first{
                background-color: darkseagreen;
        }
        div#second{
                background-color: royalblue;
                transform: rotate(45deg);
        }
   </style>
 </head>
 <body>
 <div id="first"></div>
 <div id="second"></div>
 </body>
 </html>
```

运行以上程序，效果如图 15-8 所示。

图 15-8 不改变变形的基准点，进行变形操作

【例 15-8】 先改变变形的基准点，再进行变形操作。

```html
<head>
 <meta charset="UTF-8">
 <title>综合示例 2</title>
 <style>
```

```
        div{
                width: 100px;
                height: 100px;
                display: inline-block;
        }
        div#first{
                background-color: darkseagreen;
        }
        div#second{
                background-color: royalblue;
                transform: rotate(45deg);
                transform-origin: left bottom;
        }
    </style>
</head>
<body>
    <div id="first"></div>
    <div id="second"></div>
</body>
```

运行以上程序，效果如图 15-9 所示。指定 transform-origin 属性的值时，需要分别指定基准点在元素水平方向和垂直方向上的位置。其中，元素水平方向上的位置可以是 left、center 和 right，元素垂直方向上的位置可以是 top、center 和 bottom。

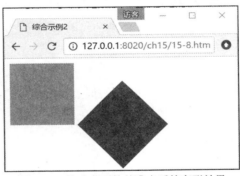

图 15-9　修改变形的基准点后的变形效果

15.3　3D 变形

　　3D 变形使用基于 2D 变形的相同属性，熟悉 2D 变形的开发人员会发现，3D 变形的功能和 2D 变形的功能相当类似。CSS3 中的 3D 变形主要包括以下几种功能函数：

- 3D 位移：主要包括 translateZ( ) 和 translate3d( ) 两个功能函数。
- 3D 旋转：主要包括 rotateX( )、rotateY( )、rotateZ( ) 和 rotate3d( ) 四个功能函数。
- 3D 缩放：主要包括 scaleZ( ) 和 scale3d( ) 两个功能函数。
- 3D 矩阵：和 2D 变形一样，有一个 3D 矩阵功能函数 matrix3d( )。

15.3.1　3D 位移

在 CSS3 中，3D 位移操作主要通过 translateZ( )和 translate3d( )两个函数来实现。其中，translate3d( )函数使元素在三维空间内移动。基本语法如下：

```
translate3d(tx,ty,tz);
```

其中，各参数取值说明如下：

- tx：代表横向坐标位移向量的长度。
- ty：代表纵向坐标位移向量的长度。
- tz：代表 Z 轴位移向量的长度。不能是一个百分比值，如果取值为百分比值，将被认为是无效值。

这种 3D 位移处理的特点是：使用三维向量的坐标定义元素在每个方向移动多少。在 translate3d( )函数中，X、Y、Z 轴上的变化规律如下：

- X 轴：从左向右移动。
- Y 轴：从上向下移动。
- Z 轴：以方框中心为原点变大。

随着移动距离的增加，直观效果如图 15-10 所示。从图 15-10 中的效果可以看出，当 Z 轴的值越大时，元素也离观看者更近，从视觉上元素就变得更大；反之，值越小时，元素也离观看者更远，从视觉上元素就变得更小。

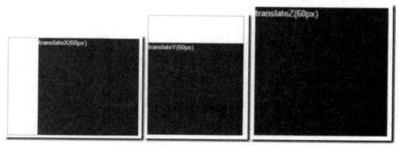

图 15-10　移动距离增加时的效果

【例 15-9】使用 translate3d( )函数实现 3D 移动处理。

首先设计如下 HTML 页面代码：

```html
<div class="stage s1">
  <div class="container">
  <img src="img/timg.png" alt="" width="70" height="100" /> <img src="img/timg.png" alt=""
      width="70" height="100" /> </div>
</div>
<div class="stage s2">
  <div class="container">
  <img src="img/timg.png" alt="" width="70" height="100" /> <img src="img/timg.png" alt=""
      width="70" height="100" /> </div>
</div>
```

然后设计如下 CSS 代码：

```css
<style>
    .stage {
```

```
        width: 300px;
        height: 300px;
        float: left;
        margin: 15px;
        position: relative;
        background: url(img/bg.jpg) repeat center center;
        -webkit-perspective: 1200px;
        -moz-perspective: 1200px;
        -ms-perspective: 1200px;
        -o-perspective: 1200px;
        perspective: 1200px;
}

.container {
        position: absolute;
        top: 50%;
        left: 50%;
        -webkit-transform-style: preserve-3d;
        -moz-transform-style: preserve-3d;
        -ms-transform-style: preserve-3d;
        -o-transform-style: preserve-3d;
        transform-style: preserve-3d;
}

.container img {
        position: absolute;
        margin-left: -35px;
margin-top: -50px;
}

.container img:nth-child(1) {
        z-index: 1;
        opacity: .6;
}

.s1 img:nth-child(2) {
        z-index: 2;
        -webkit-transform: translate3d(30px, 30px, 200px);
        -moz-transform: translate3d(30px, 30px, 200px);
        -ms-transform: translate3d(30px, 30px, 200px);
        -o-transform: translate3d(30px, 30px, 200px);
        transform: translate3d(30px, 30px, 200px);
}

.s2 img:nth-child(2) {
        z-index: 2;
        -webkit-transform: translate3d(30px, 30px, -200px);
        -moz-transform: translate3d(30px, 30px, -200px);
```

```
                    -ms-transform: translate3d(30px, 30px, -200px);
                    -o-transform: translate3d(30px, 30px, -200px);
                    transform: translate3d(30px, 30px, -200px);
            }
        </style>
```

运行以上程序，效果如图 15-11 所示。

图 15-11　3D 位移效果

在 CSS3 中，除了 translate3d( )函数之外，还有 translateZ( )函数可以实现 3D 位移。translateZ( )函数的功能是：让元素在 3D 空间中沿 Z 轴进行位移。语法格式如下：

```
    translate(t);
```

t 参数指的是 Z 轴位移向量的长度。该函数可以让元素在 Z 轴进行位移，值为负值时，元素在 Z 轴越移越远，导致元素变得较小；反之，值为正值时，元素在 Z 轴越移越近，导致元素变得较大。在例 15-8 的基础上，稍加变化，将 translate3d( )函数替换成 translateZ( )函数：

```
    .s1 img:nth-child(2) {
            z-index: 2;
            opacity: .6;
            -webkit-transform: translateZ(200px);
            -moz-transform: translateZ(200px);
            -ms-transform: translateZ(200px);
            -o-transform: translateZ(200px);
            transform: translateZ(200px);
    }
    .s2 img:nth-child(2) {
            z-index: 2;
            -webkit-transform: translateZ(-200px);
            -moz-transform: translateZ(-200px);
            -ms-transform: translateZ(-200px);
            -o-transform: translateZ(-200px);
            transform: translateZ(-200px);
    }
```

运行程序，效果如图 15-12 所示。

图 15-12　　使用 translate Z( )函数的效果

运行效果再次证明：translateZ( )函数仅让元素在 Z 轴进行位移。值越大时，元素离观看者越近，视觉上元素放大，反之元素缩小。

translateZ( )函数在实际使用中等同于 translate3d(0,0,tz)。仅从视觉效果上看，translateZ( )和 translate3d(0,0,tz)函数的功能非常类似于二维空间的 scale( )缩放函数，但实际上完全不同。translateZ( )和 translate3d(0,0,tz)变形发生在 Z 轴上，而不是 X 轴和 Y 轴。当使用 3D 变形时，能够在 Z 轴上移动元素确实有很大的好处，比如在创建 3D 立方体的盒子时。

15.3.2　3D 旋转

在三维变形中，可以让元素在任何轴上旋转。CSS3 新增了 3 个旋转函数：rotateX( )、rotateY( )和 rotateZ( )。rotateX( )函数允许元素围绕 X 轴旋转；rotateY( )函数允许元素围绕 Y 轴旋转；rotateZ( )函数允许元素围绕 Z 轴旋转。接下来简单介绍这 3 个旋转函数。

rotateX( )函数指定元素围绕 X 轴旋转，旋转的量被定义为指定的角度。如果值为正值，元素围绕 X 轴顺时针旋转；反之，如果值为负值，元素围绕 X 轴逆时针旋转。基本语法如下：

　　　rotateX(a)

其中，a 是旋转角度值，可以是正值，也可以是负值。

rotateY( )函数指定元素围绕 Y 轴旋转，旋转的量被定义为指定的角度。如果角度值为正值，元素围绕 Y 轴顺时针旋转；反之，如果角度值为负值，元素围绕 Y 轴逆时针旋转。基本语法如下：

　　　rotateY(a)

其中，a 是旋转角度值，可以是正值，也可以是负值。

rotateZ( )函数和其他两个函数的功能一样，区别在于 rotateZ( )函数指定元素围绕 Z 轴旋转。基本语法如下：

　　　rotateZ(a)

rotateZ( )函数指定元素围绕 Z 轴旋转，如果仅从视觉角度看，rotateZ( )函数让元素顺时针或逆时针旋转，并且效果和 rotate( )函数的效果相同，但不是在 2D 平面内旋转。

在三维空间中，除了 rotateX( )、rotateY( )和 rotateZ( )函数可以让一个元素在三维空间中旋转之外，还有 rotate3d( )函数。在三维空间中，旋转由三个自由度来描述一个转动轴。轴的旋转是由一个[x,y,z]向量并经过元素原点。其基本语法如下：

```
rotate3d(x,y,z,a)
```

其中，各参数作用如下：

- x 是一个介于 0、1 之间的数值，主要用来描述元素围绕 X 轴旋转的矢量值。
- y 是一个介于 0、1 之间的数值，主要用来描述元素围绕 Y 轴旋转的矢量值。
- z 是一个介于 0、1 之间的数值，主要用来描述元素围绕 Z 轴旋转的矢量值。
- a 是一个角度值，主要用来指定元素在三维空间中旋转的角度。如果为正值，元素顺时针旋转；反之，元素逆时针旋转。

下面介绍的 3 个旋转函数功能相同：

- rotateX(a)函数的功能等同于 rotate3d(1,0,0,a)。
- rotateY(a)函数的功能等同于 rotate3d(0,1,0,a)。
- rotateZ(a)函数的功能等同于 rotate3d(0,0,1,a)。

接下来通过一个简单的示例，介绍一下各个 3D 旋转函数的应用。

【例 15-10】 3D 旋转示例。

首先，设计如下 HTML 页面：

```
<div class="stage s1">
  <div class="container">
      <img src="img/timg.png" alt="" width="140" height="200" /> <img src="img/timg.png" alt=""
          width="140" height="200" /> </div>
</div>
<div class="stage s2">
  <div class="container">
      <img src="img/timg.png" alt="" width="140" height="200" /> <img src="img/timg.png" alt=""
          width="140" height="200" /> </div>
</div>
<div class="stage s3">
  <div class="container">
      <img src="img/timg.png" alt="" width="140" height="200" /> <img src="img/timg.png" alt=""
          width="140" height="200" /> </div>
</div>
<div class="stage s4">
  <div class="container">
      <img src="img/timg.png" alt="" width="140" height="200" /> <img src="img/timg.png" alt=""
          width="140" height="200" /> </div>
</div>
```

然后，设计如下 CSS 代码：

```
<style>
            .stage {
                width: 300px;
                height: 300px;
                float: left;
                margin: 15px;
                position: relative;
                background:url(http://www.w3cplus.com/sites/default/files/blogs/2013/1311/bg.jpg)
                        repeat center center;
                -webkit-perspective: 1200px;
```

```
        -moz-perspective: 1200px;
        -ms-perspective: 1200px;
        -o-perspective: 1200px;
        perspective: 1200px;
}
.container {
        position: absolute;
        top: 50%;
        left: 50%;
        -webkit-transform-style: preserve-3d;
        -moz-transform-style: preserve-3d;
        -ms-transform-style: preserve-3d;
        -o-transform-style: preserve-3d;
        transform-style: preserve-3d;
}
.container img {
        position: absolute;
        margin-left: -70px;
        margin-top: -100px;
}
.container img:nth-child(1) {
        z-index: 1;
        opacity: .6;
}
.s1 img:nth-child(2) {
        z-index: 2;
        -webkit-transform: rotateX(45deg);
        -moz-transform: rotateX(45deg);
        -ms-transform: rotateX(45deg);
        -o-transform: rotateX(45deg);
        transform: rotateX(45deg);
}
.s2 img:nth-child(2) {
        z-index: 2;
        -webkit-transform: rotateY(45deg);
        -moz-transform: rotateY(45deg);
        -ms-transform: rotateY(45deg);
        -o-transform: rotateY(45deg);
        transform: rotateY(45deg);
}
.s3 img:nth-child(2) {
        z-index: 2;
        -webkit-transform: rotateZ(45deg);
        -moz-transform: rotateZ(45deg);
        -ms-transform: rotateZ(45deg);
        -o-transform: rotateZ(45deg);
        transform: rotateZ(45deg);
}
```

```
        .s4 img:nth-child(2) {
            z-index: 2;
            -webkit-transform: rotate3d(.6, 1, .6, 45deg);
            -moz-transform: rotate3d(.6, 1, .6, 45deg);
            -ms-transform: rotate3d(.6, 1, .6, 45deg);
            -o-transform: rotate3d(.6, 1, .6, 45deg);
            transform: rotate3d(.6, 1, .6, 45deg);
        }
    </style>
```

运行以上代码，效果如图 15-13 所示。

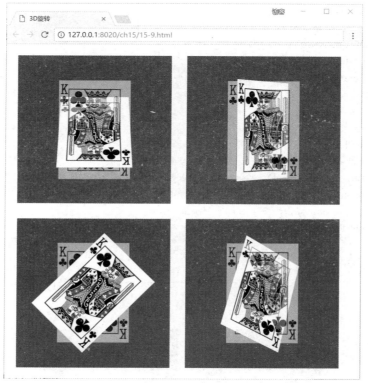

图 15-13　3D 旋转效果

15.3.3　3D 缩放

在 CSS3 中，3D 缩放处理主要通过 scaleZ( )和 scale3d( )两个函数来实现。当 scale3d( )中的 X 轴和 Y 轴同时为 1(即 scale3d(1,1,sz))时，其效果等同于 scaleZ(sz)。通过使用 3D 缩放函数，可以让元素在 Z 轴上按比例缩放。默认值为 1，当值大于 1 时，元素放大；反之，小于 1 且大于 0.01 时，元素缩小。

scale3d( )函数的使用语法如下：

```
scale3d(sx,sy,sz)
```

其中，各参数作用如下。

● sx：横向缩放比例。

● sy：纵向缩放比例。

- sz：Z 轴缩放比例。

scaleZ( )函数的使用语法如下：

```
scaleZ(s)
```

其中，参数 s 的作用是指定元素每个点在 Z 轴的比例。例如，scaleZ(-1)定义了一个原点在 Z 轴的对称点(按照元素的变换原点)。

scaleZ( )和 scale3d( )函数单独使用时没有任何效果，需要配合其他变形函数一起使用才会有效果。下面来看一个示例，为了能看到 scaleZ( )函数的效果，这里添加了 rotateX(45deg)功能：

```
.s1 img:nth-child(2) {
        z-index: 2;
        -webkit-transform: scaleZ(5) rotateX(45deg);
        -moz-transform: scaleZ(5) rotateX(45deg);
        -ms-transform: scaleZ(5) rotateX(45deg);
        -o-transform: scaleZ(5) rotateX(45deg);
        transform: scaleZ(5) rotateX(45deg);
    }
.s2 img:nth-child(2) {
        z-index: 2;
        -webkit-transform: scaleZ(.25) rotateX(45deg);
        -moz-transform: scaleZ(.25) rotateX(45deg);
        -ms-transform: scaleZ(.25) rotateX(45deg);
        -o-transform: scaleZ(.25) rotateX(45deg);
        transform: scaleZ(.25) rotateX(45deg);
    }
```

运行后效果如图 15-14 所示。

图 15-14　使用 scaleZ( )和 scacle3d()函数的效果

15.3.4　3D 变形兼容性

3D 变形在实际使用中同样需要添加各浏览器的私有属性，并且个别属性在某些主流浏览器中并未得到很好的支持：

- 在 IE10+中，3D 变形的部分属性未得到很好的支持。
- Firefox 10.0 至 Firefox 15.0 版本的浏览器，在使用 3D 变形时需要添加私有属性-moz-，但从 Firefox 16.0+版本开始无须添加浏览器私有属性。

- 在 Chrome 12.0+版本中使用 3D 变形时需要添加私有属性-webkit-。
- 在 Safari 4.0+版本中使用 3D 变形时需要添加私有属性-webkit-。
- Opera 15.0+版本才开始支持 3D 变形，使用之前需要添加私有属性-webkit-。
- 在移动设备上，iOS Safari 3.2+、Android Browser 3.0+、Blackberry Browser 7.0+、Opera Mobile 14.0+、Chrome for Android 25.0+都支持 3D 变形，但在使用时需要添加私有属性-webkit-；Firefox for Android 19.0+支持 3D 变形，但无须添加浏览器私有属性。

15.3.5　多重变形

在 CSS3 中，不管是 2D 变形还是 3D 变形，都可以使用多重变形，它们之间使用空格分隔，具体语法如下：

```
transform: <transform-function> <transform-function>
```

其中，transform-function 是指 CSS3 中的任何变形函数。

下面介绍一个通过多重变形制作的立方体。首先来看一个使用 2D 变形制作立方体的示例。

【例 15-11】　使用 2D 变形制作立方体。

首先，设计如下 HTML 代码：

```
<div class="stage s1">
 <div class="container">
     <div class="side top">1</div>
     <div class="side left">2</div>
     <div class="side right">3</div>
 </div>
</div>
```

然后，设计如下 CSS 代码：

```
<style>
        @-webkit-keyframes spin {
            0% {
                    -webkit-transform: rotateY(0deg);
                    transform: rotateY(0deg)
            }
            100% {
                    -webkit-transform: rotateY(360deg);
                    transform: rotateY(360deg)
            }
        }
        @-moz-keyframes spin {
            0% {
                    -moz-transform: rotateY(0deg);
                    transform: rotateY(0deg)
            }
            100% {
                    -moz-transform: rotateY(360deg);
                    transform: rotateY(360deg)
            }
```

```
        }
        @-ms-keyframes spin {
            0% {
                    -ms-transform: rotateY(0deg);
                    transform: rotateY(0deg)
            }
            100% {
                    -ms-transform: rotateY(360deg);
                    transform: rotateY(360deg)
            }
        }
        @-o-keyframes spin {
            0% {
                    -o-transform: rotateY(0deg);
                    transform: rotateY(0deg)
            }
            100% {
                    -o-transform: rotateY(360deg);
                    transform: rotateY(360deg)
            }
        }
        @keyframes spin {
            0% {
                    transform: rotateY(0deg)
            }
            100% {
                    transform: rotateY(360deg)
            }
        }
        .stage {
            width: 300px;
            height: 300px;
            float: left;
            margin: 15px;
            position: relative;
            -webkit-perspective: 1200px;
            -moz-perspective: 1200px;
            -ms-perspective: 1200px;
            -o-perspective: 1200px;
            perspective: 1200px;
        }
        .container {
            position: relative;
            height: 230px;
            width: 100px;
            top: 50%;
            left: 50%;
            margin: -100px 0 0 -50px;
```

```css
        -webkit-transform-style: preserve-3d;
        -moz-transform-style: preserve-3d;
        -ms-transform-style: preserve-3d;
        -o-transform-style: preserve-3d;
        transform-style: preserve-3d;
}
.container:hover {
        -moz-animation: spin 5s linear infinite;
        -o-animation: spin 5s linear infinite;
        -webkit-animation: spin 5s linear infinite;
        animation: spin 5s linear infinite;
}
.side {
        font-size: 20px;
        font-weight: bold;
        height: 100px;
        line-height: 100px;
        color: #fff;
        position: absolute;
        text-align: center;
        text-shadow: 0 -1px 0 rgba(0, 0, 0, 0.2);
        text-transform: uppercase;
        width: 100px;
}
.top {
        background: #9acc53;
        -webkit-transform: rotate(-45deg) skew(15deg, 15deg);
        -moz-transform: rotate(-45deg) skew(15deg, 15deg);
        -ms-transform: rotate(-45deg) skew(15deg, 15deg);
        -o-transform: rotate(-45deg) skew(15deg, 15deg);
        transform: rotate(-45deg) skew(15deg, 15deg);
}
.left {
        background: #8ec63f;
        -webkit-transform: rotate(15deg) skew(15deg, 15deg) translate(-50%, 100%);
        -moz-transform: rotate(15deg) skew(15deg, 15deg) translate(-50%, 100%);
        -ms-transform: rotate(15deg) skew(15deg, 15deg) translate(-50%, 100%);
        -o-transform: rotate(15deg) skew(15deg, 15deg) translate(-50%, 100%);
        transform: rotate(15deg) skew(15deg, 15deg) translate(-50%, 100%);
}
.right {
        background: #80b239;
        -webkit-transform: rotate(-15deg) skew(-15deg, -15deg) translate(50%, 100%);
        -moz-transform: rotate(-15deg) skew(-15deg, -15deg) translate(50%, 100%);
        -ms-transform: rotate(-15deg) skew(-15deg, -15deg) translate(50%, 100%);
        -o-transform: rotate(-15deg) skew(-15deg, -15deg) translate(50%, 100%);
        transform: rotate(-15deg) skew(-15deg, -15deg) translate(50%, 100%);
}
```

```
</style>
```

运行以上程序，效果如图 15-15 所示。

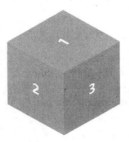

图 15-15 使用 2D 变形制作的立方体

例 15-11 通过三个面，使用多个 2D 变形制作一个立方体，接下来使用 3D 多重变形制作立方体。

【例 15-12】 使用 3D 多重变形制作立方体。

首先，设计如下 HTML 页面：

```
<div class="stage">
<div class="container">
    <div class="side front">1</div>
    <div class="side back">2</div>
    <div class="side left">3</div>
    <div class="side right">4</div>
    <div class="side top">5</div>
    <div class="side bottom">6</div>
</div>
</div>
```

然后，设计如下 CSS 代码：

```
<style>
            @-webkit-keyframes spin {
                0% {
                        -webkit-transform: rotateY(0deg);
                        transform: rotateY(0deg)
                }
                100% {
                        -webkit-transform: rotateY(360deg);
                        transform: rotateY(360deg)
                }
            }
            @-moz-keyframes spin {
                0% {
                        -moz-transform: rotateY(0deg);
                        transform: rotateY(0deg)
                }
                100% {
                        -moz-transform: rotateY(360deg);
                        transform: rotateY(360deg)
```

```
            }
        }
        @-ms-keyframes spin {
            0% {
                    -ms-transform: rotateY(0deg);
                    transform: rotateY(0deg)
            }
            100% {
                    -ms-transform: rotateY(360deg);
                    transform: rotateY(360deg)
            }
        }
        @-o-keyframes spin {
            0% {
                    -o-transform: rotateY(0deg);
                    transform: rotateY(0deg)
            }
            100% {
                    -o-transform: rotateY(360deg);
                    transform: rotateY(360deg)
            }
        }
        @keyframes spin {
            0% {
                    transform: rotateY(0deg)
            }
            100% {
                    transform: rotateY(360deg)
            }
        }
        .stage {
            width: 300px;
            height: 300px;
            margin: 15px auto;
            position: relative;
            -webkit-perspective: 300px;
            -moz-perspective: 300px;
            -ms-perspective: 300px;
            -o-perspective: 300px;
            perspective: 300px;
        }
        .container {
            top: 50%;
            left: 50%;
            margin: -100px 0 0 -100px;
            position: absolute;
            -webkit-transform: translateZ(-100px);
            -moz-transform: translateZ(-100px);
            -ms-transform: translateZ(-100px);
```

```
            -o-transform: translateZ(-100px);
            transform: translateZ(-100px);
            -webkit-transform-style: preserve-3d;
            -moz-transform-style: preserve-3d;
            -ms-transform-style: preserve-3d;
            -o-transform-style: preserve-3d;
            transform-style: preserve-3d;
}
.container:hover {
            -moz-animation: spin 5s linear infinite;
            -o-animation: spin 5s linear infinite;
            -webkit-animation: spin 5s linear infinite;
            animation: spin 5s linear infinite;
}
.side {
            background: rgba(142, 198, 63, 0.3);
            border: 2px solid #8ec63f;
            font-size: 60px;
            font-weight: bold;
            color: #fff;
            height: 196px;
            line-height: 196px;
            position: absolute;
            text-align: center;
            text-shadow: 0 -1px 0 rgba(0, 0, 0, 0.2);
            text-transform: uppercase;
            width: 196px;
}
.front {
            -webkit-transform: translateZ(100px);
            -moz-transform: translateZ(100px);
            -ms-transform: translateZ(100px);
            -o-transform: translateZ(100px);
            transform: translateZ(100px);
}

.back {
            -webkit-transform: rotateX(180deg) translateZ(100px);
            -moz-transform: rotateX(180deg) translateZ(100px);
            -ms-transform: rotateX(180deg) translateZ(100px);
            -o-transform: rotateX(180deg) translateZ(100px);
            transform: rotateX(180deg) translateZ(100px);
}
.left {
            -webkit-transform: rotateY(-90deg) translateZ(100px);
            -moz-transform: rotateY(-90deg) translateZ(100px);
            -ms-transform: rotateY(-90deg) translateZ(100px);
            -o-transform: rotateY(-90deg) translateZ(100px);
            transform: rotateY(-90deg) translateZ(100px);
```

```
        }
        .right {
            -webkit-transform: rotateY(90deg) translateZ(100px);
            -moz-transform: rotateY(90deg) translateZ(100px);
            -ms-transform: rotateY(90deg) translateZ(100px);
            -o-transform: rotateY(90deg) translateZ(100px);
            transform: rotateY(90deg) translateZ(100px);
        }
        .top {
            -webkit-transform: rotateX(90deg) translateZ(100px);
            -moz-transform: rotateX(90deg) translateZ(100px);
            -ms-transform: rotateX(90deg) translateZ(100px);
            -o-transform: rotateX(90deg) translateZ(100px);
            transform: rotateX(90deg) translateZ(100px);
        }
        .bottom {
            -webkit-transform: rotateX(-90deg) translateZ(100px);
            -moz-transform: rotateX(-90deg) translateZ(100px);
            -ms-transform: rotateX(-90deg) translateZ(100px);
            -o-transform: rotateX(-90deg) translateZ(100px);
            transform: rotateX(-90deg) translateZ(100px);
        }
    </style>
```

运行以上程序，效果如图 15-16 所示。

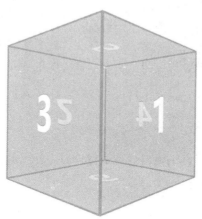

图 15-16　使用 3D 变形制作的立方体

15.4　变形矩阵

　　矩阵函数 matrix( )和 matrix3d( )是理解 CSS3 中变形处理技术的关键。大多数时候，可以直接使用 rotate( )和 skewY( )之类的方法来实现变形处理，这些变形方法的背后都对应着一个变形矩阵。因此，理解变形矩阵的工作原理对于理解变形处理很关键。

　　CSS 变形建立在线性代数和几何知识的基础上，因此会涉及一些高等数学知识，如果有一定的数学基础，将有助于理解 CSS 变形技术。

15.4.1　矩阵概述

矩阵是一个数学概念，代表一组数字、符号或表达式的矩形阵列。在图形/图像学中，矩阵被用于在 2D 屏幕上进行 3D 图像的线性变换。实际上，这种变换处理通过矩阵函数来完成，matrix()函数允许创建线性变换，matrix3d( )函数允许使用 CSS 代码将三维坐标投射到二维坐标中。变形处理就是将坐标系统中一个坐标点的位置乘以一个变形矩阵。

15.4.2　变形与坐标系统

在 Web 中，每一个页面都是一个坐标系统，原点在页面的左上角(0,0)。其中，X 轴方向为从左到右，Y 轴方向从上到下，Z 轴则是页面观察者与页面之间的距离。Z 坐标值越大，代表观察者离页面的距离越近，反之越远。

当对一个对象做变形处理时，首先建立本地坐标系统。默认情况下，本地坐标系统中的原点在对象正中央，如图 15-17 所示。

可以通过在样式代码中使用 transform-origin 属性来调整坐标原点。在本地坐标系统中对任何坐标点进行的变形都是参考坐标原点进行的。例如，使用 transform-origin:60px 60px;样式代码可以把坐标原点右移 60px、下移 60px。图 5-18 所示即为在将坐标原点调整到(60,60)后，坐标系统中点(30,30)的位置。

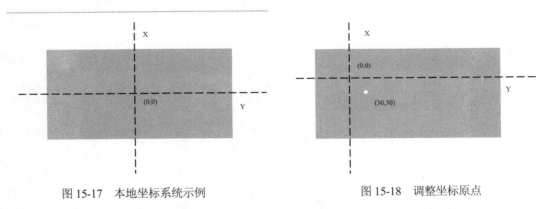

图 15-17　本地坐标系统示例　　　　　　　　图 15-18　调整坐标原点

当开发者进行变形处理时，浏览器自动执行计算。开发者只需要为变形处理指定相关参数即可。

15.4.3　2D 矩阵变形

下面是一个处理 2D 变形时使用的 3×3 矩阵，如图 15-19 所示。

$$\begin{bmatrix} a & c & e \\ b & d & f \\ 0 & 0 & 1 \end{bmatrix}$$

图 15-19　2D 变形时使用的 3×3 矩阵

也可以将这个 2D 变形矩阵书写为 matrix(a,b,c,d,e,f)，a~f 均为数字，用来决定执行什么样的变形处理。

当应用 2D 变形处理时，浏览器会自动将二维变形矩阵与数组[x,y,1]相乘。其中，x 值和 y 值分别为一个坐标点在 X 轴方向和 Y 轴方向上的位置。

为了计算经过变形处理后坐标点的位置，将组[x,y,1]和 2D 变形矩阵相乘，如图 15-20 所示。每一种变形处理都有特定的 2D 变形矩阵。例如，平移用的 2D 变形矩阵如图 15-21 所示。

$$\begin{bmatrix} a & c & e \\ b & d & f \\ 0 & 0 & 1 \end{bmatrix} \bullet \begin{bmatrix} x \\ y \\ 1 \end{bmatrix} = \begin{bmatrix} ax+cy+e \\ bx+dy+f \\ 0+0+1 \end{bmatrix}$$

图 15-20　坐标点与 2D 变形矩阵相乘

$$\begin{bmatrix} 1 & 0 & tx \\ 0 & 1 & ty \\ 0 & 0 & 1 \end{bmatrix}$$

图 15-21　平移变形矩阵

其中，tx 和 ty 代表坐标原点被平移后新坐标点的位置。可以使用数组[1,0,0,1,tx,ty]来代替它，这个数组将被用于 matrix( )函数中，代码如下：

```
#mydiv {transform:matrix(1,0,0,1,tx,ty);}
```

下面的例子使用 translate 方法将页面中的一个 div 元素从坐标原点往右下方平移 100px。程序代码如下：

```
<!DOCTYPE html>
<html>
  <head>
        <meta charset="utf-8" />
        <title>使用 translate 方法处理平移</title>
        <style>
            #test{
                width: 200px;
                height: 200px;
                transform: translate(100px,100px);
                background-color: blue;
            }
        </style>
  </head>
  <body>
        <div id="test"></div>
  </body>
</html>
```

将 div 元素的 transform 样式属性代码修改为：

```
transform: matrix(1,0,0,1,150,150);
```

运行上述代码，页面显示如图 15-22 所示。在这个示例中，两个 150 分别代表坐标原点被平移后新的 X 轴坐标点位置及 Y 轴坐标点位置。可以使用数组[1,0,0,1,150,150]来代替它，这个数组将被用于 matrix 函数中。

下面以页面上坐标点(200,200)处的一个像素为例进行计算，平移后的坐标点的计算过程如图 15-23 所示。

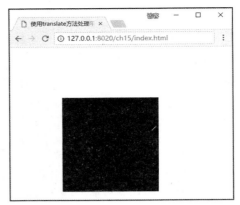

图 15-22　页面打开时的效果

$$\begin{bmatrix} 1 & 0 & 100 \\ 0 & 1 & 100 \\ 0 & 0 & 1 \end{bmatrix} \bullet \begin{bmatrix} 200 \\ 200 \\ 1 \end{bmatrix} = \begin{bmatrix} 200+0+100 \\ 0+200+100 \\ 0+0+1 \end{bmatrix} = \begin{bmatrix} 300 \\ 300 \\ 300 \end{bmatrix}$$

图 15-23　平移后的坐标点的计算过程

可以看出，与变形矩阵相乘后，原点坐标(200,200)处的像素位置将变为(300,300)。同样，div 元素中的所有像素都右移 100px、下移 100px。

15.4.4　3D 矩阵变形

下面是一个处理 3D 缩放变形时使用的 4×4 矩阵，如图 15-24 所示。

$$\begin{bmatrix} sx & 0 & 0 & 0 \\ 0 & sy & 0 & 0 \\ 0 & 0 & sz & 0 \\ 0 & 0 & 0 & 1 \end{bmatrix}$$

图 15-24　3D 缩放变形时使用的 4×4 矩阵

其中，sx、sy 和 sz 代表 X、Y、Z 轴方向上的缩放倍数。如果使用 matrix3d( )函数，代码为：

```
transform:matrix3d(sx,0,0,0,0,sy,0,0,0,0,sz,0,0,0,0,1)。
```

在下面的示例中，首先使用 scale3d 方法将页面中的一个方形 div 元素在 X 轴方向上缩小五分之一，在 Y 轴方向上缩小一半。

【例 15-13】　使用 scale3d 方法缩小元素。

```
<!DOCTYPE html>
<html>
  <head>
        <meta charset="UTF-8">
        <title>使用 scale 缩小元素</title>
        <style>
            #test{
                width: 300px;
                height: 300px;
                transform: scale3d(0.8,0.5,1);
```

```
                    background-color: lightskyblue;
                }
        </style>
    </head>
    <body>
            <div id="test"></div>
    </body>
    </html>
```

运行以上程序，效果如图 15-25 所示。由于在 X 轴和 Y 轴方向上的缩放倍数不一致，因此正方形变成了长方形。

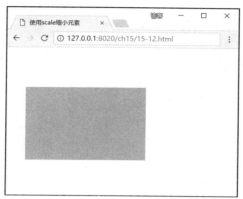

图 15-25　3D 缩放变形效果

将 div 元素的 transform 样式属性代码修改为：

transform:matrix3d(0.8,0,0,0,0,0.5,0,0,0,0,1,0,0,0,0,1);

在页面上查看，显示效果不变。如果将这个三维缩放变形矩阵乘以坐标点(150,150,1)，计算结果如图 15-26 所示，新的坐标点为(120,75,1)。

$$\begin{bmatrix} 0.8 & 0 & 0 & 0 \\ 0 & 0.5 & 0 & 0 \\ 0 & 0 & 1 & 0 \\ 0 & 0 & 0 & 1 \end{bmatrix} \bullet \begin{bmatrix} 150 \\ 150 \\ 1 \\ 1 \end{bmatrix} = \begin{bmatrix} 120+0+0+0 \\ 0+75+0+0 \\ 0+0+1+0 \\ 0+0+0+1 \end{bmatrix} = \begin{bmatrix} 120 \\ 75 \\ 1 \\ 1 \end{bmatrix}$$

图 15-26　将 3D 缩放变形矩阵乘以坐标点(150,150,1)

15.4.5　使用矩阵实现多重变形

通过矩阵也可以实现多重变形处理。这里选用 2D 变形来进行介绍。接下来我们将使用 3×3 变形矩阵和 matrix( )函数来实现。通过这个变形，把元素旋转 45°，然后放大 1.5 倍。

旋转变形使用的矩阵为[cos(a) sin(a) -sin(a) cos(a)]，a 代表角度。为了放大元素，这里使用矩阵[sx 0 0 sy 0 0]。为了使用多重变形，首先将这两个矩阵相乘，如图 15-27 所示。

$$\begin{bmatrix} 0.7071 & -0.7071 & 0 \\ 0.7071 & 0.7071 & 0 \\ 0 & 0 & 1 \end{bmatrix} \bullet \begin{bmatrix} 1.5 & 0 & 0 \\ 0 & 1.5 & 0 \\ 0 & 0 & 1 \end{bmatrix} = \begin{bmatrix} 1.0606 & -1.0606 & 0 \\ 1.0606 & 1.0606 & 0 \\ 0 & 0 & 1 \end{bmatrix}$$

图 15-27　计算多重变形时使用的矩阵

将例 15-12 中 div 元素的 transform 样式属性代码修改为：

transform:matrix(1.0606, 1.0606, -1.0606, 1.0606, 0, 1);

运行程序后，页面显示效果如图 15-28 所示。

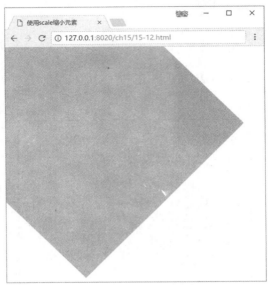

图 15-28　对 div 元素使用多重变形处理后的效果

如果对坐标点(298,110)使用经过计算后的变形矩阵，新的坐标点为(199.393,432.725)，计算过程如图 15-29 所示。

$$\begin{bmatrix} 1.0606 & -1.0606 & 0 \\ 1.0606 & 1.0606 & 0 \\ 0 & 0 & 0 \end{bmatrix} \bullet \begin{bmatrix} 298 \\ 110 \\ 1 \end{bmatrix} = \begin{bmatrix} 199.393 \\ 432.725 \\ 1 \end{bmatrix}$$

图 15-29　对(298,110)坐标点使用经过计算后的变形矩阵

15.5　本章小结

本章分两部分介绍了 CSS3 中的变形属性：第一部分是 2D 变形，第二部分是 3D 变形。对于二维空间中的变形，主要向大家介绍了旋转 rotate( )、倾斜 skew( )、位移 translate( )、缩放 scale( )和 2D 矩阵等函数功能。对于三维空间中的变形，向大家详细介绍了 3D 空间中的 3D 旋转、3D 位移、3D 缩放和 3D 矩阵。通过本章的学习，大家对 CSS3 中的变形处理应该有了较深的了解。

15.6　思考和练习

1. 在 CSS3 中，旋转通过什么方法来实现？请举例说明。
2. 在 CSS3 中，缩放通过什么方法来实现？请举例说明。
3. 在 CSS3 中，移动通过什么方法来实现？请举例说明。

4. 在 CSS3 中，扭曲通过什么方法来实现？请举例说明。

5. 请使用两个以上的 2D 变形操作来制作一个例子。

6. 在 CSS3 中，3D 位移通过什么方法来实现？请举例说明。

7. 在 CSS3 中，3D 旋转通过什么方法来实现？请举例说明。

8. 在 CSS3 中，3D 缩放通过什么方法来实现？请举例说明。

9. 请使用两个以上的 3D 变形操作来制作一个例子。

10. 请使用变形矩阵来实现旋转、缩放、平移操作。

第16章　设计动画

使用 CSS3 中的动画功能可以制作出在网页上运行的动画。CSS3 中的动画功能主要包括 Transitions 和 Animations，这两种功能都可以用来制作动画效果。其中，Transitions 功能支持从一个属性值平滑过渡到另一个属性值，方便用来制作颜色渐变和形状渐变动画；Animations 功能支持通过对关键帧的指定来在页面上产生更复杂的动画效果，以方便制作逐帧动画。

例如，利用 Transitions 功能，可以通过改变 background-color 属性值来让背景色从一种颜色平滑过渡到另一种颜色。

本章学习目标：

- 掌握过渡动画的制作方法，掌握过渡属性、过渡时间、过渡延迟时间、过渡效果的设置操作
- 掌握 3D 动画的制作方法，掌握动画名称、动画时间、动画播放方式、动画延迟时间、动画播放次数以及动画播放方向的设置操作
- 掌握渐变效果的制作方法，包括 WebKit 渐变、Mozilla 渐变、Opera 渐变和 IE 渐变
- 能够应用 CSS3 的动画功能制作具有一定综合程度的动画效果

16.1　过渡动画

CSS Transformation 呈现的是一种变形效果，而 CSS Transition 呈现的是一种过渡效果，就是一种动画转换过程，如渐显、渐弱、动画快慢等。CSS Transformation 和 CSS Transition 是两种不同的动画模型，因此，W3C 为动画过渡定义了单独的模块。

过渡可以与变形同时使用。例如，触发:hover 或:focus 事件后创建动画过程，诸如淡出背景色、滑动一个元素以及让一个对象旋转等都可以通过 CSS 转换来实现。

W3C 标准中对 CSS3 Transition 是这样描述的："CSS Transition 允许 CSS 的属性值在一定的时间区间内平滑过渡。这种效果可以在鼠标单击、获得焦点、被单击或对元素的任何改变中触发，并圆滑地以动画效果改变 CSS 的属性值。"

transition 属性的基本语法如下，其初始值根据各个子属性的默认值而定：

    transition: [<'transition-property'> || <'transition-duration'> || <'transition-timing-function'> || <'transition-delay'> [, [<'transition-property'> || <'transition-duration'> || <'transition-timing-function'> || <'transition-delay'>]]*

transition 属性主要包含以下 4 个子属性：

- transition-property：执行变换的属性
- transition-duration：变换延续的时间
- transition-timing-function：在延续时间段，变换的速率变化
- transition-delay：变换延迟时间

下面分别介绍这 4 个子属性。

16.1.1　定义过渡属性

transition-property 属性用来定义转换动画的 CSS 属性名称，如 background-color 属性。该属性的语法格式如下：

```
transition-property:none | all | [ <IDENT> ] [ ',' <IDENT> ]*
```

transition-property 用来指定在元素的哪个属性发生改变时执行过渡效果，主要有以下几个值：none(没有属性改变)；all(所有属性改变)，这也是默认值；indent(元素属性名)。当值为 none 时，过渡马上停止执行。当值为 all 时，元素产生任何属性值变化时都将执行过渡效果。indent 可以是指定元素的某个属性值，对应的类型如下：

- color：通过红、绿、蓝和透明度进行变换，如 background-color、border-color、color、outline-color 等属性。
- length：数值数据，如 word-spacing、width、vertical-align、top、right、bottom、left、padding、outline-width、margin、min-width、min-height、max-width、max-height、line-height、height、border-width、border-spacing、background-position 等属性。
- percentage：数值数据，如 word-spacing、width、vertical-align、top、right、bottom、left、min-width、min-height、max-width、max-height、line-height、height、background-position 等属性。
- integer：整数，如 outline-offset、z-index 等属性。
- number：数值数据，如 zoom、opacity、font-weight 等属性。
- transform list：变形列表。
- rectangle：通过 x、y、width 和 height 进行变换，如 crop。
- visibility：离散步骤，在 0~1 数字范围之内，0 表示"隐藏"，1 表示完全"显示"，如 visibility。
- shadow：作用于 color、x、y 和 blur 属性，如 text-shadow。
- gradient：通过每次停止时的位置和颜色进行变化。它们必须有相同的类型(放射状的或线性的)以及相同的停止数值以便执行动画，如 background-image。
- paint server (SVG)：只支持从 gradient 到 gradient 以及从 color 到 color 的变化。
- space-separated list of above：如果列表中有相同的数值，则列表中的每一项都按照上面的规则进行变化，否则无变化。
- a shorthand property：如果缩写的所有部分都可以实现动画，则会像所有单个属性变化一样变化。

具体什么属性可以实现过渡效果，在 W3C 官网上列出了所有可以实现过渡效果的 CSS 属性值以及值的类型，大家可以到官网了解详情。这里需要注意的是，并不是所有的属性改变都会触发过渡效果，比如页面的自适应宽度，当浏览器改变宽度时，并不会触发过渡效果。但上面所列的属性类型发生改变都会触发过渡效果。

【例 16-1】　制作一个简单的背景色切换动画。

```
<style type="text/css">
    #test {
        background-color: antiquewhite;
        width: 400px;
```

```
                        height: 100px;
                    }
                #test:hover {
                        background-color: goldenrod;
                        -webkit-transition-property: background-color;
                        -moz-transition-property: background-color;
                        -o-transition-property: background-color;
                    }
            </style>
        </head>
        <body>
            <div id="test"></div>
        </body>
```

运行以上程序，效果如图 16-1 所示。矩形刚开始是淡黄色的，当把鼠标指针移到矩形上时，矩形变成深黄色。

图 16-1　制作的背景色切换动画

16.1.2　定义过渡时间

transition-duration　用来指定元素转换过程的持续时间，即设置从旧属性换到新属性所花费的时间，单位为秒。该属性的语法格式如下：

transition-duration:<time> [, <time>]*

该属性的初始值为 0，适用于所有元素以及:before 和:after 伪元素。默认情况下，动画过渡时间为 0 秒，所以当指定元素动画时，会看不到过渡的过程，而是直接看到结果。

【例 16-2】　背景色从蓝色逐渐过渡到绿色。

HTML 代码与例 16-1 相同，CSS 代码如下：

```
<style type="text/css">
#test {
        background-color: blue;
        width: 400px;
        height: 100px;
    }
#test:hover {
        background-color: green;
        -webkit-transition-property: background-color;
        -moz-transition-property: background-color;
        -o-transition-property: background-color;
        -webkit-transition-duration: 3s;
        -moz-transition-duration: 3s;
        -o-transition-duration: 3s;
```

```
    }
  </style>
```

运行以上程序，效果如图 16-2 所示。

图 16-2　背景色从蓝色过渡到绿色

16.1.3　定义过渡延迟时间

transition-delay 属性用来指定动画开始执行的时间，也就是在改变元素属性值后多长时间开始执行过渡效果。该属性的语法格式如下：

transition-delay:<time> [, <time>]*

其中<time>为数值，单位为 s(秒)或 ms(毫秒)。transition-delay 的用法和 transition-duration 极其相似，也可以作用于所有元素，包括:before 和:after 伪元素。 默认大小是"0"，也就是变换立即执行，没有延迟。

有时候，不只需要改变一个 CSS 属性的过渡效果，而是想要改变两个或多个 CSS 属性的过渡效果，此时只要把几个过渡的声明串在一起，用逗号(",")隔开，然后各自便可以拥有不同的延续时间和速率变换方式。但需要注意一点：transition-delay 与 transition-duration 属性的值都是时间，所以要区分它们在连写形式中的位置，一般浏览器会根据先后顺序决定，第一个可以解析为时间的为 transition-duration，第二个为 transition-delay。例如：

```
a {
    -moz-transition: background 0.5s ease-in,color 0.3s ease-out;
    -webkit-transition: background 0.5s ease-in,color 0.3s ease-out;
    -o-transition: background 0.5s ease-in,color 0.3s ease-out;
    transition: background 0.5s ease-in,color 0.3s ease-out;
}
```

如果想为元素执行所有过渡效果，那么还可以利用 all 属性值来操作，此时它们共享同样的延续时间以及速率变换方式，例如：

```
a {
    -moz-transition: all 0.5s ease-in;
    -webkit-transition: all 0.5s ease-in;
    -o-transition: all 0.5s ease-in;
    transition: all 0.5s ease-in;
}
```

综上所述，可以给出过渡的速记法：transition: <property> <duration> <animation type> <delay>，如图 16-3 所示。

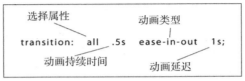

图 16-3　过渡速记图

相应的示例代码如下：

```
p {
    -webkit-transition: all .5s ease-in-out 1s;
    -o-transition: all .5s ease-in-out 1s;
    -moz-transition: all .5s ease-in-out 1s;
    transition: all .5s ease-in-out 1s;
}
```

【例 16-3】　设置过渡动画推迟 1 秒执行，当鼠标移过时，不会看到任何变化，过了 1 秒之后背景色才从红色逐渐过渡到白色。

HTML 代码与例 16-1 相同，CSS 代码如下：

```
#test {
    background-color: red;
    width: 400px;
    height: 100px;
}
#test:hover {
    background-color: white;
    -webkit-transition-property: background-color;
    -moz-transition-property: background-color;
    -o-transition-property: background-color;
    -webkit-transition-duration: 1s;
    -moz-transition-duration: 1s;
    -o-transition-duration: 1s;
    -webkit-transition-delay: 1s;
    -moz-transition-delay: 1s;
    -o-transition-delay: 1s;
}
```

运行以上程序，效果如图 16-4 所示。矩形的初始颜色为红色，当鼠标指向矩形时，1 秒钟之后，红色逐渐变成白色，有一种逐渐消失的效果。

图 16-4　带延迟的过渡效果

16.1.4　定义过渡效果

transition-timing-function 的值允许开发人员根据时间的推进来改变属性值的变换速率，

也就是定义过渡动画的效果，其基本语法格式如下：

```
transition-timing-function:ease | linear | ease-in | ease-out | ease-in-out | cubic-bezier(<number>, <number>,
<number>, <number>) [, ease | linear | ease-in | ease-out | ease-in-out | cubic-bezier(<number>, <number>,
<number>, <number>)]*
```

transition-timing-function 有 6 个可能的值：

- ease：过渡效果逐渐变慢，为默认值，ease 函数等同于贝塞尔曲线(0.25, 0.1, 0.25, 1.0)。
- linear：匀速过渡效果，linear 函数等同于贝塞尔曲线(0.0, 0.0, 1.0, 1.0)。
- ease-in：加速过渡效果，ease-in 函数等同于贝塞尔曲线(0.42,0,1.0,1.0)。
- ease-out：减速过渡效果，ease-out 函数等同于贝塞尔曲线(0, 0, 0.58, 1.0)。
- ease-in-out：过渡效果首先是加速，然后减速，ease-in-out 函数等同于贝塞尔曲线(0.42,0, 0.58,1.0)。
- cubic-bezier：允许自定义一条时间曲线，即特定的 cubic-bezier 曲线。(x1,y1,x2,y2) 中的 4 个值特定于曲线上的点 P1 和点 P2。所有值必须在[0,1]区域内，否则无效。

【例 16-4】 制作线性渐变效果的动画。

本例的 HTML 代码结构与例 16-3 相同，CSS 代码如下：

```css
#test {
    background-color: red;
    width: 400px;
    height: 100px;
}
#test:hover {
    background-color: yellow;
    -webkit-transition-property: background-color;
    -moz-transition-property: background-color;
    -o-transition-property: background-color;
    -webkit-transition-duration: 2s;
    -moz-transition-duration: 2s;
    -o-transition-duration: 2s;
    -webkit-transition-timing-function: linear;
    -moz-transition-timing-function: linear;
    -o-transition-timing-function: linear;
}
```

运行以上程序，效果如图 16-5 所示。当鼠标指向矩形时，矩形逐渐由红色过渡到黄色。

图 16-5 逐渐过渡的渐变效果

16.2　3D 动画

在 CSS3 中，除了可以使用 Transitions 功能实现动画效果之外，还可以使用 Animations 功能实现更为复杂的动画效果。

animation 属性是一个复合属性，包含 animation-name、animation-duration、animation-timing-function、animation-delay、animation-iteration-count 和 animation-direction 子属性值。语法格式如下：

> animation:[<animation-name>||<animation-duration>||<animation-timing-function>||<animation-delay>||
> <animation-iteration-count>||<animation-drection>||<animation-play-state>][,[<animation-name>||
> <animation-duration>||<animation-timing-function>||<animation-delay>||<animation-iteration-count>||
> <animation-direction>]||<animation-play-state>]*;

animation 属性的初始值根据各个子属性的默认值而定，适用于所有块元素和内联元素。注意，在使用 animation 属性时，需要检测浏览器对 CSS 动画的支持性。

16.2.1　定义动画名称

animation-name 用来定义动画的名称，其基本语法格式如下：

> animation-name: none | IDENT[,none | IDENT]*;

其中，IDENT 是由 Keyframes 创建的动画名。换句话说，此处的 IDENT 必须和 Keyframes 中的 IDENT 一致，如果不一致，将不能实现任何动画效果；none 为默认值，当值为 none 时，将没有任何动画效果。另外，这个属性和前面介绍的 transition 属性一样，可以同时赋几个 animation 给一个元素，只需要用逗号"，"隔开即可。

16.2.2　定义动画时间

animation-duration 用来指定播放动画持续的时间长短，其基本语法格式如下：

> animation-duration: <time>[,<time>]*

其中，<time> 为数值，单位为 s(秒)，默认值为 0。这个属性和 transition 属性的 transition-duration 子属性的使用方法一样。

16.2.3　定义动画播放方式

animation-timing-function 指定元素根据时间的推进来改变属性值的变换速率，说得简单点就是动画的播放方式，其基本语法格式如下：

> animation-timing-function:ease | linear | ease-in | ease-out | ease-in-out | cubic-bezier(<number>, <number>,
> <number>, <number>) [, ease | linear | ease-in | ease-out | ease-in-out | cubic-bezier(<number>, <number>,
> <number>, <number>)]*

和 transition 属性的 transition-timing-function 子属性一样，animation-timing-function 具有以下 6 种变换方式：ease、ease-in、ease-out、ease-in-out、linear 和 cubic-bezier，使用方法与 transition 属性相同。

16.2.4　定义动画延迟时间

animation-delay 用来指定动画延迟播放时间，其基本语法格式如下：

```
animation-delay: <time>[,<time>]*
```

其中，<time>为数值，单位为 s(秒)，默认值也是 0。这个属性和 transition-delay 属性的使用方法一样。

16.2.5　定义动画播放次数

animation-iteration-count 用来指定播放动画的循环次数，其基本语法格式如下：

```
animation-iteration-count:infinite | <number> [, infinite | <number>]*
```

其中，<number>为数字，默认值为 1；infinite 为无限次数循环。

16.2.6　定义动画播放方向

animation-direction 用来指定动画播放的方向，其基本语法格式如下：

```
animation-direction: normal | alternate [, normal | alternate]*
```

有两个值，默认值为 normal。如果设置为 normal，动画的每次循环都是向前播放；另一个值是 alternate，其作用是，动画播放在第偶数次向前播放，在第奇数次向反方向播放。

16.2.7　控制播放状态

animation-play-state 用来控制动画的播放状态，其基本语法格式如下：

```
animation-play-state:running | paused [, running | paused]*
```

主要有 running 和 paused 两个值。running 为默认值。它们的作用类似于音乐播放器，可以通过 paused 将正在播放的动画停下来，也可以通过 running 让暂停的动画重新播放。这里的重新播放不一定是从动画的开头播放，而是从暂停的那个位置开始播放。另外，如果暂停动画的播放，元素的样式将回到最原始设置状态。目前只有很少的内核支持这个属性，所以只是稍微提一下。

16.2.8　翻转的图片

本节将借助 animation 属性来设计自动翻转的图片效果，该效果模拟在 2D 平面中实现 3D 翻转。在这个动画中，图片在 X 轴逐渐压缩，然后水平翻转图片，在 2D 平面中做出 3D 翻转效果。

【例 16-5】　翻转的图片。

```
<head>
<meta charset="UTF-8">
<title>图片翻转</title>
<style type="text/css">
 #test {
        margin: 0 auto;
        width: 540px;
        height: 405px;
        background: url(img/timg.gif) center no-repeat;
        /* 定义 3D 空间 */
        -webkit-transform-style: preserve-3d;
        /* 设计沿 y 轴旋转、20 秒线性过渡动画、无限次播放 */
        -webkit-animation-name: y-spin;
```

```
                -webkit-animation-duration: 20s;
                -webkit-animation-iteration-count: infinite;
                -webkit-animation-timing-function: linear;
            }
        /* 调用动画 */
        @-webkit-keyframes y-spin {
            0% {
                    -webkit-transform: rotateY(0deg);
            }
            50% {
                    -webkit-transform: rotateY(180deg);
            }
            100% {
                    -webkit-transform: rotateY(360deg);
            }
        }
    </style>
    </head>
    <body>
        <div id="test"></div>
    </body>
```

运行以上程序，效果如图 16-6 所示。从效果图中的云朵可以看出图片逐步水平翻转的效果。

图 16-6　翻转的图片

16.3　渐变效果

CSS3 渐变分为 linear-gradient(线性渐变)和 radial-gradient(径向渐变)两种。本节主要针对线性渐变来剖析其具体用法。为了更好地应用 CSS3 渐变，需要先了解一下目前几种现代浏览器的内核，主流内核主要有 WebKit(熟悉的有 Safari、Chrome 等浏览器)、Mozilla(Gecko)(熟悉的有 Firefox、Flock 等浏览器)、Opera(Presto)(Opera 浏览器)、Trident(IE 浏览器)。本书忽略 IE 不管，主要介绍在 WebKit、Mozilla、Opera 下的应用，当然在 IE 下也可以实现，但需要通过 IE 特有的滤镜来实现，感兴趣的可以搜索相关技术文档。

16.3.1　线性渐变在 WebKit 下的应用

WebKit 是第一个支持渐变的浏览器引擎，其支持渐变的方法如下：

```
-webkit-linear-gradient( [<point> || <angle>,]? <stop>, <stop> [, <stop>]* )          //新的写法
-webkit-gradient(<type>, <point> [, <radius>]?, <point> [, <radius>]? [, <stop>]*)     //传统写法
```

webkit-gradient 是 WebKit 引擎对渐变的实现参数，一共有 5 个。第一个参数表示渐变类型(type)，可以是 linear(线性渐变)或 radial(径向渐变)。第二个和第三个参数是一对值，分别表示渐变的起点和终点。这对值可以用坐标形式表示，也可以用关键字表示，比如 left top(左上角)和 left bottom(左下角)。第四个和第五个参数分别是两个 color-stop 函数。color-stop 函数接受两个参数，第一个参数表示渐变的位置，0 为起点，0.5 为中点，1 为结束点；第二个参数表示该点的颜色，如图 16-7 所示。

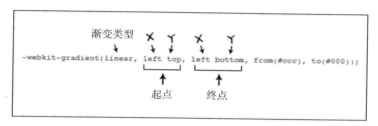

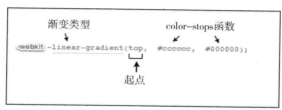

图 16-7　WebKit 渐变

下面是一个传统写法的示例：

```
background: -webkit-gradient(linear,center top,center bottom,from(#ccc),
to(#000));
```

也可以写成如下形式：

```
-webkit-linear-gradient(top,#ccc,#000);
```

效果如图 16-8 所示。

图 16-8　渐变效果

16.3.2　线性渐变在 Mozilla 下的应用

Firefox 浏览器从 3.6 版本开始支持渐变设计。Gecko 引擎定义了两个私有函数，分别用来设计线性渐变和径向渐变。基本语法格式如下：

```
-moz-linear-gradient( [<point> || <angle>,]? <stop>, <stop> [, <stop>]* )
```

<point>定义渐变的起点，取值包含数值、百分比，也可以使用关键字。其中，left、center 和 right 关键字定义 X 轴坐标，top、center 和 bottom 关键字定义 Y 轴坐标。用法和 background-position 和-moz-transform-origin 属性中的定位方式相同。

<angle>参数定义直线渐变的角度，单位包括 deg(度，一圈等于 360 度)、grad(梯度，90 度等于 100grad)、rad(弧度，一圈等于 2*PI rad)。

<stop>参数定义步长，第一个和第二个<stop>分别是起点颜色和终点颜色。还可以在它们之间插入更多的参数，以表示多种颜色的渐变。

例如，有以下 HTML 标记：

```
<div class="example example1"></div>
```
有如下 CSS 样式：
```
.example {
    width: 150px;
    height: 80px;
}
.example1 {
    background: -moz-linear-gradient( top,#ccc,#000);
}
```
执行后的效果和图 16-8 相同。

16.3.3　线性渐变在 Opera 下的应用

线性渐变在 Opera 下的使用语法如下：
```
-o-linear-gradient([<point> || <angle>,]? <stop>, <stop> [, <stop>]); /* Opera 11.10+ */
```
其中各项参数与 Mozilla 下的渐变参数相同。例如，要在 Opera 浏览器下实现如图 16-8
所示的渐变效果，代码如下：
```
background: -o-linear-gradient(top,#ccc, #000);
```

16.3.4　线性渐变在 IE 下的应用

IE 依靠滤镜实现渐变，语法格式如下：
```
filter: progid:DXImageTransform.Microsoft.gradient(GradientType=0, startColorstr=#1471da, endColorstr=
#1C85FB); /*IE<9>*/
    -ms-filter: "progid:DXImageTransform.Microsoft.gradient (GradientType=0, startColorstr=#1471da, endColorstr=
#1C85FB)";/*IE8+*/
```
其中，参数 startColorstr 表示起点颜色，endColorstr 表示终点颜色。GradientType 表示渐
变类型，0 为默认值，表示垂直渐变，1 表示水平渐变。

16.4　案例综合实战

本节将综合运用前面介绍的 Transition 和 Animation 动画功能，制作两个综合程度比较高
的示例，向读者展示如何综合运用本章介绍的动画功能，提升动画制作能力。

16.4.1　设计级联菜单

很多时候，在 Web 页的导航菜单中，也需要像 Windows 中的级联菜单一样，对显示的
菜单项进行分类。

Web 中级联菜单的设计方法有多种，一般使用 JavaScript 脚本来实现，也可以使用 CSS2
设计级联菜单，但兼容性比较差，在实际项目中使用较少。

本节将使用 CSS3 设计一个级联菜单，主要用到 text-shadow、radius-border 和 box--shadow
等属性。设计一个实用的级联菜单，不用添加任何 JavaScript 脚本。

本例综合运用 CSS3 渐变、文字阴影、圆角和盒子阴影等新技术，能够兼容主流的 IE、
Chrome、Firefox 和 Safari 浏览器。

【例 16-6】　级联菜单。

```
<!DOCTYPE html>
<html>
  <head>
        <meta charset="UTF-8">
        <title>级联菜单</title>
        <style type="text/css">
                body {
                        background: #ebebeb;
                        width: 900px;
                        margin: 20px auto;
                        color: #666;
                }
                a {
                        color: #333;
                }
                #nav {
                        margin: 0;
                        padding: 7px 6px 0;
                        line-height: 100%;
                        border-radius: 2em;
                        -webkit-border-radius: 2em;
                        -moz-border-radius: 2em;
                        -webkit-box-shadow: 0 1px 3px rgba(0, 0, 0, .4);
                        -moz-box-shadow: 0 1px 3px rgba(0, 0, 0, .4);
                        background: #8b8b8b;
                        /* for non-css3 browsers */
                        filter:progid:DXImageTransform.Microsoft.gradient(startColorstr='#a9a9a9',
                                endColorstr='#7a7a7a');
                        /* for IE */
                        background: -webkit-gradient(linear, left top, left bottom, from(#a9a9a9), to(#7a7a7a));
                        /* for webkit browsers */
                        background: -moz-linear-gradient(top, #a9a9a9, #7a7a7a);
                        /* for firefox 3.6+ */
                        border: solid 1px #6d6d6d;
                }
                #nav li {
                        margin: 0 5px;
                        padding: 0 0 8px;
                        float: left;
                        position: relative;
                        list-style: none;
                }
                /* main level link */
                #nav a {
                        font-weight: bold;
                        color: #e7e5e5;
                        text-decoration: none;
                        display: block;
```

```
            padding: 8px 20px;
            margin: 0;
            -webkit-border-radius: 1.6em;
            -moz-border-radius: 1.6em;
            text-shadow: 0 1px 1px rgba(0, 0, 0, .3);
    }
    /* main level link hover */
    #nav .current a,
    #nav li:hover>a {
            background: #d1d1d1;
            /* for non-css3 browsers */
            filter:progid:DXImageTransform.Microsoft.gradient(startColorstr='#ebebeb',
                endColorstr ='#a1a1a1');
            /* for IE */
            background: -webkit-gradient(linear, left top, left bottom, from(#ebebeb), to(#a1a1a1));
            /* for webkit browsers */
            background: -moz-linear-gradient(top, #ebebeb, #a1a1a1);
            /* for firefox 3.6+ */
            color: #444;
            border-top: solid 1px #f8f8f8;
            -webkit-box-shadow: 0 1px 1px rgba(0, 0, 0, .2);
            -moz-box-shadow: 0 1px 1px rgba(0, 0, 0, .2);
            box-shadow: 0 1px 1px rgba(0, 0, 0, .2);
            text-shadow: 0 1px 0 rgba(255, 255, 255, .8);
    }
    /* sub levels link hover */
    #nav ul li:hover a,
    #nav li:hover li a {
            background: none;
            border: none;
            color: #666;
            -webkit-box-shadow: none;
            -moz-box-shadow: none;
    }
    #nav ul a:hover {
            background: #0399d4 !important;
            /* for non-css3 browsers */
            filter:progid:DXImageTransform.Microsoft.gradient(startColorstr='#04acec',
                endColorstr='#0186ba');
            /* for IE */
            background: -webkit-gradient(linear, left top, left bottom, from(#04acec),
                to(#0186ba))!important;
            /* for webkit browsers */
            background: -moz-linear-gradient(top, #04acec, #0186ba) !important;
            /* for firefox 3.6+ */
            color: #fff !important;
            -webkit-border-radius: 0;
            -moz-border-radius: 0;
            text-shadow: 0 1px 1px rgba(0, 0, 0, .1);
    }
```

```css
/* level 2 list */
#nav ul {
    background: #ddd;
    /* for non-css3 browsers */
    filter:progid:DXImageTransform.Microsoft.gradient(startColorstr='#ffffff',
        endColorstr='#cfcfcf');
    /* for IE */
    background: -webkit-gradient(linear, left top, left bottom, from(#fff), to(#cfcfcf));
    /* for webkit browsers */
    background: -moz-linear-gradient(top, #fff, #cfcfcf);
    /* for firefox 3.6+ */
    display: none;
    margin: 0;
    padding: 0;
    width: 185px;
    position: absolute;
    top: 35px;
    left: 0;
    border: solid 1px #b4b4b4;
    -webkit-border-radius: 10px;
    -moz-border-radius: 10px;
    border-radius: 10px;
    -webkit-box-shadow: 0 1px 3px rgba(0, 0, 0, .3);
    -moz-box-shadow: 0 1px 3px rgba(0, 0, 0, .3);
    box-shadow: 0 1px 3px rgba(0, 0, 0, .3);
}
/* dropdown */
#nav li:hover>ul {
    display: block;
}
#nav ul li {
    float: none;
    margin: 0;
    padding: 0;
}
#nav ul a {
    font-weight: normal;
    text-shadow: 0 1px 1px rgba(255, 255, 255, .9);
}
/* level 3+ list */
#nav ul ul {
    left: 181px;
    top: -3px;
}
/* rounded corners for first and last child */
#nav ul li:first-child>a {
    -webkit-border-top-left-radius: 9px;
    -moz-border-radius-topleft: 9px;
    -webkit-border-top-right-radius: 9px;
    -moz-border-radius-topright: 9px;
```

```
        }
        #nav ul li:last-child>a {
                -webkit-border-bottom-left-radius: 9px;
                -moz-border-radius-bottomleft: 9px;
                -webkit-border-bottom-right-radius: 9px;
                -moz-border-radius-bottomright: 9px;
        }
        /* clearfix */
        #nav:after {
                content: ".";
                display: block;
                clear: both;
                visibility: hidden;
                line-height: 0;
                height: 0;
        }
        #nav {
                display: inline-block;
        }
        html[xmlns] #nav {
                display: block;
        }
        * html #nav {
                height: 1%;
        }
    </style>
</head>
<body>
<ul id="nav">
    <li class="current"><a href="#">首页</a></li>
    <li><a href="#">新闻　>></a>
        <ul>
            <li><a href="#">热点新闻</a></li>
            <li><a href="#">个性推荐　>></a>
                <ul>
                    <li><a href="#">国内要闻</a></li>
                    <li><a href="#">互联网科技>></a>
                        <ul>
                            <li><a href="#">虚拟现实</a></li>
                            <li><a href="#">人工智能</a></li>
                        </ul>
                    </li>
                </ul>
            </li>
        </ul>
    </li>
    <li><a href="#">汽车</a></li>
    <li><a href="#">房产</a></li>
</ul>
    </body>
```

```
            </html>
```

运行以上程序，效果如图 16-9 所示。

图 16-9　级联菜单效果

16.4.2　设计实用按钮

在 CSS3 出现之前，要在网页上使用效果比较丰富的按钮，需要由设计师通过 Photoshop 设计出来，然后裁切成图片，在网页中通过 img 元素插入图片按钮，或是作为背景图片。CSS3 出现之后，前端人员可以完全摆脱 Photoshop 设计，直接设计出效果丰富的按钮。

本节将通过 CSS3 来设计按钮，这种设计方法有如下优势：

- 不需要图片或 JavaScript 脚本。
- 能够兼容主流浏览器版本。

【例 16-7】　制作效果丰富的按钮。

```
<!DOCTYPE html>
<html>
  <head>
        <meta charset="UTF-8">
        <title>实用按钮</title>
<style type="text/css">
body {
    background: #ededed;
    margin: 30px auto;
    color: #999;
}
.button {
    display: inline-block;
    zoom: 1; /* zoom and *display = ie7 hack for display:inline-block */
    display: inline;
    vertical-align: baseline;
    margin: 0 2px;
    outline: none;
    cursor: pointer;
    text-align: center;
    text-decoration: none;
    font: 14px/100% Arial, Helvetica, sans-serif;
    padding: .5em 2em .55em;
    text-shadow: 0 1px 1px rgba(0, 0, 0, .3);
```

```
        -webkit-border-radius: .5em;
        -moz-border-radius: .5em;
        border-radius: .5em;
        -webkit-box-shadow: 0 1px 2px rgba(0, 0, 0, .2);
        -moz-box-shadow: 0 1px 2px rgba(0, 0, 0, .2);
        box-shadow: 0 1px 2px rgba(0, 0, 0, .2);
}
.button:hover { text-decoration: none; }
.button:active {
        position: relative;
        top: 1px;
}
.bigrounded {
        -webkit-border-radius: 2em;
        -moz-border-radius: 2em;
        border-radius: 2em;
}
.medium {
        font-size: 12px;
        padding: .4em 1.5em .42em;
}
.small {
        font-size: 11px;
        padding: .2em 1em .275em;
}
/* color styles: gray */
.gray {
        color: lightgray;
        border: solid 1px #333;
        background: #333;
        background: -webkit-gradient(linear, left top, left bottom, from(#666), to(#000));
        background: -moz-linear-gradient(top, #666, #000);
    filter:    progid:DXImageTransform.Microsoft.gradient(startColorstr='#666666', endColorstr='#000000');
}
.gray:hover {
        background: #0000FF;
        background: -webkit-gradient(linear, left top, left bottom, from(#444), to(#000));
        background: -moz-linear-gradient(top, #444, #000);
    filter:    progid:DXImageTransform.Microsoft.gradient(startColorstr='#444444', endColorstr='#000000');
}
.gray:active {
        color: white;
        background: -webkit-gradient(linear, left top, left bottom, from(#000), to(#444));
        background: -moz-linear-gradient(top, #000, #444);
    filter:    progid:DXImageTransform.Microsoft.gradient(startColorstr='#000000', endColorstr='#666666');
}
</style>
</head>
```

```
<body>
<div>
    <a href="#" class="button gray">圆角按钮</a>
    <a href="#" class="button gray bigrounded">大号按钮</a>
    <a href="#" class="button gray medium">中号按钮</a>
    <a href="#" class="button gray small">小号按钮</a> <br />
</div>
</body>
</html>
```

运行以上程序，效果如图 16-10 所示。

图 16-10　按钮效果

16.5　本章小结

　　本章主要介绍了 CSS3 中的动画功能。CSS3 中的动画功能主要包括 Transitions 和 Animations，这两种功能都可以用来制作动画效果。其中，Transitions 功能支持从一个属性值平滑过渡到另一个属性值，方便用来制作颜色渐变和形状渐变动画。例如，利用 Transitions 功能，通过改变 background-color 属性的来让背景色从一种颜色平滑过渡到另一种颜色。Animations 功能则支持通过对关键帧的指定来在页面上产生更复杂的动画效果，方便制作逐帧动画。通过本章的学习，读者应能掌握过渡动画的制作方法，掌握过渡属性、过渡时间、过渡延迟时间、过渡效果的设置操作；掌握 3D 动画的制作方法，掌握动画名称、动画时间、动画播放方式、动画延迟时间、动画播放次数以及动画播放方向的设置操作；掌握渐变效果的制作方法，包括 WebKit 渐变、Mozilla 渐变、Opera 渐变和 IE 渐变；能够应用 CSS3 的动画功能制作具有一定综合程度的动画效果。

16.6　思考和练习

　　1. 在 CSS3 中，过渡动画通过哪个属性来实现？请通过定义过渡属性、过渡时间、过渡延迟时间、过渡效果来实现一个过渡动画。

　　2. 在 CSS3 中，3D 动画通过哪个属性来实现？在制作 3D 动画时，有哪些常用属性需要设置，请以示例进行说明。

　　3. 请将例 16-5 中的程序敲一遍，在 Chrome 浏览器中运行并观看效果。

　　4. 请将例 16-6 中的程序敲一遍，在 Chrome 浏览器中运行并观看效果。

　　5. 请将例 16-7 中的程序敲一遍，在 Chrome 浏览器中运行并观看效果。

第17章　网页布局

Web 页面布局是指对页面中的标题、导航栏、主要内容、脚注、表单等各种构成元素进行合理排版。过去的 CSS 版本主要使用 float 或 position 属性来对页面中的元素进行布局，这些布局方法存在一些缺陷。譬如，如果两栏或多栏中元素的内容高度不同，底部将难以对齐。CSS3 追加了一些新的布局方式，克服了这些缺陷，还可以快捷地对页面中的元素做更复杂的布局。

本章对 CSS3 常用布局方式进行介绍，主要包括多栏布局和盒布局。这两种布局方式受到 Firefox、Safari 以及 Chrome 浏览器的支持。

本章学习目标：

- 掌握 CSS3 多栏布局功能的使用方法，了解多栏布局的使用场合
- 掌握 CSS3 盒布局功能的使用方法，了解盒布局的使用场合，以及盒布局和多栏布局的区别
- 掌握 CSS3 中弹性盒布局的基本概念以及使用方法
- 了解弹性盒布局的布局原理

17.1　多栏布局

在 CSS3 多列布局功能出现之前，如果想让文本呈多列显示，要么使用绝对定位，手动给文本分段落，要么使用 JavaScript 脚本进行控制等。

CSS3 中新增的多栏布局功能是对传统网页中块状布局模式的有力扩充。多栏布局功能可以方便开发人员将文本排版成多列，实现报纸那样的多栏效果，如图 17-1 所示。

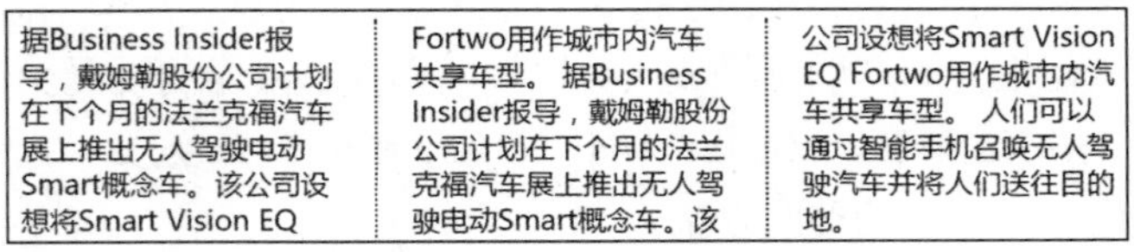

> 据Business Insider报导，戴姆勒股份公司计划在下个月的法兰克福汽车展上推出无人驾驶电动Smart概念车。该公司设想将Smart Vision EQ
>
> Fortwo用作城市内汽车共享车型。据Business Insider报导，戴姆勒股份公司计划在下个月的法兰克福汽车展上推出无人驾驶电动Smart概念车。该
>
> 公司设想将Smart Vision EQ Fortwo用作城市内汽车共享车型。人们可以通过智能手机召唤无人驾驶汽车并将人们送往目的地。

图 17-1　多列排版效果

我们知道，当一行文字太长时，读者读起来就比较费劲，容易读错行或读串行；当视点从文档的一侧移到另一侧，然后视线转换到下一行的行首时，如果眼球移动距离过大，注意力就会减退。因此，对于大屏幕显示器，在进行页面设计时，需要限制文本行的宽度，将文本多列呈现，就像报纸上的新闻排版一样。

CSS3 的 column 属性包括 6 个子属性：column-width、column-count、column-gap、column-rule、column-span 和 column-fill。

17.1.1　设置列宽和列数

column-width 子属性用于给列定义最小宽度。默认值为 auto，表示将根据 column-count 子属

性指定的数目计算列宽。column-count 子属性用于指定文本显示的列数。

在实际应用中，通常将这两个参数放在 columns 中一起指定。例如，columns:auto 4;实现的是图 17-1 所示的 4 栏效果，这行代码将 div 元素中的内容分成 4 列显示，根据 div 元素的宽度 640px，均分列宽为 160px(包括列间距)。

【例 17-1】 多栏布局的制作。

HTML 页面代码如下：

```
<b>width: 50%; columns: auto 4; (固定 4 列)</b>
<div class="wrapper1">
    <p>2017 年 9 月 10 日，中国无锡，太湖之滨。2017 第二届世界物联网博览大会再次成为全球物
联网行业瞩目之地。</p>
    <p>本届物博会为期 4 天(9 月 10 日至 13 日)，将围绕 "物联世界、共创未来" 的主题举行 1 场主
会议、10 场高峰论坛、1 场物联网应用和产品展览展示等 8 场系列活动，对于推动物联网发展、促进产
业转型升级具有重要意义。</p>
    <p>据了解，物联网应用和产品展览展示会作为 2017 世界物联网博览会的重要组成部分，共有来
自中、美、英、法、德、日、意等 21 个国家和地区的参展企业 522 家，特装独立展位达到 158 家。</p>
    <p>江苏省委书记李强在今天上午举行的物联网无锡峰会上对物联网发展发表讲话，表示要让物联
网发展的朝阳喷薄而出。会议由江苏省长吴政隆主持。阿里巴巴、华为等企业家代表也进行了讲话。</p>
</div>
```

CSS 样式代码如下：

```
p {
    padding: 0;
    margin: 0;
}
div {
    width: 50%;
    border: 1px solid #ccc;
    padding: 5px;
}
.wrapper1 {
    -moz-columns: auto 4;
    -webkit-columns: auto 4;
    columns: auto 4;
}
```

运行程序，效果如图 17-2 所示。

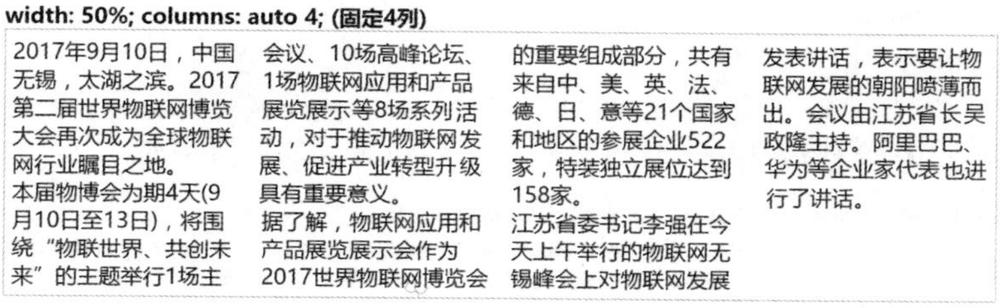

width: 50%; columns: auto 4; (固定4列)

2017年9月10日，中国无锡，太湖之滨。2017第二届世界物联网博览大会再次成为全球物联网行业瞩目之地。本届物博会为期4天(9月10日至13日)，将围绕 "物联世界、共创未来" 的主题举行1场主

会议、10场高峰论坛、1场物联网应用和产品展览展示等8场系列活动，对于推动物联网发展、促进产业转型升级具有重要意义。据了解，物联网应用和产品展览展示会作为2017世界物联网博览会

的重要组成部分，共有来自中、美、英、法、德、日、意等21个国家和地区的参展企业522家，特装独立展位达到158家。江苏省委书记李强在今天上午举行的物联网无锡峰会上对物联网发展

发表讲话，表示要让物联网发展的朝阳喷薄而出。会议由江苏省长吴政隆主持。阿里巴巴、华为等企业家代表也进行了讲话。

图 17-2　多栏布局效果

在这个页面中，外层 div 元素的宽度为 640px，通过计算后得到的列宽也是固定的，无论如何缩放浏览器窗口的大小，都是固定 4 列。

这样固定列宽显然不够灵活。如果想要根据窗口尺寸自适应，当改变窗口宽度时，列数

递减，随着窗口拉宽，栏数也从 1 栏递增到 4 栏。如何操作呢？可以尝试将外层 div 从固定宽度(width: 640px;)改成动态宽度(width: 50%;)，columns-width 不能同时为 auto，否则会根据 div 元素的动态宽度得到列宽，仍然固定为 4 列。所以，columns-width 需要为固定值。

【例 17-2】 根据窗口宽度大小来确定文本显示的栏数。

HTML 页面代码如下：

```
<b>width: 50%; columns: 100px 4;   (根据窗口大小动态改变列数)</b>
<div class="wrapper2">
    <p>2017 年 9 月 10 日，中国无锡，太湖之滨。2017 第二届世界物联网博览大会再次成为全球物联网行业瞩目之地。</p>
    <p>本届物博会为期 4 天(9 月 10 日至 13 日)，将围绕"物联世界、共创未来"的主题举行 1 场主会议、10 场高峰论坛、1 场物联网应用和产品展览展示等 8 场系列活动，对于推动物联网发展、促进产业转型升级具有重要意义。</p>
    <p>据了解，物联网应用和产品展览展示会作为 2017 世界物联网博览会的重要组成部分，共有来自中、美、英、法、德、日、意等 21 个国家和地区的参展企业 522 家，特装独立展位达到 158 家。</p>
    <p>江苏省委书记李强在今天上午举行的物联网无锡峰会上对物联网发展发表讲话，表示要让物联网发展的朝阳喷薄而出。会议由江苏省长吴政隆主持。阿里巴巴、华为等企业家代表也进行了讲话。</p>
</div>
```

CSS 样式代码如下：

```
p {
  padding: 0;
  margin: 0;
}
div {
  width: 50%;
  border: 1px solid #ccc;
  padding: 5px;
}
.wrapper1 {
  -moz-columns: auto 4;
  -webkit-columns: auto 4;
  columns: auto 4;
}
.wrapper2 {
  -moz-columns: 150px 4;
  -webkit-columns: 150px 4;
  columns: 150px 4;
}
```

运行程序，效果如图 17-3 所示。可以看到，初始显示效果为 4 列。

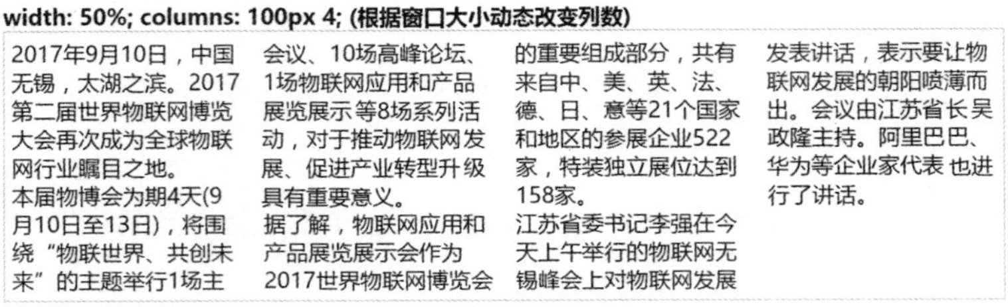

图 17-3　程序运行初始效果

当改变窗口大小时，例如将窗口宽度变窄，内容显示列数将变少，如图 17-4 所示。

图 17-4　根据窗口宽度变化动态改变内容显示列数

17.1.2　设置列间距

默认情况下，浏览器根据列数和列宽来计算出列间距。但在实际项目中，默认列间距用得比较少，更多时候需要指定列间距。

在 CSS3 的多栏布局中，column-gap 子属性用来指定列间距，默认值为 normal，相当于 1em。需要注意的是，如果 column-gap 与 column-width 加起来大于总宽度，就无法显示 column-count 指定的列数，会由浏览器自动调整列数和列宽。

17.1.3　设置列边框

由于浏览器宽度有限，当列数过多时，列与列之间的间隔会比较窄，密密麻麻，不方便阅读。这时候可以在列与列之间设置一条边框线，使版面看起来更清晰。

column-rule 用于设置列边框，类似于 border，区别是不占用任何空间，因此设置 column-rule 不会导致列宽的变化。另外，如果边框宽度大于 column-gap 列间距，将不会显示边框。column-rule 的语法和 border 类似，例如 column-rule:1px solid #000;。

【例 17-3】　为多栏布局添加分隔线。

HTML 代码和例 17-2 相同。CSS 代码如下：

```
    ......
    .wrapper3 {
            -moz-columns: auto 4;
            -webkit-columns: auto 4;
            columns: auto 4;
            -moz-column-rule: 1px solid #f00;
            -webkit-column-rule: 1px solid #f00;
            column-rule: 1px solid #f00;
    }
```

运行程序，效果如图 17-5 所示。可以看到，多栏布局之间多了红色的分隔线。

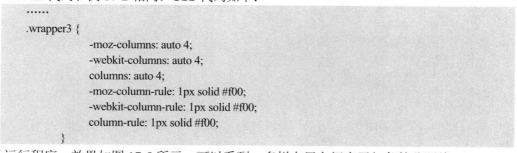

图 17-5　添加分隔线之后的效果

17.1.4　设置跨列标题

很多时候，一篇文章需要以多栏的方式显示内容，但有共同的标题，而标题不属于任何一列，标题是所有内容的标题。因此，在排版时，经常将标题放在顶部并跨列显示。

在 CSS3 的多栏布局中，跨列显示通过 column-span 子属性来实现。column-span 子属性有两个取值：默认值 none 表示不跨列，all 表示跨越所有列。例如，文章标题可以设成 all 来跨列。

【例 17-4】　标题跨列显示。

HTML 代码如下：

```
<b>h3:column-span: all;　(Firefox No support)</b>
<div class="wrapper1">
<h3>2017 第二届世界物联网博览大会</h3>
<p>2017 年 9 月 10 日，中国无锡，太湖之滨。2017 第二届世界物联网博览大会再次成为全球物联网行业瞩目之地。</p>
<p>本届物博会为期 4 天(9 月 10 日至 13 日)，将围绕"物联世界、共创未来"的主题举行 1 场主会议、10 场高峰论坛、1 场物联网应用和产品展览展示等 8 场系列活动，对于推动物联网发展、促进产业转型升级具有重要意义。</p>
<p>据了解，物联网应用和产品展览展示会作为 2017 世界物联网博览会的重要组成部分，共有来自中、美、英、法、德、日、意等 21 个国家和地区的参展企业 522 家，特装独立展位达到 158 家。</p>
<p>江苏省委书记李强在今天上午举行的物联网无锡峰会上对物联网发展发表讲话，表示要让物联网发展的朝阳喷薄而出。会议由江苏省长吴政隆主持。阿里巴巴、华为等企业家代表也进行了讲话。</p>
</div>
```

CSS 代码如下：

```
.wrapper1 {
    -moz-columns: auto 4;
    -webkit-columns: auto 4;
    columns: auto 4;
}
h3 {
    margin: 0;
    text-align: center;
    border-bottom: 2px solid #ccc;
    -moz-column-span: all;
    -webkit-column-span: all;
    column-span: all;
}
```

运行程序，效果如图 17-6 所示。可以看到，标题"2017 第二届世界物联网博览大会"横跨了 4 列。

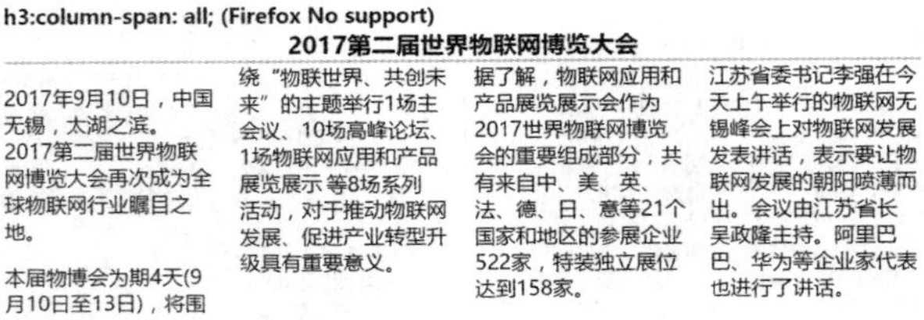

图 17-6　标题跨列效果

17.1.5　统一列高

column-fill 子属性用于统一列高。默认值为 auto，各列的高度随内容自动调整；当设置为 balance 时，所有列的高度都设为最高的列高。

【例 17-5】 统一列高。

HTML 页面代码如下：

```
<b>column-fill: balance;</b>
<div class="wrapper4">
        <p>2017 年 9 月 10 日，中国无锡……</p>
        <p>本届物博会为期 4 天(9 月 1……</p>
        <p>据了解，物联网应用和产……</p>
        <p>江苏省委书记李强在今……</p>
</div>
```

CSS 代码如下：

```
.wrapper4 {
        -moz-columns: auto 4;
        -webkit-columns: auto 4;
        columns: auto 4;
        -webkit-column-fill: balance;
        -moz-column-fill: balance;
        column-fill: balance;
}
```

运行程序，效果如图 17-7 所示。从图 17-7 中可知，统一列高之后，当最后一栏的内容不满栏时，将以空白填补，直到和其他列的高度相同。

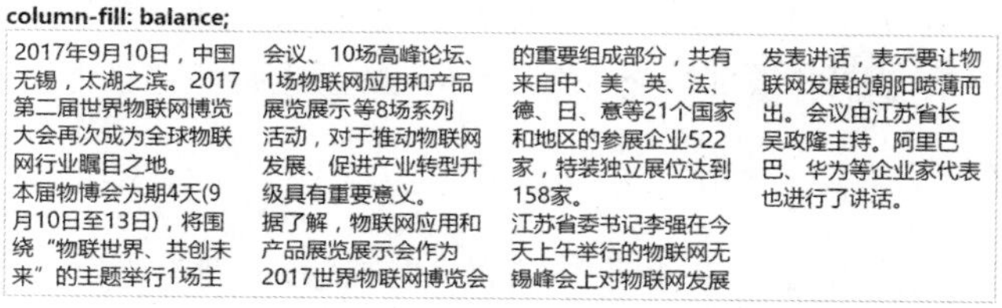

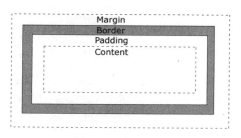

图 17-7　统一列高效果

17.2　盒布局

17.2.1　CSS 盒子模型

　　所有 HTML 元素都可以看作盒子。在 CSS 中，"盒子模型"这一术语用在设计和布局中。

　　CSS 盒子模型本质上是一个盒子，用来封装 HTML 元素，包括边距、边框、填充和实际内容。盒子模型允许开发人员在其他元素和周围元素边框之间的空间放置元素。盒子模型的结构如图 17-8 所示，其中，各部分的含义如下：

● Margin(外边距)：边框外的区域，外边距

图 17-8　盒子模型

是透明的。

- Border(边框)：围绕在内边距和内容外的边框。
- Padding(内边距)：内容到边框之间的区域，内边距是透明的。
- Content(内容)：盒子的内容区域，显示文本和图像。

要想掌握盒子布局的方法，必须先知道盒子模型的工作原理。默认情况下，指定 CSS 元素的宽度和高度，只是设置了内容区域的宽度和高度。要知道，HTML 页面的完整大小还包括填充、边框和边距。

例如，下面的例子中元素的总宽度为 300px：

```
div {
    width: 300px;
    border: 25px solid green;
    padding: 25px;
    margin: 25px;
}
```

实际宽度为：300px(宽度)+ 50px(左右填充)+ 50px(左右边框)+ 50px(左右边距)= 450px。因此，若只有 250 像素的空间，要设置总宽度为 250 像素的元素，代码如下：

```
div {
    width: 220px;
    padding: 10px;
    border: 5px solid gray;
    margin: 0;
}
```

由此可得，元素的总宽度和总高度计算公式如下：

元素的总宽度=宽度+左填充+右填充+左边框+右边框+左边距+右边距

元素的总高度=高度+顶部填充+底部填充+上边框+下边框+上边距+下边距

17.2.2　使用盒布局

在 CSS3 中，通过 box 属性来使用盒布局。在 Firefox 浏览器中，书写成-moz-box；在 Chrome、Safari 或 Opera 浏览器中，书写成-webkit-box。下面首先介绍使用传统 float 属性布局页面的缺陷，然后介绍使用盒布局的好处。

【例 17-6】　使用 float 属性进行页面布局。

```
<head>
    <meta charset="UTF-8">
    <title>盒布局</title>
    <style>
        #left-sidebar {
            float: left;
            width: 200px;
            padding: 20px;
            background-color: orange;
        }
        #content{
            float: left;
            width:300px;
```

```
            padding: 20px;
            background-color: yellow;
        }
        #right-sidebar{
            float: left;
            width: 200px;
            padding: 20px;
            background-color: limegreen;
        }
        #left-sidebar,#content,#right-sidebar{
            box-sizing: border-box;
        }
    </style>
</head>
<body>
    <div id="container">
        <div id="left-sidebar">
            <h2>左侧边栏</h2>
            <ul>
                <li><a href="#">超链接</a></li>
                <li><a href="#">超链接</a></li>
                <li><a href="#">超链接</a></li>
                <li><a href="#">超链接</a></li>
                <li><a href="#">超链接</a></li>
            </ul>
        </div>
        <div id="content">
            <h2>正文内容</h2>
            <p>2017 年 9 月 10 日，中国无锡，太湖之滨。2017 第二届世界物联网博览大会
再次成为全球物联网行业瞩目之地。本届物博会为期 4 天(9 月 10 日至 13 日)，将围绕"物联世界、共
创未来"的主题举行 1 场主会议、10 场高峰论坛、1 场物联网应用和产品展览展示等 8 场系列活动，对
于推动物联网发展、促进产业转型升级具有重要意义。据了解，物联网应用和产品展览展示会作为 2017
世界物联网博览会的重要组成部分，共有来自中、美、英、法、德、日、意等 21 个国家和地区的参展
企业 522 家，特装独立展位达到 158 家。江苏省委书记李强在今天上午举行的物联网无锡峰会上对物联
网发展发表讲话，表示要让物联网发展的朝阳喷薄而出。会议由江苏省长吴政隆主持。阿里巴巴、华为
等企业家代表
            </p>
        </div>
        <div id="right-sidebar">
            <h2>右侧边栏</h2>
            <ul>
                <li><a href="#">超链接</a></li>
                <li><a href="#">超链接</a></li>
                <li><a href="#">超链接</a></li>
            </ul>
        </div>
    </div>
</body>
    ……
```

运行程序，效果如图 17-9 所示。从图 17-9 中可以看出，div 元素的大小默认由其内容多少而定。当 3 个 div 元素中的内容大小不一样时，这 3 个 div 元素的大小便不一样。如果想要这 3 个 div 元素具有相同的高度，那么需要在经过计算之后，为这 3 个 div 元素指定相同的宽高值。

图 17-9　使用 float 属性布局的效果

下面使用 CSS3 的盒布局来修改上面的例子，看看效果如何。

【例 17-7】　使用盒布局修改例 17-6 中的样式。

```
<style>
#container{
    display: -moz-box;
    display: -webkit-box;
}
#left-sidebar {
    width: 200px;
    padding: 20px;
    background-color: orange;
}
#content{
    width:300px;
    padding: 20px;
    background-color: yellow;
}
#right-sidebar{
    width: 200px;
    padding: 20px;
    background-color: limegreen;
}
#left-sidebar,#content,#right-sidebar{
    box-sizing: border-box;
}
</style>
```

运行程序，效果如图 17-10 所示。将该图与图 17-8 比较，可以看出，使用 float 属性进行布局时，左右两栏或多栏中，div 元素由于内容大小不一样，导致 div 高度不一致，因此底部无法对齐。改为 CSS3 的盒布局之后，这个问题就解决了。

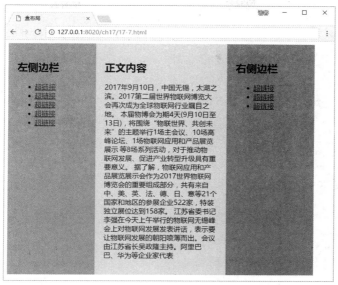

图 17-10　使用盒布局修改例 17-6 之后的效果

17.2.3　盒布局和多栏布局的区别

盒布局和多栏布局的区别在于：使用多栏布局时，各栏的宽度必须是相等的，在指定每栏的宽度时，也只能为所有栏指定统一的宽度。另外，使用多栏布局时，也不可能具体指定什么栏中显示什么内容，因此比较适合在显示文章内容的时候使用，不适合用来安排整个网页中由各元素组成的网页结构。

17.3　弹性盒布局

在实际项目中，网站的布局要比我们想象的复杂，光靠前面介绍的多栏布局和盒布局还远远不够。本节将介绍一种更为灵活的布局——弹性盒布局。这也是 CSS3 中新增的一种布局方式。

17.3.1　对多个元素使用 flex 属性

在上一节介绍的盒布局中，对代表左侧边栏、中间内容栏、右侧边栏的 3 个 div 元素的宽度都进行了设定。要想让这 3 个 div 元素的总宽度等于浏览器窗口的宽度，而且能够随着窗口宽度的改变而改变，应该怎么设置呢？

在使用 float 或 position 属性时，需要使用包括负外边距在内的比较复杂的指定方法才能够达到这个要求；但是如果使用盒布局，只需要使用 flex 属性，使盒布局变为弹性盒布局即可。

下面针对例 17-7，对样式代码进行修改，将表示左侧边栏和右侧边栏的两个 div 元素的宽度指定为 200px，在表示中间内容的 div 元素的样式代码中去掉原来的指定宽度为 300px 的样式代码，改用 flex 属性指定。

【例 17-8】 使用弹性盒布局进行页面排版。

```
#container{
        display: flex;
}
#left-sidebar {
        width: 200px;
        padding: 20px;
        background-color: orange;
}
#content{
        flex: 1;
        padding: 20px;
        background-color: yellow;
}
#right-sidebar{
        width: 200px;
        padding: 20px;
        background-color: limegreen;
}
#left-sidebar,#content,#right-sidebar{
        box-sizing: border-box;
}
```

运行程序，效果如图 17-11 所示。从图 17-11 中可以看出，随着窗口宽度变大，中间正文内容的 div 元素会自动拉伸，填满宽度；如果窗口宽度变小，中间的正文内容会自动缩减显示区域。

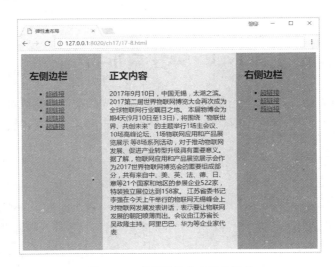

图 17-11　使用弹性盒布局的效果

17.3.2　设置元素的显示顺序

使用弹性盒布局时，可以通过 order 属性来改变各元素的显示顺序。可以在每个元素的样式中加入 order 属性,浏览器在显示元素的时候将根据 order 属性的值,按从小到大的顺序排列。

【例 17-9】 设置元素的显示顺序。

HTML 页面代码与例 17-6 相同。CSS 样式代码如下:

```
<style>
#container{
        display: flex;
}
#left-sidebar {
        width: 200px;
        padding: 20px;
        background-color: orange;
}
#content{
        order: 1;
        flex: 1;
        padding: 20px;
        background-color: yellow;
}
#right-sidebar{
        order: 2;
        width: 200px;
        padding: 20px;
        background-color: limegreen;
}
#left-sidebar,#content,#right-sidebar{
        box-sizing: border-box;
}
</style>
```

运行以上程序,效果如图 17-12 所示。可以看到,虽然没有改变页面代码,但是通过使用 order 属性,直接改变了元素的显示顺序。这样,页面元素的显示次序再也不受书写顺序的约束,使得排版更灵活。

图 17-12 改变元素显示顺序后的效果

17.3.3　设置元素的排列方向

使用弹性盒布局时，可以方便地指定多个元素的排列方向，主要使用 flex-direction 属性来实现。该属性的取值包括如下 4 个：

- row：默认值，横向排列。
- row-reverse：横向反向排列。
- column：纵向排列。
- column-reverse：纵向反向排列。

例如，针对例 17-9，可以对样式代码做如下修改：在 id 为 container 的容器元素中加入 flex-direction 属性，并设置属性值为 column(表示纵向排列)，代码示例中代表左侧边栏、中间内容、右侧边栏的 3 个 div 元素的排列方向为垂直方向。

【例 17-10】　改变元素的排列方向。

HTML 页面代码与例 17-6 相同。在 CSS 样式代码中，将 container 的样式修改为如下所示：

```
#container{
        display: flex;
        flex-direction: column;
    }
    ……
```

运行程序，效果如图 17-13 所示。可以看出，页面上的 div 元素按照显示顺序进行了垂直排列。

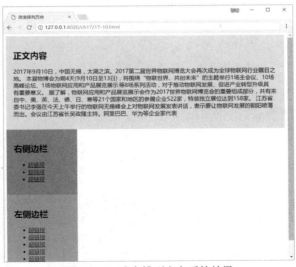

图 17-13　改变排列方向后的效果

17.3.4　定义宽高自适应

使用盒布局时，元素的宽度和高度具有自适应性，即元素的宽度和高度可以根据排列方向的改变而改变。通过例 17-11 可以清楚地看出此特性。示例中有一个容器元素，这个容器元素中有 3 个 div 元素，但只对容器元素指定了宽度和高度。从运行结果中可以看出，当排列方向被指定为水平方向排列时，3 个 div 元素的宽度为元素中内容元素的宽度；高度自动变为容器元素的高度；当排列方向被指定为垂直方向排列时，3 个 div 元素的高度为元素中内容的高度，宽度自动变为容器元素的宽度。

【**例 17-11**】　元素宽度和高度的自适应。

```
......
        <style type="text/css">
        #container{
                display: flex;
                width: 500px;
                height: 300px;
                flex-direction: row;
                border: solid 3px green;
            }
        #a-area {
                background-color: blue;
            }
        #b-area{
                background-color: yellowgreen;
            }
        #c-area{
                background-color: green;
            }
        #a-area,#b-area,#c-area{
                box-sizing: border-box;
                font-size: 1.5em;
                color: white;
                font-weight: bold;
            }
        </style>
......
  <body>
        <div id="container">
            <div id="a-area"><h3>A 区域</h3></div>
            <div id="b-area"><h3>B 区域</h3></div>
            <div id="c-area"><h3>C 区域</h3></div>
        </div>
  </body>
```

运行以上代码，效果如图 17-14 所示，元素的排列方向被设置为水平排列。

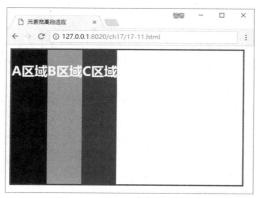

图 17-14　水平方向排列效果

对示例代码稍作修改，将容器元素的样式代码中的排列方向改为垂直方向，样式代码如下：

```
#container{
        display: flex;
        width: 500px;
        height: 300px;
        flex-direction: column;
        border: solid 3px green;
    }
```

运行代码，元素按垂直方向排列后，效果如图 17-15 所示。

图 17-15　元素垂直排列的自适应效果

从图 17-14 和图 17-15 可以看出，虽然对页面使用了盒布局，使得元素的高度和宽度具有一定的自适应，但容器总是会空出一大片空白区域，用户体验非常不好。

17.3.5　消除空白

本节针对上一节提出的空白问题，改用弹性盒布局来解决，使得页面中多个元素的总宽度和总高度始终等于容器的宽度和高度。

【例 17-12】　消除空白。

HTML 页面代码与上一节的示例一样，CSS 样式代码如下：

```
<style type="text/css">
#container{
        display: flex;
        width: 500px;
        height: 300px;
        flex-direction: row;
        border: solid 3px green;
    }
    #a-area {
        background-color: blue;
    }
    #b-area{
        background-color: yellowgreen;
        flex: 1;
```

```
        }
    #c-area{
            background-color: green;
        }
    #a-area,#b-area,#c-area{
            box-sizing: border-box;
            font-size: 1.5em;
            color: white;
            font-weight: bold;
        }
    </style>
```

以上代码在中间那个 div 元素的样式代码中加入 flex 属性。运行程序，效果如图 17-16 所示。

将排列方向改为垂直方向，运行程序，效果如图 17-17 所示。

图 17-16 使用弹性盒布局后的元素排列效果

图 17-17 改为垂直排列后的元素排列效果

从图 17-16 和图 17-17 可以看出，如果使用弹性盒布局，使用了 box-flex 属性的元素的宽度和高度总会自动扩大，使得元素的总宽度和总高度始终等于容器元素的高度和宽度。

17.3.6 灵活使用 flex 属性

1. 对多个元素使用 flex 属性

前面的示例都只对一个元素使用 flex 属性，使其宽度和高度自动扩大，让浏览器和容器中所有元素的总宽度或总高度等于浏览器或容器的宽度或高度。在 CSS3 中，也可以对多个元素使用 flex 属性。例如，下面的例 17-13 为例 17-12 所示容器中的前两个 div 元素的样式代码使用 flex 属性，元素排列方向为垂直排列。

【例 17-13】 对多个元素使用 flex 属性。

HTML 页面结构不变。CSS 样式代码如下：

```
    #container{
            display: flex;
            width: 500px;
            height: 300px;
            border: solid 5px green;
            flex-direction: column;
```

```
    }
    #a-area {
            background-color: blue;
            flex: 1;
    }
    #b-area{
            background-color: yellowgreen;
            flex: 1;
    }
    #c-area{
            background-color: green;
    }
```

运行程序，效果如图 17-18 所示。可以看出，前两个 div 元素的高度都自动扩大了，并且前两个 div 元素的高度保持相等，而第三个 div 元素的高度仍保持为元素内容的高度。

如果在 3 个 div 元素的样式代码中都使用 flex 属性，那么每个 div 元素的高度就等于容器高度的三分之一，如图 17-19 所示。

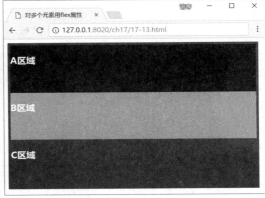

图 17-18　对多个元素使用 flex 属性后的效果　　　　图 17-19　对 3 个 div 元素使用 flex 属性的效果

到目前为止，我们为元素设置 flex 属性时，都是设置为 1。如果设置的属性值大于 1，显示效果如何？

【例 17-14】 将元素的 flex 属性值设置为大于 1 的值。

```
    #container{
        display: flex;
        width: 500px;
        height: 300px;
        border: solid 5px green;
        flex-direction: column;
        color:white;
        }
    #a-area {
        background-color: blue;
        flex: 2;
    }
    #b-area{
```

```
    background-color: yellowgreen;
    flex: 1;
  }
  #c-area{
    background-color: green;
    flex: 1;
  }
```

以上代码将容器的高度修改为 200px，在每个 div 子元素的样式代码中均使用 flex 属性，但是将第一个 div 元素的 flex 属性设定为 2，其他两个 div 子元素的 flex 属性仍保留为 1，元素排列方向为垂直排列。运行代码，效果如图 17-20 所示。

图 17-20　flex 属性值大于 1 的效果

从图 17-20 中可看出，第一个 div 子元素的高度并不等于其他两个 div 子元素的两倍。flex 属性的属性值的正确含义如图 17-21 所示。

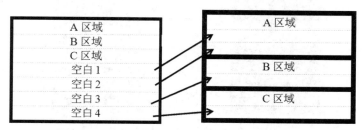

图 17-21　容器空白部分按元素的 flex 属性值分配

2. flex-grow 属性

可以使用 flex-grow 属性来指定元素的宽度和高度，但是该属性对元素宽度的计算方法与 flex 属性有所不同。

【例 17-15】　使用 flex-grow 属性指定元素的宽度和高度。

```
  <style type="text/css">
  #container{
    display: flex;
    width: 600px;
    height: 300px;
    border: solid 5px green;
```

```
    flex-direction: row;
    color:white;
    }
  #a-area {
    background-color: blue;
  }
  #b-area{
    background-color: yellowgreen;
  }
  #c-area{
    background-color: green;
  }
  #a-area,#b-area,#c-area{
    box-sizing: border-box;
    font-size: 1.5em;
    font-weight: bold;
    width: 150px;
    flex-grow: 1;
  }
  </style>
```

在以上代码中，将所有 div 子元素的 flex-grow 属性设置为 1，宽度为 150px。指定第二个 div 子元素的 flex-grow 属性为 3，元素排列方向为水平方向，将容器元素的宽度修改为 600px。运行代码，效果如图 17-22 所示。

图 17-22　指定 flex-grow 属性后的效果

在本例中，当使用 flex-grow 属性计算元素宽度的时候，计算步骤如下：

(1) 容器宽度(600px)−153(每个 div 子元素的宽度)×3=150px。

(2) 3 个 div 子元素的宽度的 flex-grow 属性值之和：150÷5=30px。

(3) 第一个和第三个 div 子元素的宽度均等于：width 属性值 150+flew-grow 属性值 30×1=180px。

(4) 同理，第二个 div 子元素的宽度等于 150+30×3=240px。

3. flex-shrink 属性

可以使用 flex-shrink 属性来指定元素的宽度或高度，该属性和 flex-grow 属性的区别在于：当元素排列方向为横向排列时，如果子元素的 width 属性值之和小于容器元素的宽度，就必须通过 flex-grow 属性来调整子元素的宽度；如果子元素的 width 属性值之和大于容器元素的宽度，就必须通过 flex-shrink 属性来调整子元素的宽度；当元素排列方向为纵向排列时，如果子元素的 height 属性值之和小于容器元素的高度，就必须通过 flex-grow 属性来调整子元素的高度；如果子元素的 height 属性值之和大于容器元素的高度，就必须通过 flex-shrink 属性来调整子元素的高度。

【例 17-16】　使用 flex-shrink 属性指定元素的宽度。

```
<style type="text/css">
        #container{
                display: flex;
                width: 600px;
                height: 300px;
                border: solid 5px green;
                flex-direction: row;
                color:white;
                }
        #a-area {
                background-color: blue;
        }
        #b-area{
                background-color: yellowgreen;
                flex-shrink: 3;
        }
        #c-area{
                background-color: green;
        }
        #a-area,#b-area,#c-area{
                box-sizing: border-box;
                font-size: 1.5em;
                font-weight: bold;
                width: 250px;
                flex-shrink: 1;
        }
</style>
```

运行以上代码，效果如图 17-23 所示。本例指定所有 div 子元素的 flex-shrink 属性值为 1，宽度为 250px，指定第二个 div 子元素的 flex-shrink 属性值为 3。

图 17-23　使用 flex-shrink 属性指定元素的宽度

在本例中，当使用 flex-shrink 属性计算元素的宽度时，计算步骤如下：

(1) 3 个 div 子元素宽度的总和-容器宽度：250×3-600=150px。

(2) 3 个 div 子元素宽度的 flex-shrink 属性值总和：150÷5=30px。

(3) 第一个和第三个 div 子元素的宽度等于其 width 属性值-其他 flex-shrink 属性值：250-30×1=220px。

(4) 第二个 div 子元素的宽度等于其 width 属性值-其 flex-shrink 属性值：250-30×3=160px。

在使用 flew-grow 或 flex-shrink 属性调整子元素的宽度时，也可以使用 flex-basis 属性指定调整前子元素的宽度，该属性和 width 属性的作用相同。

可以将 flex-grow、flex-shrink 以及 flex-basis 属性值合并写入 flex 属性中，语法格式如下：

```
flex:flex-grow 属性值  flex-shrink 属性值  flex-basis 属性值;
```

以上 3 个属性均为可选属性，当不指定 flex-grow 和 flex-shrink 属性时，默认为 1px；当不指定 flex-basis 属性时，默认为 0。

17.3.7　控制换行方向

使用 flex-wrap 属性来指定单行布局或多行布局。该属性的取值有 nowrap(不换行)、wrap(换行)和 wrap-reverse 共 3 个。

【例 17-17】 flex-wrap 属性的使用。

```
style type="text/css">
  #container{
        display: flex;
        width: 500px;
        height: 300px;
        border: solid 5px green;
        flex-direction: row;
        color:white;
        flex-wrap: wrap;
        }
  #a-area {
        background-color: blue;
  }
  #b-area{
        background-color: yellowgreen;
  }
  #c-area{
        background-color: green;
  }
  #a-area,#b-area,#c-area{
        box-sizing: border-box;
        font-size: 1.5em;
        font-weight: bold;
        width: 250px;
  }
        </style>
```

运行以上程序，效果如图 17-24 所示。本例首先将容器元素的 flex-wrap 属性设置为 wrap，宽度为 500px，所有 div 子元素的宽度为 250px。

图 17-24　允许子元素换行显示

其他属性值的换行效果在此不再赘述，感兴趣的读者可以将 flex-wrap 属性改成相应的值，然后运行代码并查看换行效果。

17.4　弹性盒布局的布局原理

在 CSS3 中，弹性盒是一整套布局规范，包含多个 CSS 属性，所以学习起来比较复杂。新版的弹性盒规范分两部分：一部分是 container，另一部分是 items。本节将深入讲解弹性盒布局的布局原理。

17.4.1　弹性盒布局概述

在使用弹性盒布局时，经常会用到以下专业术语，这些术语的图形化表示如图 17-25 所示。

- main-axis：进行布局时作为布局基准的轴，在横向布局时为水平轴，在纵向布局时为垂直轴。
- main-start/main-end：进行布局时的起点和终点，在横向布局时为容器的左端和右端，在纵向布局时为容器的顶端和底端。
- cross-axis：与 main-axis 垂直相交的轴，在横向布局时为垂直轴，在纵向布局时为水平轴。
- cross-start/cross-end：cross-axis 的起点和终点，在横向布局时为容器的顶端和底端，在纵向布局时为容器的左端和右端。

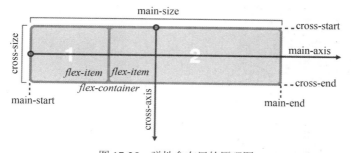

图 17-25　弹性盒布局的原理图

　　将 flex-wrap 属性值指定为 wrap 且进行横向多行布局时，按从 cross-start 到 cross-end 方向(即从上往下布局)。

　　将 flex-wrap 属性值指定为 wrap-reverse 且进行横向多行布局时，按从 cross-end 到 cross-start 方向(即从下往上布局)。

　　容器中有主轴和纵轴的概念，默认主轴(main-axis)是横向，从左到右；纵轴是竖向，从上到下。其中所有的子布局都会受到这两个轴的影响。很多相关的 CSS 属性就是通过改变主轴和纵轴的方向来实现不同的布局效果的。

17.4.2　justify-content 属性

　　justify-content 属性指定如何布局容器中除了子元素之外的 main-axis 轴(横向布局时，main-axis 轴为水平方向，纵向布局时 main-axis 轴为垂直方向)方向上的剩余空白部分。当 flex-grow 属性值不为 0 时，各子元素在 main-axis 轴方向自动填满容器，所以 justify-content 属性值无效。

　　justify-content 属性的取值有以下几个：

- flex-start：从 main-start 开始布局所有子元素(默认值)。
- flex-start：从 main-end 开始布局所有子元素。
- center：居中布局所有子元素。
- space-between：将第一个元素布局在 main-start 处，将最后一个元素布局在 main-end 处，将空白部分平均分配在所有子元素与子元素之间。
- space-around：将空白部分平均分配在以下几处，比如 main-start 与第一个子元素之间、各子元素与子元素之间、最后一个子元素与 main-end 之间。

【例 17-18】　justify-content 取不同属性值的效果。

```
<style>
#container {
        display: flex;
        flex-direction: row;
        justify-content: flex-start;
        border: solid 5px blue;
        width: 600px;
        height: 50px;
        color: white;
}
#a-area {
        background-color: blue;
        width: 100px;
}
#b-area {
        background-color: yellow;
        width: 150px;
}
#c-area {
        background-color: green;
        width: 200px;
}
```

```
</style>
```
运行以上程序，效果如图 17-26 所示。

图 17-26　justify-content 取不同属性值的效果

17.4.3　align-items 属性

align-items 属性指定如何布局容器中除了子元素之外的 cross-axis 轴方向上的剩余空白部分。横向布局时，cross-axis 轴方向为水平方向，纵向布局时，cross-axis 轴方向为垂直方向。align-items 属性的取值如下：

- flex-start：默认值，从 cross-start 开始布局所有子元素。
- flex-start：从 cross-end 开始布局所有子元素。
- center：居中布局所有子元素。
- space-between：如果子元素的布局方向与容器的布局方向不一致，该值的作用等效于 flex-start 属性值的作用；如果子元素的布局方向与容器的布局方向保持一致，那么所有子元素的内容沿基线对齐。
- space-around：同一行中所有子元素的高度被调整为最大。如果未指定任何子元素的高度，那么所有子元素的高度被调整为最接近容器的高度。

17.5　本章小结

Web 页面布局是指对页面中的标题、导航栏、主要内容、脚注、表单等各种构成元素进行合理排版。为了克服 CSS2 在页面布局方面的缺陷，CSS3 引入了更灵活的布局功能，例如多栏布局、盒子布局以及弹性盒布局。通过本章的学习，读者应能掌握 CSS3 多栏布局功能的使用方法，了解多栏布局的使用场合；掌握 CSS3 盒布局功能的使用方法，了解盒布局的使用场合，以及盒布局和多栏布局的区别；掌握 CSS3 中弹性盒布局的基本概念以及使用方法；了解弹性盒布局的布局原理。

17.6　思考和练习

1. 在 CSS3 中，通过哪个属性来实现多栏布局？请举例说明如何实现。
2. 在 CSS3 中，通过哪个属性来实现盒布局？请举例说明如何实现。
3. 在 CSS3 中，通过哪个属性来实现弹性盒布局？请举例说明如何实现。
4. 请简单描述盒布局的实现原理。
5. 多栏布局和盒布局有什么区别？

第18章 综合实例

前面的章节系统地介绍了 HTML5 和 CSS3 中的主要知识点，对于核心的知识点，提供了相应的示例。但是，许多读者发现，哪怕是将 HTML5 和 CSS3 中的每个知识点都看过一遍并敲过一遍代码，所有知识点都熟记于心，到了实际项目开发中，仍然有不知从何下手的感觉。事实上，很多大学毕业生在从学校毕业跨入社会求职时，都会感到这样的焦虑——好像自己学了很多知识，发现对实际工作没什么用，或者不知道怎么下手应用所学的技术去做实际项目。

因此，本章将结合实际的项目开发流程，根据实际的业务需求，讲解如何使用 HTML5 和 CSS3 来开发实际的项目或产品。

本章学习目标：
- 前端应用的开发现状与趋势
- Web 应用开发流程
- 如何进行需求分析
- 如何将需求转换为产品框架
- 如何为项目建立数据库
- 跨平台接口规划
- 开发及实施部署事项

18.1 前端应用开发的现状与趋势

随着互联网日新月异，大众消费意识也在不断发生变化，日常生活中方方面面都会用到 APP，比如购物、学习、影音等类别的 APP，应有尽有。正因如此，Web 前端工程师这一职业一直很火。Web 前端主要涉及 PC 网站的前端、手机等移动设备网站的前端和 APP 客户端的前端(也就是手机原生 APP 和 HTML5 的混合，即 Hybrid 编程)，本节主要简单介绍前端应用开发的发展现状和趋势。

目前 Web 前端开发正处于发展的高峰期，各大公司、企业为了加强产品的用户体验，吸引用户，都建立了属于自己的用户体验团队，使得 HTML5 技术得到广泛应用。

18.1.1 HTML5 应用现状

从软件角度来看，桌面浏览器对 HTML5 的支持高于移动浏览器，最高可达 95%。但从整体上而言，移动浏览器对 HTML5 的支持却优于桌面浏览器，手机浏览器几乎完全支持 HTML5、CSS3 的新增功能。

HTML5 具有较好的浏览器向后兼容性，开发者能对浏览器不支持的情形设计各种各样的回退方案。因此，HTML5 页面的实际显示性能与开发者、制作平台密切相关。在商业需求的驱动下，HTML5 页面设计的目的性更强，获得最好传播效果的基本上是经过一定时间的策划，在团队操作下有针对性进行投放的企业案例。

18.1.2　HTML5 行业发展趋势

伴随 HTML5 兴起的是 Flash 的没落，HTML5 除了提供移动设备的跨平台性和较好的媒体支持外，应用范围也广于 HTML4。近几年来，HTML5 在以下四大方面突破巨大：

- 往重度内容化方向发展：在用户对页面交互能力和 HTML5 拓展功能的要求提高之际，轻度营销的市场份额会逐渐降低，往重度营销内容转换。
- 往网页游戏方向发展：网页游戏更可能结合 HTML5 优良的通信功能，往跨屏互动等交互特征更明显的形式发展。
- 往虚拟现实、人工智能方向发展：无论是虚拟现实还是人工智能，都少不了呈现端的制作以及数据的交互，HTML5 在用户体验方面的支持和增强的通信能力，使虚拟现实和人工智能等新兴行业呈现到 Web 页面上，以及投放到各种客户端设备成为可能。
- 往在线应用方向发展：密切相关的垂直行业包括在线教育、电商和流媒体 3 种类型。
- 往内容直接填充方向发展：在 HTML5 模板的帮助下，新媒体内容能够通过应用母版进行编辑，用户只需要在后期进行图文内容的替换，因此这也很可能成为传媒业转型的契机。

从以上几点内容来看，HTML5 有很大的市场，并且呈继续发展和完善的态势。例如，移动 Web 开发的发展现状及趋势非常不错，许多公司利用 HTML5 技术直接做手机端应用，无须再为 Android 和 iPhone 端应用单独配置一套开发人员，大大节省了人力成本。因此，从事 Web 前端开发就业前景极好。

18.2　网站开发流程

随着这几年传统行业越发不景气，越来越多企业开始尝试网络营销策略。这种时候，建设优秀的网站来宣传，甚至在网站上与客户成交是必不可少的。本节就来简单介绍网站的开发流程。

18.2.1　确定建站目标

网站建设流程的第一步，是为网站设立一个目标，这个目标不能是抽象化的、简单的。比如：我想做一个很漂亮的网站，我想做一个功能很强大的网站，类似这种描述太过抽象和简单，因而无法准确确定网站的目标。做网站之前，要先问问，为什么要做网站？网站是否有移动端？网站的目标用户群是哪些？用什么办法吸引哪些人访问网站？虽说不能指望所有访问者都会喜欢这个网站，但对网站的目标描述得越清楚、越详细，网站访问量就会越大，网站建设就越有可能成功。在建设任何网站之前，这是值得仔细认真考虑的问题。

18.2.2　进行需求分析

确定好建站目标后，接着需要进行需求分析。那么，分析的内容包括什么？比如，客户想要一个什么类型的网站，以及这个网站的风格是什么样的，确定网站域名和空间，等等。

需求可能来自客户(外包软件)，也可能来自用户(自有产品)。其中，客户/用户根据不同类型又可细分为个人用户、企业用户等。

需求分析主要解决做什么的问题，相应的负责人有项目经理、产品经理，甚至需要更高一级的战略规划。

18.2.3 绘制网站原型

根据网站需求分析提炼出来的功能点，产品经理根据需求分析，使用 Axure 等原型绘制工具规划出网站的内容板块草图及交互效果。在这一过程中，产品经理有可能需要根据网站推广需求，根据搜索引擎的抓取习惯来布置网站板块。

18.2.4 系统整理所需资料

需求分析过后，除了绘制网站原型之外，还有一项重要的工作就是收集整理建设网站所需的资料。网站的前期工作需要围绕网站目标来进行。例如网站的架构、网站的功能、网站所需的图片、文字、动画、视频等资料。分类整理、仔细检查，确保建站的原始资料正确。一般这件事情主要由项目经理指派资料专员去收集。

18.2.5 与网站设计美工确定布局和风格

将网站原型给设计人员，由设计人员制作网站效果图。就好比建房子一样，首先画出效果图，然后开始建房子，网站也是如此。

设计人员在根据原型图设计网站效果图时，还需要确定网站的布局、风格等内容。这需要设计人员进行综合考虑，例如网站所在行业的特色、网站目标人群的特点、建站技术人员的经验、视觉美工的经验等方面。

18.2.6 程序员完成网站功能实现

根据设计人员制作好的网站效果图，前端和后台可以同时进行开发。

- 前端：根据设计人员提供的网站效果图制作静态页面，包括 HTML 页面和 CSS 样式。
- 后台：根据页面结构和效果图，设计数据库，并开发网站后台。这部分工作主要由后端程序员实现。后端程序员需要根据客户提出的网站性能需求，考虑多方因素，例如速度、安全、负载能力、运营成本，进而选择合适的网站编程语言和数据库。另外，如果网站需要提供手机版网站，页面还需要进行响应式设计，或者单独制作手机版网站。

18.2.7 网站上线测试

在本地搭建服务器，测试网站有没有什么 bug。若无问题，可以使用 FTP 客户端工具将网站文件上传至服务器，然后由各方人员测试网站，其中包括建站技术人员、网站需求方、网站客户方等。发现问题并记录问题，直至网站各方面的细节都已经完善。

18.2.8　网站推广

为了让潜在客户找到网站，必须在网页搜索引擎中加入自己公司的名称或关键词。如果是一个新的网站，搜索引擎要找到这个网站可能需要一段时间。这时候就需要专业的网络推广团队为网站做优化推广。当然，后续还要进行网站维护工作，包括网站开发完成后经测试出现的程序 bug 和页面问题，修改文字、修改图片、修改 LOGO、修改后台管理账号、修改文本颜色、修改 BANNER 等。

介绍完网站开发流程之后，下面通过两个综合实例来帮助读者更好地理解全书内容，帮助读者从总体上掌握应该如何综合运用 HTML5 和 CSS3 技术来创建具有现代风格的 Web 网站和 Web 应用程序。

18.3　企业网站

HTML5 中新增了几个结构元素：section、article、nav、aside、header 和 footer。通过运用这些结构元素，可以更方便地对网页进行布局，使得网页整体结构更加直观、明确，更为语义化。

本节将以一个企业网站为例，介绍如何综合运用 HTML5 中的这些结构元素，还将介绍页面中每个结构元素起到的作用，以及应该展现哪些内容等。这里会将实现页面的 HTML5 代码与 CSS3 样式代码一起进行介绍，以便读者同时了解在用 HTML5 实现的网页中应该如何使用 CSS3 样式来对页面中的元素进行页面布局以及视觉美化。

18.3.1　组织网页结构

在用 HTML5 实现的网站中，每一个网页都将由一些主体结构元素构成。在标准的网页布局中，一个网页通常由以下几个结构元素构成：

- header 结构元素：通常用来展示网站的标题、企业或公司 LOGO、广告、网站导航条等。
- aside 结构元素：通常用来展示与当前网页或这个网站相关的一些辅助信息。例如，在博客网站中，可以用来显示博主的文章列表和浏览者的评论信息等；在购物网站中，可以用来显示商品清单、用户信息、用户购买记录历史等；在企业网站中，可以用来显示产品信息、企业联系方式、友情链接等。aside 结构元素可以有多种形式，其中最常见的形式是侧边栏。
- section 结构元素：网站中要显示的主体内容通常被放置在 section 结构元素中，每个 section 结构元素都应该有一个标题来显示当前要展示的主要内容的标题信息。每个 section 结构元素中通常还应该包括一个或多个 section 元素或 article 元素，用来显示网页主体内容中每个相对独立的部分。
- footer 结构元素：通常，每个网页中都具有 footer 结构元素，用来放置网站的版权声明和备案信息等与法律相关的信息，也可以放置企业的联系电话和传真等联系信息。

本节要建立的企业网站的首页在浏览器中的效果如图 18-1 所示。

图 18-1　企业网站首页的显示效果

首页主要分为四个部分：第一部分为网页标题部分，主要显示该企业网站的网站标题、网站导航链接；第二部分为网页侧边栏，主要显示该企业的产品分类和联系方式；第三部分为在该企业网站的首页上要展示的主要内容；第四部分为页面底部的企业版权信息和联系方式等。

由此可得出该企业网站首页的整体结构，如图 18-2 所示。

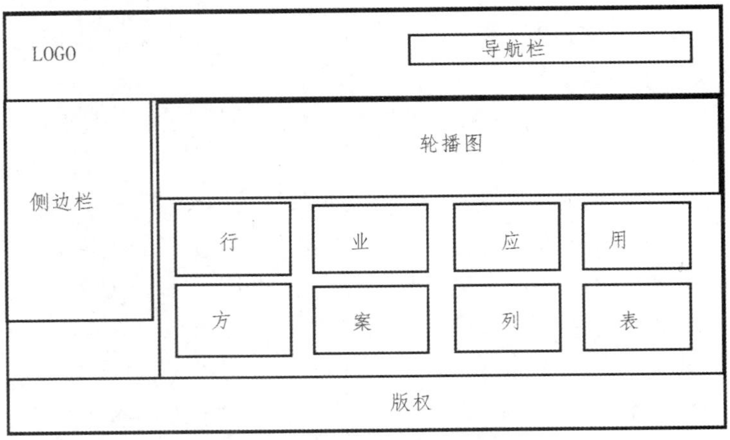

LOGO	导航栏			
侧边栏	轮播图			
	行	业	应	用
	方	案	列	表
	版权			

图 18-2　企业网站首页的整体结构

首页上有几个主要的 HTML5 结构元素，主要代码如下：

```
<!DOCTYPE html>
<html >
  <head>
  </head>
  <body>
      <footer id="container">
```

```
            <header>
            </header>
            <div id="content">
                <article>
                    <div id="imgPlay"></div>
                    <div class="n_content"></div>
                </article>
                <aside>
                </aside>
            </div>
            <footer>
            </footer>
        </div>
    </body>
</html>
```

在页面开头使用 HTML5 中的<!DOCTYPE html>语句来声明页面将使用 HTML5 语言来构建。在<head>标签中，除了在<meta>标签中使用更简洁的编码指定方式之外，其他代码均与 HTML4 的<head>标签中的代码完全一致。页面中使用了很多结构元素，用来代替 HTML4 中的 div 元素，因为 div 元素没有任何语义，而 HTML5 推荐使用具有语义的结构元素，这样做的好处是，可以让整个网页结构更加清晰，浏览器、屏幕阅读器以及其他阅读代码的人也可以直接从这些结构元素分析出网页中在什么部位放置了什么内容。

18.3.2　构建网页标题

首先来看企业网站首页的网页标题部分。该部分在浏览器中的显示效果如图 18-3 所示。

图 18-3　示例页面中 header 元素的效果

该部分被放置在一个 header 元素中。在企业网站中，通常将企业名称、企业 LOGO、整个网站的导航链接以及一些广告图片、广告 Flash 等放置在 header 元素中，作为网页标题部分。

示例页面中 header 元素的结构如图 18-4 所示。

图 18-4　网页标题部分的结构图

该部分的结构代码如下：

```
<header>
  <div id="logo">
  </div>
```

```
        <nav>
        ......
        </nav>
    </header>
```

在该企业网站的首页中，由于使用图片来显示企业名称，因此通过将图片放在 h1 元素中，并将图片元素 img 的 alt 属性设置为企业名称的办法，在大纲中将企业名称作为整个网页的标题。

1. 中视典数字科技
    1. *Untitled Section*

这段结构代码生成的大纲如图 18-5 所示。

图 18-5　网页标题部分生成的大纲

由于在 header 元素中使用一个 nav 元素来显示网站的导航链接，并且没有给这个 nav 元素添加标题，因此生成"1. *Untitled Section*"一节。

网页标题部分的完整代码如下：

```
<!DOCTYPE html>
<html xmlns="http://www.w3.org/1999/xhtml">

<head>
    <meta charset="utf-8" />
    <title>虚拟现实|Web3D|VR|VRP|AR 增强现实技术</title>
    <meta name="keywords" content="虚拟现实,VR 虚拟现实,虚拟现实技术,vr,vrp,增强现实,增强现实技术,VR 技术,AR 技术" />
    <meta name="description" content="国内第一个虚拟现实平台软件 VRPlatform,虚拟现实软硬件定制,虚拟现实教学系统,虚拟现实展览　展示产品,虚拟现实网络三维技术,装饰设计和数字营销系统。" />
    <link href="css/default.css" rel="stylesheet" type="text/css" />
</head>

<body>
    <div id="container">
        <header>
            <div id="logo">
                <h1><a href="#"><img src="images/logo.png" alt="中视典数字科技"/></a></h1>
            </div>
            <nav>
                <ul id="topNavUrl">
                    <li class="first">
                        <a href="#" accesskey="1" title="">首页</a>
                    </li><li>
                        <a href="#" accesskey="2" title="">关于我们</a>
                    </li><li>
                        <a href="#" accesskey="3" title="">解决方案</a>
                    </li><li>
                        <a href="#" accesskey="4" title="">我们的服务</a>
                    </li><li>
                        <a href="#" accesskey="5" title="">联系我们</a>
                    </li>
                </ul>
            </nav>
        </header>
```

在这段代码中，在 nav 元素内部使用 ul 列表来显示网站导航链接，为了避免在 li 列表元素的背景中使用的图片与图片之间有裂痕，必须将前一个 li 列表元素的结束标记</li>与后一个 li 列表元素的开始标记<li>写在同一行中，书写成<li> </li>的形式。另外，在样式代码中，需要使用如下代码，使得 li 列表元素的项目编号不显示，并且并排显示：

```
ul#topNavUrl li{
    list-style: none;
    display: inline-block;
}
```

18.3.3　构建侧边栏

接下来介绍企业网站首页的侧边栏部分，该部分被放置在一个 aside 元素中。

在 HTML5 中，使用 aside 元素来显示当前网页主体内容之外的、与当前网页显示内容相关的一些辅助信息。例如，可以将网站经营者或管理者认为比较重要的、想让浏览者经常能看见的一些内容显示在 aside 元素中。aside 元素的显示形式可以多种多样，其中最常用的形式就是侧边栏。

在示例页面中，aside 元素的内容在浏览器中的显示效果如图 18-6 所示。aside 元素的内部结构如图 18-7 所示。

图 18-6　aside 元素的显示效果

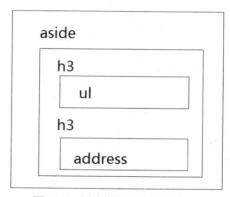

图 18-7　侧边栏部分的结构图

侧边栏分为两部分，第一部分用来显示标题"解决方案"和所有解决方案列表；第二部分为企业的联系信息。由于使用 ul 列表元素直接显示企业的联系信息，因此在结构中没有体现出第二部分。

该 aside 元素在 HTML 页面中的代码结构如下：

```
<aside>
<div id="secondaryContent">
    <h3></h3>
    <ul>
    ……
    </ul>
    <h3></h3>
    <address>……</address>
    <div class="xbg"></div>
```

```
    </div>
  </aside>
```

aside 元素及内部显示的"解决方案"链接组和"联系我们"如图 18-8 所示。

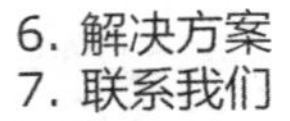

6. 解决方案
7. 联系我们

侧边栏的完整程序如下：

图 18-8　aside 元素生成的大纲

```
<aside>
  <div id="secondaryContent">
    <h3>解决方案</h3>
    <ul>
        <li><a href="#">全息教室</a></li><li>
            <a href="#">文物馆藏</a></li><li>
            <a href="#">数字城市</a></li> <li>
            <a href="#">场馆仿真</a></li><li>
            <a href="#">地产漫游</a></li><li>
            <a href="#">室内设计</a></li><li>
            <a href="#">旅游教学</a></li><li>
            <a href="#">文物古迹</a></li><li>
            <a href="#">工业仿真</a></li><li>
            <a href="#">汽车仿真</a></li><li>
    </ul>
    <h3>联系我们</h3>
    <address>地址：北京市朝阳区酒仙桥北路甲*号院 201 号楼 D 座 2 层 206(电<br/>
    邮编：100015<br/>
    热线电话：400-668-1235<br/>
    传真：010-57910601<br/>
    网址：www.vrp3d.com</address>
    <div class="xbg"></div>
  </div>
</aside>
```

以上程序与 header 元素中的 nav 元素相同，使用 ul 列表元素显示一组超链接，并在 ul 列表元素的上下两边放置装饰图片。另外，使用 address 元素来显示企业的联系信息。在 HTML5 中，address 元素是一种专门用来显示联系信息的元素，可以用来显示网站链接、电子邮箱、真实地址、电话号码等各类联系信息。

与侧边栏相关的样式代码如下：

```
#secondaryContent
{
  position: relative;
  float: left;
  width: 14em;
  padding: 3em 2em 1.5em 2em;
  background: #fff url('images/a1.gif') top right repeat-y;
}
```

18.3.4　构建主体内容

接下来介绍首页的主体内容。该部分的显示效果如图 18-9 所示。

图 18-9　首页的主体内容部分

该部分被放置在一个 article 元素中，这个 article 元素的结构图如图 18-10 所示。

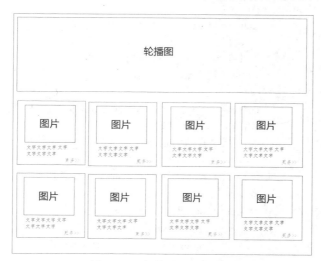

图 18-10　主体元素的结构图

这个 article 元素的内部结构代码如下：

```
<article>
<div id="primaryContentContainer">
  <div id="primaryContent">
          <div id="imgPlay">
    <div class="n_content">
          <div class="n_vr"></div>
```

```
            <div class="n_vr"></div>
            <div class="n_vr"></div>
            <div class="n_vr"></div>
            <div class="n_vr"></div>
            <div class="n_vr"></div>
            <div class="n_vr"></div>
            <div class="n_vr"></div>
    </article>
```

由这段代码生成的大纲如图 18-11 所示。

在这个 article 元素的内部，由于没有使用 header 元素，也没有放置标题元素 h1~h6，并且没有提供标题文字，因此在大纲中分别生成标题为"1. *Untitled Section*"、"2. *Untitled Section*"的两个未知节。

1. *Untitled Section*
2. *Untitled Section*

图 18-11　首页主体部分的大纲

这个 article 元素的程序代码如下：

```
<article>
<div id="primaryContentContainer">
    <div id="primaryContent">
        <p>
            <!--轮播开始-->
            <script type="text/javascript">……</script>
            <div id="imgPlay">
                <ul style="position: relative;    " class="imgs ul-img">
                    <li>
                    <a href="#" target="_blank"><img pg alt="全息教室" /></a>
                    </li><li>
                    <a href="#" target="_blank" rel="nofollow"><img src="images/VRPhome.jpg"
                        alt="地产家居" /> </a>
                    </li><li>
                    <a href="#" target="_blank"><img nner.jpg" alt="全息教室发布会" /> </a>
                    </li><li>
                        <a href="#" target="_blank"><img 1.jpg" alt="全息台" /> </a>
                    </li><li>
                        <a href="#" target="_blank"><img jpg" alt="AR 台" /></a>
                    </li><li>
                    <a href="#" target="_blank"><img alt="中视典在京发布国内首款开放式虚
                        拟现实软件 OpenVRP" /></a>
                    </li><li><img src="images/v_banner6.jpg" alt="智游天下 tore 下载"
                        border="0" usemap="#Map" />
                    <a href="#" target="_blank"> <map name="Map" id="Map">
        <area  shape="rect"  coords="172,256,309,296"  href="https://itunes.apple.com/cn/app/zong-lu-wan-san-wei-
dao-lan/id766388808?l=en&amp;mt=8" target="_blank" />
        <area  shape="rect"  coords="645,256,782,296"  href="https://itunes.apple.com/cn/app/gui-zhou-lu-you3d
-dao-lan1.0/id756529894?l=en&amp;mt=8" target="_blank" />                    </map> </a>
                    </li><li>
                        <a href="#" target="_blank"><img spg alt="VRP12.0 共享版下载" /></a>
                    </li><li><img src="images/v_banner3.jpg" alt="极光 具有实时渲染引擎" />
                    </li><li><img src="images/v_banner4.jpg" alt="互动之旅"
```

```
            </li><li>
                <a href="#" target="_blank"><img spg" alt="虚拟仿真实验室教学平台" /></a>
            </li><li><img src="images/v_banner0.jpg" alt="橱柜设计与销售展示系统" />
            </li>
            </ul>
            <div class="num"> </div>
            <div class="num" id="numInner"> </div>
            <div class="prev">上一张</div>
            <div class="next">下一张</div>
        </div>
    </p>
    <div class="n_content">
        <div class="n_vr">
            <div class="n_vr_tp">
                <a href="#" rel="nofollow"><img sx.png" alt="典居" /></a>
            </div>
            <div class="n_vr_wz">
                <ul>
                    <li>
                        <a href="#">技术驱动的营销革命——虚拟现实
                    </li><li>
                        <a href="#">从买房到装修，虚拟现实让租房族
                    </li><li>
                        <a href="#">虚拟现实技术在房地产行业的应用
                    </li><li>
                        <a href="#">房地产行业引入虚拟现实所带来的
                    </li>
                </ul>
            </div>
            <div class="n_vr_more">
                <a href="#">&gt;&gt; 更多</a>
            </div>
        </div>
        <div class="n_vr">
            <div class="n_vr_tp">
                <a href="#"><img src="images/ly_banner1.jpg" alt="
            </div>
            <div class="n_vr_wz">
                <ul>
                    <li>
                        <a href="#">"中视典杯"苏皖高校作品展
                    </li><li>
                        <a href="#">中视典荣获"VR 优秀品牌奖"
                    </li><li>
                        <a href="#">VR 技术教学资源建设与应用高级
                    </li><li>
                        <a href="#">【双创新引擎】首个全息商学院
                    </li>
```

```
                    </ul>
                </div>
                <div class="n_vr_more">
                    <a href="#">&gt;&gt; 更多</a>
                </div>
            </div>
            <div class="n_vr">
                <div class="n_vr_tp">
                    <a href="#"><img src="images/ie_banner1.jpg" a
                </div>
                <div class="n_vr_wz">
                    <ul>
                        <li>
                            <a href="#">新浪"嫦娥二号"虚拟互动
                        </li><li>
                            <a href="#">中视典 VRP 助力世博[视频]
                        </li><li>
                            <a href="#">丹桂飘香时节 中国东盟网
                        </li><li>
                            <a href="#">3D 互联网前景无限</a>
                        </li>
                    </ul>
                </div>
                <div class="n_vr_more">
                    <a href="#">&gt;&gt; 更多</a>
                </div>
            </div>
            <div class="n_vr1">
                <div class="n_vr_tp">
                    <a href="#"><img src="images/sz_banner1.jpg" alt="
                </div>
                <div class="n_vr_wz">
                    <ul>
                        <li>
                            <a href="#">数字博物馆,创教育资源价值最大化
                        </li><li>
                            <a href="#">中视典 VRP 网络三维虚拟展馆
                        </li><li>
                            <a href="#">网络三维虚拟展馆的特性及前景
                        </li><li>
                            <a href="#">清明节黄帝陵三维虚拟祭祖[视频]
                        </li>
                    </ul>
                </div>
                <div class="n_vr_more">
                    <a href="#">&gt;&gt; 更多</a>
                </div>
            </div>
```

```html
<div class="n_vr">
    <div class="n_vr_tp">
        <a href="#"><img src="images/yx_banner1.jpg" alt="
    </div>
    <div class="n_vr_wz">
        <ul>
            <li>
                <a href="#">中视典虚拟仿真实验室
            </li><li>
                <a href="#">谷歌将进军虚拟现实业务
            </li><li>
                <a href="#">用 4D 电影传递科普知识
            </li><li>
                <a href="#">虚拟教学敲响大学生上课
            </li>
        </ul>
    </div>
    <div class="n_vr_more">
        <a href="#">&gt;&gt; 更多</a>
    </div>
</div>
<div class="n_vr">
    <div class="n_vr_tp"><img src="images/gy_banner1.jpg"
    <div class="n_vr_wz">
        <ul>
            <li>
                <a href="#">起重机虚拟仿真培训系统
            </li><li>
                <a href="#">虚拟仿真双向锁设备实例
            </li><li>
                <a href="#">辽宁科技学院铸造机仿真
            </li><li>
                <a href="#">变压器分接开关仿真系统
            </li>
        </ul>
    </div>
    <div class="n_vr_more">
        <a href="#">&gt;&gt; 更多</a>
    </div>
</div>
<div class="n_vr">
    <div class="n_vr_tp">
        <a href="#"><img src="images/ar_banner1.jpg" a>
    </div>
    <div class="n_vr_wz">
        <ul>
            <li>
                <a href="#">中视典增强现实软件产品
```

```
            </li><li>
                    <a href="#">PC 端增强现实软件平台
            </li><li>
                    <a href="#">移动端增强现实软件
            </li><li>
                    <a href="#">网络端增强现实软件
                </li>
            </ul>
        </div>
        <div class="n_vr_more">
            <a href="#">&gt;&gt; 更多</a>
        </div>
    </div>
    <div class="n_vr1">
        <div class="n_vr_tp">
            <a href="#"><img src="images/vr_banner1.jpg" alt="VR 医疗" /></a>
        </div>
        <div class="n_vr_wz">
            <ul>
                <li>
                    <a href="#">治病救人，虚拟现实我看行
            </li><li>
                    <a href="#l">VR 与医疗的结合，心理疾病
            </li><li>
                    <a href="#">虚拟现实模拟手术让医疗
            </li><li>
                    <a href="#">VR 应用于虚拟人体解剖、手术训练</a>
                </li>
            </ul>
        </div>
        <div class="n_vr_more">
            <a href="#">&gt;&gt; 更多</a>
        </div>
    </div>
    </div>

    </div>
    </div>
    </article>
```

　　在 article 元素内部，包括两大部分：第一部分是名为 imgPlay 的 div 元素，用来展示轮播图，而其中<script></script>标签对中的代码，用于控制轮播图的播放(这部分使用了 jQuery 库，限于篇幅在此不做讨论，感兴趣的读者可以阅读相关资料，对此部分的代码进行分析)；接下来的 8 个<div class="n_vr">，以方块形状的图文形式展示了 8 个行业的解决方案和相关资讯。这些 ul 列表元素与 li 列表元素的样式代码如下：

```
    .n_vr{ width:234px; float:left; background:#fff; border-bottom:1px solid #d3d3d3; margin:33px 8px 0 0;
display:inline;}
    .n_vr_tp{ width:234px;}
```

```
    .n_vr_wz{ width:234px; padding:10px 0 15px 0; overflow:hidden;}
    .n_vr_wz ul li{background:url(images/wz_ico1.jpg) left no-repeat; line-height:26px; float:left; width:220px;
margin-left:14px; display:inline; text-indent:10px;}
    .n_vr_wz ul li a{ display:block;}
    .n_vr_wz ul li a:hover{ background:url(images/wz_ico2.jpg) left no-repeat; color:#28a7e1;}
    .n_vr_more{ width:220px; padding:0 14px 10px 0; line-height:20px; text-align:right;}
    .n_vr_more a{ color:#28a7e1;}
```

18.3.5　构建版权信息

页面最底部是版权信息显示部分，该部分的显示效果如图 18-12 所示。

图 18-12　版权信息显示效果

该部分被放置在一个 footer 元素中，因为没有使用标题，所以没有显示在大纲中。

这部分代码相对来说比较简单，只需要使用一个 div 元素，然后在其中放入版权信息即可。

18.4　手机阅读器

上一节讲述了如何将 HTML5 中新增的结构元素与 CSS3 样式结合在一起，以创建结构更加清晰、更加具有语义、更具现代风格的企业网站。本节将结合 Web 应用程序中的一个示例页面，向读者介绍在下一代 Web 应用程序的页面中，如何使用 HTML5 中新增的元素、其他功能以及 CSS3 样式。

本节介绍的示例页面是一款手机阅读器的阅读页面，效果如图 18-13 所示，该页面分为上中下 3 个部分。其中，上部分是手机导航条，单击"返回书架"可以返回到书架页面；中间是小说内容显示区域；底部是常用工具条，其中显示了"目录"、"字体"和"夜间"模式切换按钮。

18.4.1　使用到的技术

基于安全方面的考虑，手机阅读器中要显示的小说内容存放在服务器端。页面需要向服务器发送请求，获取小说的章节目录和每一章的内容，这里用到了 JSONP 技术、JSON 数据解析和 BASE 64 编码技术。限于篇幅，这里简单介绍一下概念，感兴趣的读者可以查阅其他相关书籍或资料。

1. JSONP 技术

JSONP(JSON with Padding)是 JSON 的一种"使用模式"，可用于解决主流浏览器的跨域数据访问的问题。由于同源策略，一般来说位于 server1.test.com 的网页无法与不是 server1.test.com 的服务器沟通，而 HTML 的<script>元素是一个例外。利用<script>元素的这个开放策略，网页可以得到从其他来源动态产生的 JSON 数据，而这种使用模式就是所谓的 JSONP。用 JSONP 抓取到的资料并不是 JSON，而是任意 JavaScript，用 JavaScript 直译器执行而不是用 JSON 解析器解析。

2. JSON 数据解析

　　JSON 是一种能够取代 XML 的数据结构，和 XML 相比，更小巧但描述能力却不差。由于小巧，通过网络传输数据将减少更多流量，从而加快速度，因此成为目前数据交互中流行的数据格式。JSON 就是一串字符，只不过元素会使用特定的符号进行标注：

- {}：双括号表示对象
- []：方括号表示数组
- ""：双引号内是属性或值
- :：冒号表示后者是前者的值(这个值可以是字符串、数字，也可以是另一个数组或对象)

　　例如，{"name": "Michael"}可以理解为是一个包含 name 为 Michael 的对象，而[{"name": "Michael"},{"name": "Jerry"}]就表示包含两个对象的数组。当然也可以使用{"name":["Michael", "Jerry"]}来简化，这是一个拥有一个 name 数组的对象。

3. BASE-64 编码技术

　　Base-64 编码是从二进制转换到字符的过程，可用于在 HTTP 环境下传递较长的标识信息。例如，在 Java 持久化系统 Hibernate 中，就采用 Base-64 编码来将一个较长的唯一标识符(一般为 128 位的 UUID)编码为一个字符串，用作 HTTP 表单和 HTTP GET 请求中的参数。在这个示例中，为了保证内容的安全性，防止小说内容被人直接抓取，因此对传输的内容采用 Base-64 编码，经解码后，再显示到页面中。

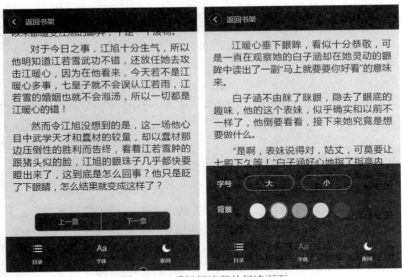

图 18-13　手机阅读器的阅读页面

18.4.2　HTML 页面代码分析

　　首先来详细分析阅读器页面的 HTML 代码，该页面中的所有控件在页面打开时的状态及功能描述如表 18-1 所示。

表 18-1　示例页面中的控件及功能

序号	功能	控件使用元素	备注
1	返回书架	div	返回书架，书架页面未实现
2	目录	div	查看目录章节，本例未实现
	目录图标	img	png 图片，base-64 编码格式
3	字体	div	设置字体
	字体图标	img	png 图片，base-64 编码格式
3.1	字号	span	"字体"子项
3.1.1	大	button	"字号"子项
3.1.2	小	button	"字号"子项
3.2	背景	div	设置背景颜色
4	夜间	div	夜间模式
	夜间图标	img	png 图片，base-64 编码格式
	白天图标	img	png 图片，base-64 编码格式
5	白天	div	白天模式
6	上一章	button	切换到上一章
7	下一章	button	切换到下一章
8	正文内容	div	正文显示区域

该例的 HTML 代码如下：

```
<!DOCTYPE html>
<html ng-app="app">
<head>
    <meta charset="utf-8">
    <meta name="viewport" content="width=device-width,initial-scale=1,user-scalable=no,minimal-ui">
    <meta name="format-detection" content="telephone=no">
</head>
<body>
    <div class="loading-mask" id="init_loading">
        <div class="loading-icon"></div>
    </div>
    <div class="container" id="root">
        <div id="fiction_chapter_title"></div>
        <div class="m-artical-action">
            <div class="artical-action-mid" id="action_mid"></div>
        </div>
        <div id="fiction_container" class="m-read-content"></div>
        <div class="top-nav" id="top-nav" style="display:none">
            <div class="top-nav-warp">
                <div class="icon-back"></div>
                <div class="nav-title" id="nav_title">
                    返回书架
                </div>
            </div>
        </div>
    </div>
    <div class="top-nav-pannel-bk font-container" id="font-container" style="display:none"></div>
```

```html
<div class="top-nav-pannel font-container" id="font-container" style="display:none">
    <div class="child-mod">
        <span>字号</span>
        <button id="large-font" class="spe-button">
            大
        </button>
        <button id="small-font" class="spe-button" style="margin-left:10px;">
            小
        </button>
    </div>
    <div class="child-mod" id="bk-container">
        <span>背景</span>
    </div>
</div>
<div class="m-button-bar" id="bottom_tool_bar" style="display:none;padding-bottom:70px;">
    <ul class="u-tab" id="bottom_tool_bar_ul">
        <li id="prev_button" >
            上一章
        </li>
        <li id="next_button" style="border-right:none">
            下一章
        </li>
    </ul>
</div>

<div class="bottom-nav-bk bottom_nav" style="display:none"></div>

<div class="bottom-nav bottom_nav" style="display:none">
    <div class="item menu-button" id="menu_button">
        <div class="item-warp">
            <div class="icon-menu"></div>
            <div class="icon-text">
                目录
            </div>
        </div>
    </div>
    <div class="item" id="font-button">
        <div class="item-warp">
            <div class="icon-ft"></div>
            <div class="icon-text">
                字体
            </div>
        </div>
    </div>
    <div class="item" id="night-button">
        <div class="item-warp" style="display:none" id="day_icon">
            <div class="icon-day"></div>
            <div class="icon-text">
```

```
                            白天
                        </div>
                    </div>
                    <div class="item-warp" id="night_icon">
                        <div class="icon-night"></div>
                        <div class="icon-text">
                            夜间
                        </div>
                    </div>
                </div>
            </div>
        </div>

        <div class="loading" id="loading" style="display:none">
            正在加载中...
        </div>
        <div class="m-tool-bar-mask" id="tool_bar_mask" style="display:none"></div>
        <ul class="menu-container chapter-list" id="menu_container" style="display:none"></ul>
        <div class="menu-mask" id="menu_mask" style="display:none"></div>
        <div class="mask" id="mask" style="display:none"></div>
        </div>
    </body>
</html>
```

18.4.3   CSS3 样式代码分析

接下来介绍示例页面使用的 CSS3 样式代码。该样式代码中值得特别注意的有以下几点：

● 为了加快图标的加载，对用到的图标图片使用 Base-64 编码格式，使用 background 属性作为背景图片加载，而不是使用 img 元素来指定图标。

● 使用 nth-child(2n-1)选择器来指定目录列表中奇数行的背景色，nth-child(2n)选择器则用于指定偶数行的背景色。

该页面使用的 CSS3 样式代码如下：

```
<style type="text/css">
    html {
        width: 100%;
        height: 100%;
        overflow-x: hidden;
    }
    body {
        text-align: left;
        width: 100%;
        -webkit-tap-highlight-color: rgba(0,0,0,.05);
        -webkit-touch-callout: none;
        -webkit-user-select: none;
        background: #e9dfc7;
        overflow: hidden;
    }
    .m-read-content {
```

```
        font-size: 14px;
        color: #555;
        line-height: 31px;
        padding: 15px;
}
.m-read-content h4 {
        font-size: 20px;
        color: #736357;
        border-bottom: solid 1px #736357;
        margin: 0 0 1em 0;
        letter-spacing: 2px;
}
.m-read-content p {
        text-indent: 2em;
        margin: 0.5em 0;
        text-align: justify;
        letter-spacing: 0px;
        line-height: 24px;
}
.artical-action-top {
        position: fixed;
        top: 0px;
        height: 30%;
        width: 100%;
        z-index: 90;
}
.artical-action-mid {
        position: fixed;
        top: 30%;
        height: 40%;
        width: 100%;
        z-index: 10002;
}
.artical-action-bottom {
        position: fixed;
        bottom: 0px;
        height: 30%;
        width: 100%;
        z-index: 90;
}
.m-tool-bar {
        text-align: center;
        width: 100%;
        height: 40px;
        position: fixed;
        bottom: 0px;
        z-index: 10000;
}
```

```
.m-tool-bar-mask {
        text-align: center;
        width: 100%;
        height: 40px;
        position: fixed;
        bottom: 0px;
        z-index: 9999;
        background: #000;
        opacity: .9;
}
.menu-mask {
        width: 100%;
        height: 100%;
        position: fixed;
        z-index: 9999;
        background: #000;
        opacity: .8;
        top: 0px
}
.m-tool-button {
        padding: 5px 15px;
        margin-top: 7px;
        border: 1px #fff solid;
        background: transparent;
        color: #fff
}
.top-nav {
        position: fixed;
        top: 0px;
        height: 50px;
        background: #000;
        width: 100%;
        opacity: 1;
        z-index: 10004
}
.top-nav-warp {
        position: relative;
        max-width: 900px;
        margin: 0 auto;
}
.top-nav-pannel-bk {
        position: fixed;
        bottom: 70px;
        height: 135px;
        background: #000;
        width: 100%;
        color: #fff;
        opacity: 0.9;
```

```
        z-index: 10003
}
.top-nav-pannel {
        position: fixed;
        bottom: 70px;
        height: 135px;
        background: none;
        width: 100%;
        color: #fff;
        z-index: 10004
}
.top-nav-pannel button {
        background: none;
        border: 1px #8c8c8c solid;
        padding: 5px 40px;
        color: #fff;
        display: inline-block;
        border-radius: 16px;
}
.top-nav-pannel .bk-container {
        position: relative;
        height: 30px;
        width: 30px;
        background: #fff;
        border-radius: 15px;
        display: inline-block;
        vertical-align: -14px;
        margin-left: 10px;
}
.top-nav-pannel .bk-container-current {
        position: absolute;
        height: 32px;
        width: 32px;
        border-radius: 16px;
        display: inline-block;
        vertical-align: -14px;
        margin-left: 10px;
        border: 1px #ff7800 solid;
        top: -2px;
        left: -12px;
}
.top-nav-pannel .bk-container span {
        position: absolute;
        top: 32px;
        left: -8px;
        display: block;
        font-size: 12px;
        width: 40px;
```

```
        }
        .bottom-nav-bk {
              position: fixed;
              bottom: 0px;
              height: 70px;
              background: #000;
              width: 100%;
              opacity: .9;
              z-index: 10004
        }
        .bottom-nav {
              position: fixed;
              bottom: 0px;
              height: 70px;
              background: none;
              width: 100%;
              opacity: 1;
              z-index: 10004;
              margin: 0 auto;
              text-align: center
        }
        .bottom-nav .item {
              display: inline-block;
              width: 32%;
              color: #fff;
              text-align: center;
              margin: 0 auto;
        }
        .m-button-bar {
              text-align: center;
              font-size: 14px;
              padding: 5px;
              margin: 10px;
              max-width: 900px;
              margin: 0 auto;
              width: 70%
        }
        .m-button-bar button {
              background: none;
              border: 1px #000 solid;
              padding: 5px 10px;
        }
        .nav-title {
              position: absolute;
              top: 16px;
              left: 42px;
              color: #d5d5d6
        }
```

```css
.top-nav button {
    width: 65px;
    font-size: 12px;
    background: none;
    border: 1px #d5d5d6 solid;
    padding: 5px 10px;
    color: #d5d5d6;
    position: absolute;
    top: 11px;
    border-radius: 16px 0 0 16px;
    opacity: 0.9
}
.child-mod {
    padding: 5px 10px;
    margin-top: 15px
}
.child-mod span {
    display: inline-block;
    padding-right: 20px;
    padding-left: 10px;
}
.large-font p {
    font-size: 18px
}
.small-font p {
    font-size: 14px
}
.menu-container {
    height: 60%;
    position: fixed;
    bottom: 0px;
    width: 100%;
    overflow: scroll;
    background: #fff;
    display: block;
    z-index: 19999
}
.chapter-list {
    text-align: left;
}
.chapter-list li {
    padding: 15px;
}
.chapter-list li:nth-child(2n-1) {
    background-color: #ededed
}
.chapter-list li:nth-child(2n) {
    background-color: #e6e6e6
```

```
        }
        .chapter-list .free {
            float: right;
        }
        .free {
            color: #459c3a;
        }
        .loading {
            position: fixed;
            text-align: center;
            width: 100%;
            top: 40%;
            color: #fff;
            z-index: 199999
        }
        .u-tab {
            position: relative;
            height: 34px;
            margin: 10px auto;
            line-height: 34px;
            border-radius: 8px;
            border: 1px solid #858382;
            font-size: 13px;
            background: #000;
            opacity: 0.9;
        }
        .u-tab li {
            display: inline-block;
            width: 49%;
            font-size: 13px;
            border-right: 1px solid #858382;
            -webkit-box-sizing: border-box;
            text-align: center;
            color: #fff;
        }
        .mask {
            position: fixed;
            width: 100%;
            height: 100%;
            z-index: 12000;
            top: 0;
            bottom: 0;
            left: 0;
            right: 0;
            opacity: .4;
            background: #000;
        }
        .buy-mask {
```

```
            height: 100%;
            width: 100%;
            position: fixed;
            top: 0px;
            text-align: center;
            margin: 0 auto;
            display: none;
            z-index: 10001;
            background: #e9dfc7;
        }
        .icon-back {    //返回书架
            position: absolute;
            top: 14px;
            left: 10px;
            width: 23px;
            height: 23px;
            background: url(data:image/png;base64,iVBORw0K……);//省略 base-64 格式代码
            background-size: contain;
        }
        .icon-text {
            position: absolute;
            top: 25px;
            font-size: 10px;
        }
        .icon-menu, .icon-ft, .icon-night, .icon-day {
            position: absolute;
            top: 3px;
            left: 2px;
            width: 18px;
            height: 13px;
            background: url(data:image/png;base64,iVBOR……);//省略 base-64 格式代码
            background-size: contain;
        }
        .icon-night, .icon-day, .icon-ft {
            left: 1px;
        }
        .icon-ft {
            width: 20px;
            height: 13px;
            background: url(data:image/png;base64,iVBOR);//省略 base-64 格式代码
            background-size: contain;
        }
        .current .icon-ft {
            top: 2px;
            left: 0px;
            width: 22px;
            height: 15px;
            background: url(data:image/png;base64,iVBOR);//省略 base-64 格式代码
```

```
                background-size: contain;
        }
        .icon-day { //白天图标
                width: 19px;
                height: 18px;
                background: url(data:image/png;base64,iVBOR═);//省略 base-64 格式代码
                background-size: contain;
        }
        .icon-night {//页面图标
                left: 4px;
                width: 16px;
                height: 16px;
                background: url(data:image/png;base64,iVBOR……CC);//省略 base-64 格式代码
                background-size: contain;
        }
        .item-warp {
                width: 26px;
                margin: 0 auto;
                position: relative;
        }
        .loading-icon {
                margin: 0 auto;
                margin-top: 50%;
                background: url(data:image/gif;base64,R0lGO……);//省略 base-64 格式代码
                width: 20px;
                height: 20px;
        }
        .loading-mask {
                text-align: center;
                margin: 0 auto;
                width: 100%;
                height: 100%;
                background: #000;
                opacity: 0.1;
                position: fixed;
                top: 0px;
        }
        .buy-container {
                width: 100%;
                position: fixed;
                top: 20%;
                text-align: center;
                margin: 0 auto;
                display: none;
                z-index: 10003
        }
        .buy-container h3 {
                font-weight: normal;
```

```
                    line-height: 30px;
                    font-family: microsoft yahei, arial, helvetica, sans-serif
            }
            .buy-container h2 {
                    padding-bottom: 80px;
            }
            .buy-container button {
                    font-family: microsoft yahei, arial, helvetica, sans-serif;
                    font-size: 14px;
                    height: 40px;
                    line-height: 40px;
                    border: none;
                    color: #fff;
                    padding: 0 10px;
                    width: 160px;
                    background: #4a90b1;
                    margin-top: 10px;
            }
            .m-read-content {
                    min-height: 300px;
                    max-width: 900px;
                    margin: 0 auto;
            }
            .buy-popup-frame {
                    display: none;
                    position: fixed;
                    bottom: 0px;;
                    left: 0px;
                    width: 100%;
                    height: 266px;
                    z-index: 39999
            }
    </style>
```

18.4.4　JavaScript 脚本代码分析

本节主要讲解 JavaScript 脚本代码。首先讲解一下章节列表和内容都会用到的数据格式。

1. 数据格式

小说章节和内容数据存放在 JSON 文件中。

小说章节存放在 chapter.json 文件中，该文件的内容格式如下：

```
{
    "msg": "成功",
    "result": 0,
    "chapters": [
        {
            "price": 0,
            "chapter_id": 0,
```

```
            "word_count": 2348,
            "free": true,
            "title": "第 001 章"
        },
        ......
        {
            "price": 0,
            "chapter_id": 1,
            "word_count": 2266,
            "free": true,
            "title": "第 002 章"
        }
    ],
    "title": "豪门宠婚"
}
```

小说每一章的内容存放在 dataX.json 文件中，例如 data1.json、data2.json、data3.json 等，格式如下：

```
{
    "msg": "成功",
    "result": 0,
    "jsonp": "http://html.read.duokan.com/mfsv2/secure/s010/60009/file?nonce=74c8522cfd8546fd8e2ab
346366d24d0&token=89GiFGpK01J7WSSnxHnjoU435w7sJdY_EntshdzDbZLgSoyHzWOcfbMWIqJ4TfqoE
Ta58Q9VLD9jJcC4MS7oa0uRTgC6JG9Poed648pU41U&sig=TtG7TCFv4lKLctffbvFC-iXwIoE"
}
```

2. JavaScript 函数说明

示例页面的 JavaScript 脚本代码中的主要核心函数及功能说明如表 18-2 所示。

表 18-2 示例页面的核心函数及功能说明

函数	功能说明
main( )	整个 JavaScript 脚本代码的入口
RenderBaseFrame(container)	用于页面基本展示框架的绘制
ReaderModel(id_, cid_, onChange_)	获得小说内容
getBSONP(url, callback)	解密内容数据

JavaScript 脚本引用的库文件有 zepto.min.js、jquery.base64.js、jquery.jsonp.js。其中，zepto 库针对移动端程序提供了一些基本的触摸事件，可以用来做手机触摸屏交互；jQuery 是一个 JavaScript 库，用于简化 JavaScript 编程。关于这些库的知识，这里不做过多介绍，感兴趣的读者可以阅读相关资料。

这些库的引用代码如下：

```
<script src="lib/zepto.min.js"></script>
<script>
    window.jQuery = $;
</script>
<script src="js/jquery.base64.js"></script>
<script src="js/jquery.jsonp.js"></script>
```

3. 完整的 JavaScript 脚本代码

示例页面的完整 JavaScript 脚本程序如下：

```
<script>
(function() {'use strict';
    var Util = (function() {
        var prefix = 'ficiton_reader_';
        var StorageGetter = function(key) {
            return localStorage.getItem(prefix + key);
        }
        var StorageSetter = function(key, val) {
            return localStorage.setItem(prefix + key, val);
        }
        //数据解密
        function getBSONP(url, callback) {
            return $.jsonp({
                url : url,
                cache : true,
                callback : "duokan_fiction_chapter",
                success : function(result) {
                    var data = $.base64.decode(result);
                    var json = decodeURIComponent(escape(data));
                    callback(json);
                }
            });
        };
        return {
            getBSONP : getBSONP,
            StorageGetter : StorageGetter,
            StorageSetter : StorageSetter
        }
    })0;

    //阅读器获得内容的方法
    function ReaderModel(id_, cid_, onChange_) {
        var Title = "";
        var Fiction_id = id_;
        var Chapter_id = cid_;
        if (Util.StorageGetter(Fiction_id + 'last_chapter')) {
            Chapter_id = Util.StorageGetter(Fiction_id + 'last_chapter');
        }
        if (!Chapter_id) {
            Chapter_id = 1;
        }
        var Chapters = [];
        var init = function() {
            getFictionInfoPromise.then(function(d) {
                gotoChapter(Chapter_id);
```

```
            });
        }
        var gotoChapter = function(chapter_id) {
            Chapter_id = chapter_id;
            getCurChapterContent();
        };
//获得当前章节内容
        var getCurChapterContent = function() {
            $.get("data/data" + Chapter_id + ".json", function(data) {
                if (data.result == 0) {
                    var url = data.jsonp;
                    Util.getBSONP(url, function(data) {
                        $('#init_loading').hide();
                        onChange_ && onChange_(data);
                    });
                } else {}
            }, 'json');
            return;
        };
        var getFictionInfoPromise = new Promise(function(resolve, reject) {
            $.get("data/chapter.json", function(data) {
                if (data.result == 0) {
                    Title = data.title;
                    $('#nav_title').html('返回书架');
                    window.ChaptersData = data.chapters;
                    window.chapter_data = data.chapters;
                    for (var i = 0; i < data.chapters.length; i++) {
                        Chapters.push({
                            "chapter_id" : data.chapters[i].chapter_id,
                            "title" : data.chapters[i].title
                        })
                    }
                    resolve(Chapters);
                } else {
                    reject(data);
                }
            }, 'json');
        });
//获得上一章内容
        var prevChapter = function() {
            Chapter_id = parseInt(Chapter_id);
            if (Chapter_id == 0) {
                return
            }
            var cid = Chapter_id - 1;
            gotoChapter(cid);
            Util.StorageSetter(Fiction_id + 'last_chapter', Chapter_id);
        };
```

```javascript
//获得下一章内容
var nextChapter = function() {
        Chapter_id = parseInt(Chapter_id);
        if (Chapter_id == Chapters.length - 1) {
            return
        }
        var cid = Chapter_id + 1;
        gotoChapter(cid);
        Util.StorageSetter(Fiction_id + 'last_chapter', Chapter_id);
    };
    return {
        init : init,
        go : gotoChapter,
        prev : prevChapter,
        next : nextChapter,
        getChapter_id : function() {
            return Chapter_id;
        }
    };
}
//画一下基本的展示框架
function RenderBaseFrame(container) {
    function parseChapterData(jsonData) {
        var jsonObj = JSON.parse(jsonData);
        var html = "<h4>" + jsonObj.t + "</h4>";
        for (var i = 0; i < jsonObj.p.length; i++) {
            html += "<p>" + jsonObj.p[i] + "</p>";
        }
        return html;
    }
    return function(data) {
        container.html(parseChapterData(data));
    };
}
//主函数
function main() {
    // 获取 fiction_id 和 chapter_id
    var RootContainer = $('#fiction_container');

    var Fiction_id, Chapter_id;
    // 绑定事件
    var ScrollLock = false;
    var Doc = document;
    var Screen = Doc.body;
    var Win = $(window);
    // 是否夜间模式
    var NightMode = false;
    // 初始化的字体大小
```

```
var InitFontSize;
// DOM 节点的缓存
var Dom = {
        bottom_tool_bar : $('#bottom_tool_bar'),
        nav_title : $('#nav_title'),
        bk_container : $('#bk-container'),
        night_button : $('#night-button'),
        next_button : $('#next_button'),
        prev_button : $('#prev_button'),
        back_button : $('#back_button'),
        top_nav : $('#top-nav'),
        bottom_nav : $('.bottom_nav')
}
// 程序初始化
var readerUIFrame = RenderBaseFrame(RootContainer);
//获得章节数据并展示
var readerModel = ReaderModel(Fiction_id || 13359, Chapter_id, function(data) {
        readerUIFrame(data);
        Dom.bottom_tool_bar.show();
        setTimeout(function() {
                ScrollLock = false;
                Screen.scrollTop = 0;
        }, 20);
});
//阅读器数据内容的展示
readerModel.init();
// 对从缓存中读取的信息进行展示
var ModuleFontSwitch = (function() {
        //字体和背景的颜色表
        var colorArr = [{value : '#f7eee5',name : '米白',font : ''},{value : '#e9dfc7',name : '纸张
',font : '',id : "font_normal"}, {value : '#a4a4a4',name : '浅灰',font : ''}, {value : '#cdefce',name : '护眼',font : ''},
{value : '#283548',ame : '灰蓝',font : '#7685a2',bottomcolor : '#fff'}, {value : '#0f1410',name : '夜间',font :
'#4e534f',bottomcolor : 'rgba(255,255,255,0.7)',id : "font_night"}];
        var tool_bar = Util.StorageGetter('toolbar_background_color');
        var bottomcolor = Util.StorageGetter('bottom_color');
        var color = Util.StorageGetter('background_color');
        var font = Util.StorageGetter('font_color');
        var bkCurColor = Util.StorageGetter('background_color');
        var fontColor = Util.StorageGetter('font_color');
        for (var i = 0; i < colorArr.length; i++) {
                var display = 'none';
                if (bkCurColor == colorArr[i].value) {
                        display = '';
                }
                Dom.bk_container.append('<div class="bk-container" id="' + colorArr[i].id + '"
data-font="' + colorArr[i].font + '"    data-bottomcolor="' + colorArr[i].bottomcolor + '" data-color="' +
colorArr[i].value + '" style="background-color:' + colorArr[i].value + '"><div class="bk-container-current"
style="display:' + display + '"></div><span style="display:none">' + colorArr[i].name + '</span></div>');
```

```
        }
        RootContainer.css('min-height', $(window).height() - 100);
        if (bottomcolor) {
                $('#bottom_tool_bar_ul').find('li').css('color', bottomcolor);
        }
        if (color) {
                $('body').css('background-color', color);
        }
        if (font) {
                $('.m-read-content').css('color', font);
        }
        //夜间模式
        if (fontColor == '#4e534f') {
                NightMode = true;
                $('#day_icon').show();
                $('#night_icon').hide();
                $('#bottom_tool_bar_ul').css('opacity', '0.6');
        }
        //字体设置信息
        InitFontSize = Util.StorageGetter('font_size');
        InitFontSize = parseInt(InitFontSize);
        if (!InitFontSize) {
                InitFontSize = 18;
        }
        RootContainer.css('font-size', InitFontSize);
})();

//页面中零散交互事件的处理
var EventHandler = (function() {
        //夜间和白天模式的切换
        Dom.night_button.click(function() {
                if (NightMode) {
                        $('#day_icon').hide();
                        $('#night_icon').show();
                        $('#font_normal').trigger('click');
                        NightMode = false;
                } else {
                        $('#day_icon').show();
                        $('#night_icon').hide();
                        $('#font_night').trigger('click');
                        NightMode = true;
                }
        });
        //字体和背景颜色的处理逻辑
        Dom.bk_container.delegate('.bk-container', 'click', function() {
                var color = $(this).data('color');
                var font = $(this).data('font');
                var bottomcolor = $(this).data('bottomcolor');
```

```
            var tool_bar = font;
            Dom.bk_container.find('.bk-container-current').hide();
            $(this).find('.bk-container-current').show();
            if (!font) {
                    font = '#000';
            }
            if (!tool_bar) {
                    tool_bar = '#fbfcfc';
            }
            if (bottomcolor && bottomcolor != "undefined") {
                    $('#bottom_tool_bar_ul').find('li').css('color', bottomcolor);
            } else {
                    $('#bottom_tool_bar_ul').find('li').css('color', '#a9a9a9');
            }
            $('body').css('background-color', color);
            $('.m-read-content').css('color', font);
            Util.StorageSetter('toolbar_background_color', tool_bar);
            Util.StorageSetter('bottom_color', bottomcolor);
            Util.StorageSetter('background_color', color);
            Util.StorageSetter('font_color', font);
            var fontColor = Util.StorageGetter('font_color');
            //夜间/白天模式切换逻辑
            if (fontColor == '#4e534f') {
                    NightMode = true;
                    $('#day_icon').show();
                    $('#night_icon').hide();
                    $('#bottom_tool_bar_ul').css('opacity', '0.6');
            } else {
                    NightMode = false;
                    $('#day_icon').hide();
                    $('#night_icon').show();
                    $('#bottom_tool_bar_ul').css('opacity', '0.9');
            }
});
//按钮的多态样式效果
$('.spe-button').on('touchstart', function() {
        $(this).css('background', 'rgba(255,255,255,0.3)');
}).on('touchmove', function() {
        $(this).css('background', 'none');
}).on('touchend', function() {
        $(this).css('background', 'none');
});
//放大字体的处理逻辑
$('#large-font').click(function() {
        if (InitFontSize > 20) {
                return;
        }
        InitFontSize += 1;
```

```
                    Util.StorageSetter('font_size', InitFontSize);
                    RootContainer.css('font-size', InitFontSize);
            });
            //缩小字体的处理逻辑
            $('#small-font').click(function() {
                    if (InitFontSize < 12) {
                            return;
                    }
                    InitFontSize -= 1;
                    Util.StorageSetter('font_size', InitFontSize);
                    RootContainer.css('font-size', InitFontSize);
            });
            var font_container = $('.font-container');
            var font_button = $('#font-button');
            var menu_container = $('#menu_container');
            // "字体" 按钮的处理逻辑
            font_button.click(function() {
                    if (font_container.css('display') == 'none') {//显示/隐藏逻辑
                            font_container.show();
                            font_button.addClass('current');
                    } else {
                            font_container.hide();
                            font_button.removeClass('current');
                    }
            });
            RootContainer.click(function() {//默认隐藏 "字体" 按钮
                    font_container.hide();
                    font_button.removeClass('current');
            });
            //对屏幕的滚动监控
            Win.scroll(function() {
                    Dom.top_nav.hide();
                    Dom.bottom_nav.hide();
                    font_container.hide();
                    font_button.removeClass('current');
            });
            //章节翻页
            Dom.next_button.click(function() {//下一页
                    readerModel.next();
            });
            Dom.prev_button.click(function() {//上一页
                    readerModel.prev();
            });
            //返回上级页面
            Dom.back_button.click(function() {//返回小说介绍页(本例未实现)
                    if (Fiction_id) {
                            location.href = '/book/' + Fiction_id;
                    }
```

```
            });
            //返回首页
            Dom.nav_title.click(function() {
                location.href = '/';
            });
            $('.icon-back').click(function() {
                location.href = '/';
            });
            $('#menu_button').click(function() {
                location.href = '#';
            });
            //屏幕中央事件：按下的时候显示顶部导航栏和底部工具栏
            $('#action_mid').click(function() {
                if (Dom.top_nav.css('display') == 'none') {
                    Dom.bottom_nav.show();
                    Dom.top_nav.show();
                } else {
                    Dom.bottom_nav.hide();
                    Dom.top_nav.hide();
                    font_container.hide();
                    font_button.removeClass('current');
                }
            });
        })();
    }
    return main();
})();
</script>
```

18.5　本章小结

　　本章首先从业务发展角度介绍了 HTML5 的应用现状和发展趋势。由于 HTML5 技术属于前端技术，而前端又恰好是网站开发流程中的一环，因此紧接着向读者介绍了整个网站的开发流程，以使读者明白整个网站项目的开发流程以及前端在流程中所处的位置。最后，根据主流的 HTML5 应用场景，向读者提供了两个示例：一个示例是经典的企业网站开发；另一个示例是手机 APP 的开发。通过本章的内容及前面章节介绍的知识，读者应能够对 HTML5 和 CSS3 的整个知识体系有一个整体性的认识，对 Web 开发流程以及前端在整个流程中所处的位置有一个明确的认识，并能够利用这些知识来开发基本的 Web 页面和手机页面。

参 考 文 献

[1] 李东博 著.HTML5+CSS3 从入门到精通. 北京：清华大学出版社，2013.

[2] 陆凌牛 著.HTML5 与 CSS3 权威指南(第 3 版 上册). 北京：机械工业出版社，2015.

[3] [美]Eric A. Meyer 著；尹志忠，侯妍 译.CSS 权威指南(第 3 版). 北京：中国电力出版社，2008.

[4] 未来科技 著.HTML5+CSS3+JavaScript 从入门到精通(标准版). 北京：中国水利水电出版社，2017.

[5] [美]Elizabeth Castro，Bruce Hyslop 著；望以文 译. HTML5 与 CSS3 基础教程(第 8 版). 北京：人民邮电出版社，2014.

[6] [美]Adam Freeman 著；谢廷晟，牛化成，刘美英 译.HTML5 权威指南. 北京：人民邮电出版社，2014.

[7] [英]Ben Frain 著；奇舞团 译.响应式 Web 设计 HTML5 和 CSS3 实战(第 2 版). 北京：人民邮电出版社，2017.

[8] 宋灵香 著.21 天学通 HTML5+CSS3. 北京：电子工业出版社，2016.

[9] [美]Estelle Weyl 著；范圣刚，陈宗斌 译.HTML5 移动开发. 北京：人民邮电出版社，2016.

[10] 刘西杰，张婷 著.HTML CSS JavaScript 网页制作从入门到精通(第 3 版). 北京：人民邮电出版社，2016.

[11] 刘玉红 著.HTML5+CSS3+JavaScript 网页设计案例课堂. 北京：清华大学出版社，2015.

[12] [英]Andy Clarke 著；腾讯 FERD 译. 前端体验设计 HTML5+CSS3 终极修炼. 北京：人民邮电出版社，2017.

[13] 未来科技 著.HTML5 APP 开发从入门到精通. 北京：中国水利水电出版社，2017.

[14] 阮晓龙，耿方方，许成刚 著. Web 前端开发 HTML5+CSS3+jQuery+AJAX 从学到用完美实践. 北京：中国水利水电出版社，2016.

[15] 刘增杰 等著. 精通 HTML5 + CSS3+JavaScript 网页设计. 北京：清华大学出版社，2012.

[16] 陈婉凌 著.HTML5+CSS3+jQuery Mobile 轻松构造 APP 与移动网站. 北京：清华大学出版社，2015.

[17] [美]Jacob Seidelin 著；黄蔚瀚 译. 利用 HTML5、CSS3 和 WebGL 开发 HTML5 游戏. 北京：电子工业出版社，2014.

[18] 张树明 著.Web 前端设计基础 HTML5、CSS3、JavaScript. 北京：清华大学出版社，

2017.

[19] [美]Nicholas C. Zakas 著；李松峰，曹力 译. JavaScript 程序设计(第 3 版). 北京：人民邮电出版社，2012.

[20] 孟庆昌 等著. HTML5 CSS3 JavaScript 开发手册. 北京：机械工业出版社，2013

[21] 黑马程序员 著. 响应式 Web 开发项目教程(HTML5+CSS3+Bootstrap). 北京：人民邮电出版社，2017.

[22] 姬莉霞，李学相，韩颖，刘成明 著. HTML5+CSS3 网页设计与制作案例教程. 广州：清华大学出版社，2017.

[23] [美]Brian P.Hogan 著；卢俊祥 译. HTML5 与 CSS3 实例教程(第 2 版). 北京：人民邮电出版社，2014.

[24] 郭小成 著. HTML5+CSS3 技术应用完美解析. 北京：中国铁道出版社，2013.

[25] http://www.w3cplus.com/css3/css3-3d-transform.html

[26] http://www.cnblogs.com/changlel/p/6385953.html

[27] http://www.cnblogs.com/shenzikun1314/p/6390181.html

[28] http://www.ruanyifeng.com/blog/2014/02/css_transition_and_animation.html

[29] http://www.w3cplus.com/content/css3-animation

[30] http://blog.csdn.net/lihongxun945/article/details/45458717

[31] https://www.w3.org/